Physik im Kalten Krieg

Christian Forstner • Dieter Hoffmann (Hrsg.)

Physik im Kalten Krieg

Beiträge zur Physikgeschichte während des Ost-West-Konflikts

Herausgeber
Christian Forstner
Geschichte der Naturwissenschaften
Universität Jena
Jena, Deutschland

Dieter Hoffmann
MPI für Wissenschaftsgeschichte
Berlin, Deutschland

Gedruckt mit Unterstützung der Deutschen Physikalischen Gesellschaft e.V.

ISBN 978-3-658-01049-2
ISBN 978-3-658-01050-8 (eBook)
DOI 10.1007/978-3-658-01050-8

Die Deutsche Nationalbibliothek verzeichnet diese Publikation in der Deutschen Nationalbibliografie; detaillierte bibliografische Daten sind im Internet über http://dnb.d-nb.de abrufbar.

Springer Spektrum

Gedruckt auf säurefreiem und chlorfrei gebleichtem Papier

Springer Spektrum ist eine Marke von Springer DE. Springer DE ist Teil der Fachverlagsgruppe Springer Science+Business Media.
www.springer-spektrum.de

Inhaltsverzeichnis

Festkörperphysik

Personen und Institutionen

Methoden

Gesellschaft und Ideologie

Anhang

Einleitung

Der Kalte Krieg als physikhistorisches Forschungsfeld

Der Kalte Krieg hat als neue „Epoche der Mitlebenden" den Nationalsozialismus in der Zeithistorischen Forschung abgelöst. Angesichts der Bedeutung der Wissenschaften in dieser Epoche ist eine detaillierte Auseinandersetzung mit diesem Themenkomplex unabdingbar. Die atomare Bedrohung und Abschreckung als Sinnbild des Kalten Krieges unterstreicht dies und macht zugleich die hervorgehobene Stellung der Physik in diesem Kontext deutlich. Diese besondere Rolle der Physik veranlasste uns, die XIV. Physikhistorische Tagung des Fachverbandes Geschichte der Physik der Deutschen Physikalischen Gesellschaft zu diesem Thema auszurichten. Die Resonanz war größer, als wir Organisatoren uns erwartet hatten. Mit mehr als 40 Beiträgen und bis zu 150 Zuhörern handelte es sich um eine der bestbesuchten Tagungen unseres Fachverbandes. Eine Auswahl der Beiträge haben wir in diesem Sammelband zur Physik im Kalten Krieg zusammengetragen.

Doch bereits die Benennung der Epoche mit dem Schlagwort des „Kalten Krieges" erscheint problematisch, denn „kalt" meint nur, dass es niemals zu einer direkten militärischen Auseinandersetzung zwischen den beiden Machtblöcken, USA und Sowjetunion, und ihrer Verbündeten kam. Auf der anderen Seite stehen der Koreakrieg, Vietnamkrieg, die Unabhängigkeitskriege in Asien und Afrika oder die Militärdiktaturen in Mittel- und Südamerika sowie der Afghanistan-Konflikt. Sie zeigen die blutige Seite dieses Konflikts, der auch als das Zeitalter der Systemauseinandersetzung beschrieben werden kann.

Die ersten wissenschaftlichen Arbeiten zur Geschichte der Physik, die über die Ideologisierung der Physik in dieser Epoche der Systemauseinandersetzung hinausgehen, setzten kurz vor ihrem Ende ein. Ihnen allen ist gemeinsam, dass sie sich – ähnlich wie die ersten Arbeiten zur Geschichte der Physik im Nationalsozialismus – auf die Enden des Spannungsbogens konzentrieren. Dazu zählen die Pionierarbeiten von Paul Forman[1] und Daniel Kevles[2] zum sogenannten mili-

1 Paul Forman, „Behind Quantum Electronics. National Security as Basis for Physical Research in the United States, 1940-1960", *Historical Studies in the Physical and Biological Sciences* 18 (1987): S. 149–229.

tärisch-industriellen Komplex, dessen Ursprünge auf das Manhattan Project zum Bau der amerikanischen Atombombe[3] während des II. Weltkrieges zurückgehen. Militärisch-industrieller Komplex meint dabei eine neue Qualität der Kooperation von Wissenschaft, Militär und Industrie. Dies betrifft nicht nur die Finanzierung von Wissenschaft durch das Militär, die mit Kriegseintritt der USA sprunghaft anstieg und bis zum Ende des Kalten Kriegs auf einem hohen Niveau stagnierte, sondern auch die direkte Kooperation der beiden gesellschaftlichen Bereiche, sei es in weithin sichtbaren Projekten wie der Wasserstoffbombe oder Ronald Reagans Sternenkrieg SDI oder in kleinen unauffälligen Labors der US-Army, die direkt an einigen US-Universitäten eingerichtet wurden. In der alten Bundesrepublik erfolgte eine solche direkte institutionelle Kooperation erst mit der Gründung der Bundeswehrhochschulen in Hamburg und München in den 1970er Jahren. Auch für die neuen Kooperationsformen mit der Industrie bildet das Manhattan Project für die physikalische Forschung einen zentralen Ausgangspunkt.[4] Im Gegensatz zur Chemie, bei der sich eine enge Kooperation bereits im letzten Drittel des 19. Jahrhunderts feststellen lässt, kommt es im Bereich der Physik erst im ersten Drittel des 20. Jahrhunderts zur Einrichtung industrieller physikalischer Labors großen Stils und einer breiten Kooperation mit der akademischen Physik, die während des II. Weltkriegs in den USA und Großbritannien und während des Kalten Kriegs auch in Deutschland eine qualitativ neue Dimension erreichte.

Ebenfalls vom amerikanischen Manhattan Project nahm eine neue Form physikalischer Forschung ihren Ausgangspunkt: Big Science oder zu Deutsch Großforschung. Ähnlich wie auch Militär und Wissenschaft fand die Geschichte der Großforschung Ende der 1980er Jahre erstmals größere Aufmerksamkeit.[5] Großforschung meint dabei nicht nur groß – auch wenn der Einsatz von Großgeräten ein entscheidendes Kennzeichen ist. Großforschung charakterisiert sich auch durch neue Formen der Wissensproduktion, nämlich eine klare Projektorientierung und hochgradige Interdisziplinarität. Es war nicht mehr das große Problem

---

2 Daniel Kevles, „Cold War and Hot Physics. Science, Security, and the American State, 1945-56“, *Historical Studies in the Physical and Biological Sciences* 20 (1987): S. 239–264.

3 Richard Rhodes, *The Making of the Atomic Bomb*. New York 1986.

4 Daniel Kevles, *The Physicists. The History of a Scientific Community in Modern America*, 3. Aufl. Cambridge 1995.

5 Beispielsweise: Peter Galison und Bruce Hevly, (Hrsg.), *Big Science: The Growth of Large-Scale Research*. Stanford 1992; Margit Szöllösi-Janze und Helmuth Trischler (Hrsg.), *Großforschung in Deutschland*, Bd. 1, *Studien zur Geschichte der deutschen Großforschungseinrichtungen*. Frankfurt am Main 1990.

der Renormalisierung, das die Physiker im Manhattan Project beschäftigte, sondern beispielsweise Neutronendiffusion bei verschiedener, klar definierter Geometrie der Probekörper. Über die spezifischen Arbeitsweisen hinaus weist Großforschung zumeist eine Finanzierung durch den (Zentral-)Staat auf, ggf. auch mit industrieller Kooperation. Damit einher geht häufig auch ein Dualismus von politischen Vorgaben und Vorstellungen und dem Bestreben der Wissenschaftler nach Selbststeuerung. Die weithin am meisten sichtbaren Großforschungseinrichtungen im Kalten Krieg waren die Kernforschungsanlagen und Teilchenbeschleuniger in ihren unterschiedlichen Ausprägungen. In ihnen zeigte sich nicht nur das Bestreben durch immer höhere Energien neue Antworten auf Fragen der Grundlagenforschung zu erhalten, sondern auch mit den höchsten Energien den Gegner in der Systemauseinandersetzung zu übertrumpfen. Das Ende des Kalten Krieges beendete auch manches der Großprojekte, als bekanntestes der 1993 eingestellte Bau des Superconducting Super Colliders in den USA.

Den dritten Bestandteil der traditionellen wissenschaftshistorischen Forschung zum Kalten Krieg bildet die Untersuchung der Ideologisierung von Wissenschaft. Auch hier konzentrierte sich die Forschung zunächst wieder auf die Enden des Spannungsbogens, wie sie am deutlichsten in der Sowjetunion und im ehemaligen Ostblock hervortraten.[6] Die Rolle des Beobachters beim quantenmechanischen Messprozess, die Aufgabe des absoluten Raumes in der Allgemeinen Relativitätstheorie oder der Urknall als ein „Schöpfungsakt" erschien zahlreichen dogmatischen Marxisten – Philosophen und Physikern – in Ost und West mit ihrer Weltanschauung unvereinbar. In der Regel führte der politische Druck im Osten dazu, dass sich die meisten Physiker einer philosophischen Deutung ihrer Arbeit enthielten, als Beispiel sei hier nur das 10 Bände umfassende Lehrbuch der theoretischen Physik von Landau und Lifschitz genannt.[7] Neuere Arbeiten, die sich mit diesem Problemfeld beschäftigen, machen aber jenseits der ideologischen Repression auch deutlich, dass nach Stalins Tod die Kritik marxistischer Physiker im Rahmen einer lebhaften Diskussion zu einer genaueren Spezifizierung der Probleme der Standarddeutung führte.[8] Darüber hinaus weisen neuere

6 Loren R Graham, *Dialektischer Materialismus und Naturwissenschaften in der UdSSR.* Frankfurt am Main 1974; Alexander Vucinich, „Soviet Physicists and Philosophers in the 1930s. Dynamics of a Conflict", *ISIS* 71 (1980): S. 236–250; Gennady Gorelik, *„Meine antisowjetische Tätigkeit". Russische Physiker unter Stalin.* Braunschweig 1995.

7 Lev D. Landau und Evgenij M. Lifschitz, *Lehrbuch der Theoretischen Physik.* 10 Bände. Berlin 1961ff.

8 Vgl. die Aufsätze von Olival Freire, Alexei Kojevnikov, Anja Skaar-Jacobsen in: Christian Forstner (Gastherausgeber), „Physics and Dialectical Materialism," *Jahrbuch für europäische*

Arbeiten[9] darauf hin, dass auch in der westlichen Welt Wissensproduktion nicht weltanschauungsfrei vonstattenging. Als klassisches Beispiel hierfür gilt Vannevar Bushs programmatische Schrift *Science, the endless frontier* aus dem Jahr 1945. Darin geht der US-Wissenschaftsorganisator vom linearen Modell der Technikgenese aus: Am freien Markt der Ideen der Grundlagenforschung setzen sich letzten Endes die besten in der Technik durch.

Die Untersuchung des militärisch-industriellen Komplexes in der Wissenschaft, Big Science und die Ideologisierung der Wissenschaft bildeten die drei Säulen der traditionellen Physikgeschichtsschreibung. Ihr Verdienst ist es, das Themenfeld eröffnet zu haben und qualitativ neue Interaktionsformen von Wissenschaft, Staat und Militär, staatliche Patronage der Forschung, die Institutionalisierung militärischer Forschung, die Rolle der Geheimhaltung wissenschaftlicher Forschung, ebenso wie neue Formen der Wissensproduktion beschrieben zu haben. Europa spielte in der Mehrzahl der Arbeiten, die auf die hier genannten Vorreiterarbeiten folgten, nur in wenigen Ausnahmen eine Rolle.[10] Ebenso können transnationale Wissenstransfers nur äußerst bedingt erklärt werden. Hierzu bedurfte es einer neuen Perspektive.

Diese neue Perspektive hin zu einer transnationalen Geschichtsschreibung lieferte der amerikanische Wissenschaftshistoriker John Krige im Jahr 2006. In seinem Buch *American Hegemony and the Postwar Reconstruction of Science in Europe* untersuchte Krige an mehreren ausgewählten Fallbeispielen die US-Wissenschaftspolitik in Europa.[11] Dabei stellte er fest, dass eben diese Wissenschaftspolitik ein wesentliches Instrument zur Durchsetzung und Aufrechterhaltung der US-Hegemonie in Europa während des Kalten Krieges war. In einem späteren Aufsatz[12] verbreitete er diese These hin zu einem Arsenal des Wissens. Kurz zusammengefasst: Die USA nutzten in der Nachkriegszeit ihre wissenschaftliche und technologische Führung, um die Hegemonie des amerikanischen Modells zu sichern. In der unmittelbaren Nachkriegszeit verfolgten die USA eine

Wissenschaftskultur 6 (2011), sowie Christian Forstner, *Quantenmechanik im Kalten Krieg. David Bohm und Richard Feynman*. Diepholz 2007.

9 Paul Josephson, "Science, Ideology and the State: Physics in the Twentieth Century," in: Mary Jo Nye (Hrsg.), *The Cambridge History of Science*, Volume: 5, *The Modern Physical and Mathematical Sciences*. Cambridge 2003, S. 579-597.

10 Für einen ausführlichen Literaturüberblick siehe David Kaiser und Hunter Heyck, „Introduction", *ISIS* 101, Focus: New Perspectives on Science and the Cold War (2010): S. 362-366.

11 John Krige, *American Hegemony and the Postwar Reconstruction of Science in Europe*. Cambridge, MA 2006.

12 John Krige, „Building the Arsenal of Knowledge", *Centaurus* 52 (2010): S. 280–296.

Strategie des Hortens und Abschottens von Wissen. Deutsche Wissenschaftler wurden im Rahmen der Operation Paperclip in die USA transferiert, das Wissen der Kriegsgegner wurde in zahllosen Berichten gesammelt und als sicherheitsrelevant unter Verschluss gestellt. Mit der Entscheidung, (West-) Deutschland und Europa als Bollwerk im Kalten Krieg zu nutzen ging auch ein Wandel der Wissenschaftspolitik einher. Dabei wurde die schwache europäische Wissenschaft nicht einfach nur als ein wiederzuerrichtendes Objekt gesehen, sondern zugleich als eine Quelle aus der eine starke proaktive US-Wissenschaft schöpfen konnte. Die Etablierung einer kontrollierten Wechselwirkung zwischen den beiden Wissenschaftssystemen sieht Krige als eine essentielle Voraussetzung für die Etablierung der amerikanischen Hegemonie. Das amerikanische Atoms for Peace-Programm ist ein solches Beispiel. Die USA stellten befreundeten Nationen Forschungsreaktoren zur Verfügung, um zum einen eine eigenständige Entwicklung von beispielsweise Anreicherungstechnologie in den jeweiligen Nationalstaaten zu verhindern, und sicherten sich zum anderen in bilateralen Abkommen den Zugriff auf die gewonnen Forschungsergebnisse. Ein solchermaßen kontrollierter Wissenstransfer trug maßgeblich zur Sicherung der US-Hegemonie bei.

Mit Kriges programmatischem Entwurf rückte auch die europäische Entwicklung verstärkt in den Fokus der wissenschaftshistorischen Forschung. Andere Nationen wie beispielsweise China oder die südamerikanischen Staaten blieben zunächst weiterhin außen vor. Und zu guter Letzt mag angeführt werden, dass Krige in seiner Analyse nur die Geschichte von wissenschaftspolitischen Rahmenbedingungen aufzeigt, die es nun konkret mit einer Analyse der wissenschaftlichen Inhalte zu füllen gilt.

Damit ist bereits eine der wesentlichen Zielsetzungen dieses Sammelbandes genannt. Diesem Ziel nähern wir uns in sechs verschiedenen Bereichen an. Physik in transnationalen Beziehungen, Kernphysik, Festkörperphysik, Institutionen und Personen, Methoden, sowie Gesellschaft und Ideologie. Diese Trennung ist notwendigerweise eine künstliche. Die verschiedenen Themenbereiche greifen ineinander und verdichten sich. Die Herausgeber haben versucht der Schwerpunktsetzung der Autoren bei der Einreihung der Beiträge gerecht zu werden.

Der Themenbereich *Physik in transnationalen Kontexten* eröffnet den Sammelband. Bernd Greiners Beitrag zum Einfluss von Nuklearwaffen auf Politik und politisches Denken spannt den Rahmen aus dem Blickwinkel der politischen Geschichte auf. Daran anschließend zeigt Christian Forstner die Notwendigkeit eines transnationalen Netzwerkes für die Umsetzung der österreichischen Pläne für ein Kernenergieprogramm. Matthias Heymann schließt diesen Bereich mit einem Blick auf die transatlantischen Beziehungen zwischen Dänemark und den USA zur geophysikalischen Forschung in Grönland. Im folgenden Bereich *Kernphysik* diskutiert Gerhard Barkleit die Zukunftstechnologien der DDR aus seinen Erfahrungen. Grenzüberschreitungen betrachtet ebenfalls aus einer Akteursperspektive Thomas Naumann aus seiner Arbeit in Zeuthen und am CERN. Mit George N. Vlahakis Beitrag zum griechischen Kernforschungs-/Kernenergieprogramm erfolgt ein Schwenk weg von den wissenschaftlichen Zentren im Kalten Krieg hin zur Peripherie. An der Schnittstelle zwischen Biologie und Physik bewegt sich Daniele Macuglias Beitrag zu Umweltgeschichte der atomaren Produktionsanlagen in Hanford (USA). Der Bereich *Festkörperphysik* wird erschlossen von Renate Tobies und Günter Dörfel, die die Elektronenröhrenforschung in Ost und West analysieren und am Beispiel der Erfurter Gnom-Röhren das Scheitern einer Innovation im sozialistischen Deutschland darlegen. Dieter Hoffmann untersucht die (Ost-)Berliner Zeitschrift *Physica Status Solidi* als ein Kommunikationsorgan der neuen physikalischen Subdisziplin Festkörperphysik über die Grenzen des Eisernen Vorhangs hinweg. Stefano Salvia widmet sich im Block *Institutionen und Personen* mit der Pontecorvo-Affäre einem italienischen Physiker, der sich in die Sowjetunion absetzte. Mit Franz X. Eder untersuchen Sigrid Lindner und Dieter Hoffmann einen Physiker, der ebenfalls die Grenzen zwischen Ost- und West(-deutschland) durchbrach. Institutionell diskutiert die westdeutsche Kooperation mit Frankreich am Beispiel von MPG und CNRS Manfred Heinemann. Der Beitrag von Fynn Ole Engler vergleicht das Verhältnis von Krise und Revolution bei Lenin und Kuhn. Im Themenbereich „Methoden“ zeigt Bernd Helmbold am Beispiel der von Max Steenbeck entwickelten Ultrazentrifuge, was geschieht, wenn Wissen öffentlich wird, das nicht öffentlich werden sollte. Silke Fengler legt die Geschichte der Nutzung der fotografischen Methode in der Elementarteilchenphysik während des Kalten Kriegs dar. Jürgen Knolle und Christian Joas diskutieren im Kontext der Supraleitung die Methode des Online Computings. Der Band schließt mit einem der spannendsten und meistdiskutierten Bereiche zur Wissenschaft im Kalten Krieg: *Gesellschaft und Ideologie.* Die Kommunikation zwischen den verfeindeten Gesellschaftssystemen am Laufen zu halten, war ein erklärtes und erfolgreich umgesetztes Ziel der Pugwash-Bewegung, wie Götz Neuneck zeigt. Christoph Laucht zeigt im Gegensatz dazu das politische Scheitern der britischen Atomic Scientists‘ Bewegung als diese der Ideologie der objektiven und „unpolitischen“ Wissenschaft erlag. Abgeschlossen wird der Band von einem Gemeinschaftsbeitrag von Falk Riess und

Armin Kremer zum Physikunterricht, dessen Ideologisierung und der Ideologiekritik im Westen Deutschlands im Kalten Krieg.

Wir danken allen Autoren, die mit ihren Beiträgen die Gestaltung dieses Bandes ermöglichten. Ein besonderer Dank gilt der Deutschen Physikalischen Gesellschaft mit deren finanzieller Unterstützung wir den Tagungsband realisieren konnten und die durch die regelmäßige Ausrichtung der Frühjahrstagungen die Grundlage für diesen Band geschaffen hat. Besonderer Dank gilt Francesca Azara, die in mühevoller Kleinarbeit Layout und Korrekturen besorgt hat. Darüber hinaus danken wir dem Ernst-Haeckel-Haus und dem MPI für Wissenschaftsgeschichte, die den institutionellen Rahmen für die Edition des Buches gaben. Last but not least ist dem Verlag Springer Spektrum und namentlich Angelika Schulz und Ute Wrasmann zu danken, die die Idee, die Vorträge der XIV. Physikhistorischen Tagung zu edieren, engagiert aufgegriffen und gefördert haben.

Ihnen allen herzlichen Dank!

Jena und Berlin Christian Forstner und Dieter Hoffmann

Physik in inter- und transnationalen Beziehungen

1 Kernschmelze
Der nachhaltige Einfluss von Nuklearwaffen auf Politik und Wirtschaft

Bernd Greiner

„Was sollen wir von einer Kultur halten, der die Ethik stets als wesentliches Element des menschlichen Lebens galt, die aber – außer in fachlicher oder spieltheoretischer Terminologie – nicht in der Lage war, über die Möglichkeit zu sprechen, nahezu alle Menschen zu töten?"[1] Der Fragesteller gehört zu den berühmtesten Physikern des 20. Jahrhunderts und zu den nach wie vor Umstrittensten. Über ihn wurde in den 1960er Jahren ein international viel beachtetes Theaterstück geschrieben, vor wenigen Jahren gar eine Oper. Seine Geschichte entwickelte nach seinem Tod ein eigenes Leben, choreographiert von jenen, die ihn entweder grenzenlos bewunderten oder über die Maßen hassten, die einen Märtyrer aus ihm machten oder der Nachwelt einen gewissenlosen Verräter an der eigenen Sache porträtierten.

Die Rede ist von J. Robert Oppenheimer, einem Mann, der in beinahe jeder Hinsicht maßlos war, arrogant, hochmütig und gleichzeitig voller Selbstzweifel, ein linkischer Eigenbrödler mit dem Zeug zum charismatischen Wissenschaftsmanager, eine Diva, die andere verletzen konnte, aber selbst verletzlicher als alle anderen war. Zum Verhängnis wurde ihm, dass er als Staatsbürger ebenso umstürzlerisch dachte wie als Physiker. Den Einsatz der Atombombe befürwortete er zwar, gab dem Militär sogar Handreichungen zur Maximierung ihrer Zerstörungskraft. Aber was er zur Zukunft der Bombe zu sagen hatte, entzog der anschwellenden „Atombombenkultur" die Grundlage. Den Mantel der Geheimhaltung wollte er lüften, mit den Russen und anderen Konkurrenten in einen offenen Austausch treten, die Kontrolle über Atomanlagen in die Hände einer internationalen Behörde legen und die Großmächte zu einem partiellen Souveränitätsverzicht bewegen – andernfalls, so seine Prognose, würde sich die Welt das unabwägbare Risiko eines nuklearen Wettrüstens aufhalsen. Als er obendrein

---

1 J. Robert Oppenheimer, zit. n. Kai Bird und Martin J. Sherwin, *J. Robert Oppenheimer. Die Biographie*. Berlin 2009, S. 213.

gegen den Bau der Wasserstoffbombe polemisierte, zogen seine Gegner blank, setzten eine Hexenjagd in Gang, eine Scherbengericht zum Zweck der moralischen Hinrichtung eines Unliebsamen. Daran waren keineswegs nur Politiker und Medien beteiligt. Nein, Kollegen aus der Wissenschaft erledigten den Job ebenso effizient.

Die Fragen, die Oppenheimers Leben aufwirft, begleiten uns noch immer. Sie handeln von Integrität und deren Anfechtung durch Eitelkeit, von Zivilcourage und Feigheit, kurz: von den Herausforderungen verantwortlichen Bürgersinns. Und sie handeln von einer beispiellosen Herausforderung staatsbürgerlichen und politischen Denkens – von dem Umstand, dass mit der Atomtechnologie ein Waffentypus in die Welt gesetzt worden war, der alle Erwartungen und alles Wissen über Krieg und Kriegsführung auf den Kopf stellte und gänzlich neue Fragen an das Verhältnis Politik und Militär stellte.

1.1 Psychologie der Macht

Im Kalten Krieg standen alle Beteiligten vor einer historisch beispiellosen Herausforderung – nämlich Mittel und Wege des Umgangs mit der „absoluten Waffe“ finden zu müssen, einer Waffe, die zwar das militärische Drohpotential ins Unermessliche steigerte, aber den Krieg als Mittel der Politik entwertete, weil die Vernichtung des Feindes nur um den Preis der eigenen Auslöschung zu erreichen ist.

Dass die bloße Existenz dieser Waffen den Akteuren in Ost wie West Zurückhaltung auferlegte und zu Rücksichten zwang, die man unter anderen Umständen möglicherweise nicht genommen hätte, ist kaum zu bezweifeln. Anders als in „vornuklearen Zeiten“, in denen die Kombination von Rüstungswettläufen und zwischenstaatlichen Konflikten fast regelmäßig im Krieg mündeten, blieb der Welt nach 1945 das Äußerste erspart.

Doch kann die Rede vom „stabilen Frieden“ auf der nördlichen Halbkugel trotz landläufigen Repetierens nicht überzeugen. Sie erklärt weder die Risikobereitschaft zur Zeit des Kalten Krieges und gibt erst Recht keine Antwort auf die Frage, warum ausgerechnet in dieser Zeit Krisen wiederholt in kriegsträchtiger Weise eskalierten. 1948, 1950-1953, 1956, 1958-1961, 1962, 1964, 1966-1969, 1973, 1979-1981, 1988 – zwanzig Jahre und damit knapp die Hälfte des über vier Jahrzehnte währenden Kalten Krieges standen im Zeichen akuter politischer und militärischer Krisen. Teilweise wurden diese Konflikte an der europäischen

„Zentralfront" des Kalten Krieges ausgetragen, teilweise im Nahen Osten, in Asien, Afrika und Lateinamerika.

Eben darin ist die Kehrseite der von Nuklearwaffen erzwungenen Zurückhaltung zu sehen: dass die Präsenz von Massenvernichtungswaffen nicht allein als Einschränkung der Macht, sondern im gleichen Maße als Gelegenheit zur Ausweitung und Projektion von Macht begriffen wurde. So meldeten die USA und die UdSSR geopolitische Ansprüche an und gingen Verpflichtungen ein, die sie sich als konventionell gerüstete Mächte schwerlich hätten leisten können. Zu beobachten ist der selbst verordnete Aufstieg in eine politisch „höhere Gewichtsklasse", ablesbar an der propagandistischen Karriere des Adjektivs „vital". Selten kam die Rede über vermeintlich „lebenswichtige Regionen" jenseits der eigenen Grenzen derart häufig und penetrant zum Zuge wie im Kalten Krieg. In anderen Worten: Beide Seiten hatten es auf eine Schärfung der stumpfen Waffe angelegt und trachteten danach, aus dem militärisch Wertlosen politischen Mehrwert zu schlagen. Das ist der archimedische Punkt des Kalten Krieges.

Das Ergebnis war, dass ein aus allen historischen Epochen bekanntes Problem über die Maßen aufgebläht wurde: Glaubwürdigkeit. Gerade wegen des politisch und militärisch ambivalenten Charakters von Nuklearwaffen galt: Weltmacht konnte nur sein, wer auf Dauer nicht im Verdacht stand, beim Einsatz seiner Instrumente – der politischen, wirtschaftlichen, propagandistischen wie militärischen – zu zögern. Wer, in anderen Worten, bereit war, um der bloßen Symbolik der Tat willen Gleiches mit Gleichem zu vergelten. Als unzuverlässig, bei der Verfolgung seiner Interessen unentschieden oder gar schwach wahrgenommen zu werden, galt mehr denn je als inakzeptabel. Wort zu halten, das Gesicht nicht zu verlieren, gegenüber Freunden stets verlässlich und gegenüber Feinden gleichermaßen unmissverständlich aufzutreten – im Kalten Krieg geriet der Kampf um die wichtigste psychologische Ressource der Macht, um Glaubwürdigkeit eben, zu einem psychologischen Abnutzungskrieg.

„Credibility" fußt also auf einer ebenso einfachen wie weit reichenden Prämisse: Machtmittel werden erst zu Insignien der Macht, wenn sie mit einem kontinuierlich demonstrierten Willen zu ihrer Wahrung und Mehrung einhergehen. Sorge um Prestige, nationale Erniedrigung und Kontrollverlust, die Angst vor Demütigung und Schwäche oder der Gefahr, als schwach wahrgenommen zu werden – dergleichen ist aus der Geschichte der Diplomatie wohl bekannt. Der Kalte Krieg freilich scheint wie ein Treibhaus zur hypertrophen Züchtung solcher Empfindungen gewirkt zu haben. Sich selbst immer wieder der eigenen Stärke zu vergewissern und gegenüber Anderen Entschlusskraft und Glaubwürdigkeit demonstrieren zu wollen, ist eine nahe liegende Konsequenz. Dass dieses Bestreben allerdings zwanghafte Züge annahm und fortwährend zu einer Verwechslung von Entschiedenheit mit Draufgängertum Anlass gab, geht auf das emotional überzogene Konto des Kalten Krieges. Und es ist die wohl markantste Spur, die Atomwaffen auf dem Feld der Politik hinterlassen haben.

Im Berlin des Jahres 1948 nutzte Stalin den Streit um die Währungsreform und die absehbare Gründung eines westdeutschen, mit den USA verbündeten Staates als willkommenen Anlass, um die westliche Hegemonialmacht bloßzustellen und eine Vertrauenskrise innerhalb des feindlichen Lagers zu provozieren. Diese Fixierung auf „innerimperialistische Widersprüche" kann zugleich als Versuch gedeutet werden, den damals bereits nuklear gerüsteten USA vor Aller Augen die Grenzen ihrer Außenpolitik und vor allem die Nutzlosigkeit ihres gerade erworbenen Militärpotentials zu demonstrieren. Auch die zweite Berlinkrise, die Nikita Chruschtschow 1958 vom Zaun brach und drei Jahre lang am Kochen hielt, hat eine unverkennbar atomare Dimension. Zweifellos gaben tagespolitische Umstände – vorweg der mit ruinösen Folgen begleitete Flüchtlingsstrom aus der DDR und die internationale Isolation des „Arbeiter- und Bauernstaates" – den Anstoß. Jenseits dessen wollte Chruschtschow die nuklear bestückte UdSSR endlich als politisch gleichberechtigte Supermacht anerkannt sehen. Um dieses strategischen Zieles willen baute er die Drohkulissen der späten 1950er und frühen 1960er Jahre auf. Dass Außenminister John Foster Dulles ein amerikanisches Nachgeben als Anfang vom Ende dämonisierte, zeigt, welcher Stellenwert dem Kampf um Image und Glaubwürdigkeit auch von der Gegenseite beigemessen wurde.

Was Chruschtschow in Berlin und erst Recht bei der gleichzeitigen Reklamation sowjetischer Interessen im Kongo verwehrt blieb, galt es in der Karibik nachzuholen. Kuba schien der beste Ort, um den USA nachhaltigen Respekt vor der UdSSR einzuflössen. Selbstverständlich konnten die in die Karibik verschifften Mittelstreckenraketen die erdrückende Übermacht der USA im nuklearstrategischen Bereich nicht korrigieren. Für Chruschtschow zählte einzig ihr politischer Wert. Sie stellten unter Beweis, dass die UdSSR fähig und willens war, ihre neue weltpolitische Rolle auszufüllen und selbst im „Hinterhof" der USA als Schutzmacht einer sozialistischen Klientel aufzutreten. Wie John F. Kennedy zu bedenken gab, hätte dies das Gleichgewicht der Macht politisch verändert – ein für ihn inakzeptabler Vorgang, galt doch bereits der bloße Anschein als irreversibler

Teil der Realität. Konsequenterweise ignorierte Kennedys Krisenstab die Frage, ob und in welcher Weise die territoriale Sicherheit der USA von den Kuba-Raketen berührt war. Stattdessen ging es um die Wahrung des Konkurrenzvorteils im Ringen um weltpolitische Hegemonie.[2]

Folglich weisen Krisen des Kalten Krieges stets über ihren konkreten Ort und Anlass hinaus. Sie wurden nicht allein als lokal und zeitlich begrenzte Konflikte wahrgenommen, sondern auf Dauer im Koordinatensystem einer globalisierten Auseinandersetzung verortet. Wer es einmal an Durchsetzungsfähigkeit und Führungsstärke missen lässt, so die in Ost wie West dominante Haltung, verschafft der Gegenseite einen in die Zukunft weisenden Positionsvorteil und lädt zu Provokationen andernorts ein. Es ging also um die Symbolik der Tat – in Schlüsselregionen wie Asien und Europa mit einer Entschiedenheit aufzutreten, die potentiellen wie realen Konkurrenten ihre Grenzen aufzeigte und sie in denselben hielt.

Unabhängig davon, wo Krisen inszeniert wurden, und egal, welche Mittel zum Einsatz kamen, das Dilemma des Nuklearzeitalters blieb stets das Gleiche. Atomwaffen konnten allenfalls politischen Gewinn abwerfen, wenn die Angst vor der Bombe nicht als Verängstigung in Erscheinung trat, wenn man den Gegner herausforderte und über die eigenen Absichten im Unklaren ließ. Angst und das Problem ihrer Einhegung – diese störanfällige Verbindung ist bekannt geworden unter dem Namen Abschreckung.

Abschreckung basiert auf dem Paradox, dass von eben jenen Mitteln, die für die Gewährleistung größtmöglicher Sicherheit aufgeboten wurden, die größtmögliche Gefahr ausging. Nuklearwaffen boten Schutz, weil alle Beteiligten im Falle ihres Einsatzes mit Selbstvernichtung rechnen mussten. Aber mit dem stummen Wirken des beiderseitigen Vernichtungspotentials war es nicht getan. Abschreckung hieß, Angst explizit zu einem Mittel der politischen Kommunikation zu machen. Auch hier standen die Akteure vor einem unauflösbaren Dilemma. Wer glaubwürdig abschrecken wollte, musste den Gegner einschüchtern, verunsichern und ihm dauerhaft Rätsel aufzugeben: Nie sollte er ein klares Bild von den eigenen Kapazitäten und Absichten gewinnen, nie gewiss sein, wie weit die Berechenbarkeit seines Gegenüber reichte. So wollte John Foster Dulles sein viel zitiertes Diktum über Staatskunst im Nuklearzeitalter verstanden wissen: Wenn

2 Bernd Greiner, Christian Th. Müller und Dierk Walter (Hrsg.), *Krisen im Kalten Krieg. Studien zum Kalten Krieg*, Band 2. Hamburg 2008.

nötig, sich dem Abgrund nähern, ohne zum Äußersten entschlossen zu sein, aber die andere Seite rätseln lassen, wo die Grenze zwischen Bluff und Va-Banque verlief.

Selbst zu Zeiten der Entspannung hatte das Kalkül mit dem Unkalkulierbaren, die Rationalisierung des Irrationalen, einen festen Platz im Inventar der Außenpolitik. Ein Staat, so Richard Nixon und Henry Kissinger, der aus Angst vor atomarer Selbstvernichtung darauf verzichtet, bei der Verfolgung seiner Interessen militärischen Druck geltend zu machen, verdammt sich langfristig zur politischen Ohnmacht. Handlungsfähig bleibt er nur, wenn Dritte sich seiner Zurückhaltung nicht sicher sein können. Wer indes bereit ist, den „Madman" zu spielen, Verrücktes zu tun und den Anschein zu erwecken, dass die Dinge außer Kontrolle geraten könnten, findet zum Kern des Politischen zurück: Nicht sich selbst, sondern andere abzuschrecken. Ob das Spiel mit der Angst die gewünschten Konsequenzen zeigte, ins Leere lief oder auf seine Urheber zurückfiel, war keineswegs absehbar. Es war fünf Jahrzehnte lang das hintergründige Reizthema der Epoche. Das bloße Vorhandensein von Atomwaffen hatte also nicht allein das Risikopotential erhöht. Die Art und Weise, wie man in Ost und West politisch darauf reagierte, schuf obendrein Risiken ganz eigener Art. Das vorsätzliche Spiel mit Furcht und Unberechenbarkeit hatte gar einen Namen: „Madman-Theory".

1.2 Wirtschaftliche Imperative

Gegen Zukunftsangst und Alltagspanik im Kalten Krieg hielten Amerikaner wie Sowjets eine gemeinsame Rezeptur bereit: „Permanent Preparedness". „Allzeit bereit" klingt gefälliger als „totale Mobilisierung", meint aber dasselbe – nämlich eine umfassende Indienstnahme wirtschaftlicher, wissenschaftlicher und technologischer Ressourcen zum Zwecke der Abschreckung und des Aufbaus einer kriegstauglichen, sprich überlegenen Militärmaschinerie. Deren Wert wurde nicht mehr mit Infanteriedivisionen angegeben, sondern an der Stückzahl und Sprengkraft von Atom- und Wasserstoffbomben samt ihrer Trägersysteme bemessen. Mit der Folge, dass militärische Auftraggeber ein nie gekanntes Interesse an Forschung und Technologie entwickelten und eine dauerhafte Allianz mit industriellen Anbietern auf den Weg brachten.

Im Grunde handelte es sich um das wirtschafts- und rüstungspolitische Pendant zur Diplomatie des „brinkmanship". Sah sich letztere dazu aufgerufen, in Krisen bis zum Rande des Abgrunds zu gehen und dennoch schwindelfrei das Äußerste zu verhindern, musste erstere die prekäre Balance zwischen einer Akkumulation und Vernichtung gesellschaftlichen Reichtums halten. So wenig am Ziel optimal ausgestatteter Streitkräfte gezweifelt wurde, so sehr mussten die gesamtwirtschaftlichen Belastungen von Rüstungsbudgets im Auge behalten werden. Sie zu überdehnen, war nur um den Preis politischer Instabilität und mithin schwerer Rückschläge im Ringen mit dem Systemkonkurrenten möglich.

Die schieren Daten übersteigen das Vorstellungsvermögen eines Laien. Oder wer kann schon etwas mit der Zahl 7,2 Billionen Dollar anfangen? Soviel, gerechnet in konstanten Dollars des Jahres 1982, haben die USA angeblich zwischen 1947 und 1989 für ihren Kalten Krieg ausgegeben. Man muss nur einen anderen Dollarkurs als Fixwert zugrunde legen, die Rentenfonds für pensionierte Soldaten und Offiziere mit einbeziehen sowie die „schwarzen Kassen“ von Pentagon und Energieministerium grob taxieren, und schon stehen zweistellige Billionensummen zu Buche. In der UdSSR dürfte es kaum weniger sein. Der Konjunktiv verweist auf eines der zahllosen Probleme bei der Buchführung zum Kalten Krieg. Im sowjetischen Fall liegen schlicht keine verlässlichen Zahlen vor. Entweder wurden nur Stückmengen oder aber Preise protokolliert, die administrativen Vorgaben entsprachen und folglich mit den realen Kosten kaum etwas zu tun hatten. Schätzungen über den Anteil der Rüstungs- und Militärausgaben am sowjetischen Staatshaushalt gehen dementsprechend weit auseinander: der unterste Wert liegt bei 19 Prozent, der oberste bei 33 Prozent. Dass die Aufwendungen, inflationsbereinigt, zwischen 1965 und 1988 verdoppelt wurden, steht indes fest.[3]

Wie diese Zahlen zu deuten sind, ist unter Ökonomen und Wirtschaftshistorikern umstritten. Man hat es mit einer Ressourcenvernichtung gigantischen Ausmaßes – mindestens in der Größenordnung der beiden Weltkriege des 20. Jahrhunderts – zu tun, argumentiert die eine Seite. Und fühlt sich durch zahlreiche Untersuchungen bestätigt, denen zufolge militärische Forschung und Entwicklung keinen Gewinn für die Gesamtwirtschaft abwerfen. In der Tat: Der viel beschworene „spin-off“ ist selbst auf der Mikroebene nicht nachweisbar. Denn Unternehmen, die sowohl den militärischen als auch den zivilen Markt bedienen, sind

3 Bernd Greiner, Christian Th. Müller und Claudia Weber (Hrsg.), *Ökonomie im Kalten Krieg. Studien zum Kalten Krieg*, Band 4, Hamburg 2010.

zur Geheimhaltung und mithin dazu verpflichtet, ihre Abteilungen rigoros voneinander abzuschotten.

Gleichwohl, so der Einwand, bescherte der Kalte Krieg eine Vielzahl positiver Impulse. Man denke etwa an die Aufstockung des Bildungsetats um jährlich zwei Milliarden Dollar, die mit dem „National Defense Education Act" von 1958 beschlossen wurde und eine nie gekannte Expansion des amerikanischen Bildungswesens auf den Weg brachte; oder an die Entscheidung des Pentagon, die Spitzenuniversitäten mit üppigen Fonds für militärische Forschung auszustatten – allein 1964 waren es 200 Millionen Dollar. Als der Kongress 1956 den „Federal Highway Act" verabschiedete und die Bundesregierung 90 Prozent der Kosten für den Ausbau des Fernstraßennetzes übernahm, wurden 40 000 Straßenkilometer neu gebaut. Eine Maßnahme, die auf Drängen des Militärs zustande kam und dem Wunsch Rechnung trug, im Notfall möglichst viele Truppen möglichst schnell verlegen zu können; dass die zivile Wirtschaft ebenfalls und möglicherweise in noch höherem Maße davon profitierte, liegt auf der Hand.

Und war die technologische Revolution in der Kommunikationstechnik, beim Bau von Computern und in der Werkstoffentwicklung nicht dem Raumfahrtprogramm geschuldet, dem für beide Seiten wichtigsten Projekt im Wettlauf um Prestige und Anerkennung? Möglicherweise, entgegnen Skeptiker, aber dergleichen Modernisierungs- und Wachstumseffekte hätten sich auch ohne den Kalten Krieg eingestellt, nämlich im Gefolge der Globalisierung, des Bevölkerungswachstums, erweiterter Märkte und einer im Wesentlichen „denationalisierten" Weltwirtschaft. Andererseits steht die These im Raum, dass die neue Wirtschaftsordnung des Westens, von der europäischen Integration bis zur Einbeziehung Japans, erst unter dem Handlungs- und Konkurrenzdruck des Kalten Krieges zustande kam. Ganz zu schweigen von der Vormachtstellung der USA und den wirtschaftlichen Vorteilen, die Washington aus seiner Position als militärische Schutzmacht zu schlagen wusste.

Wie auch immer: Dass der Kalte Krieg trotz des Zusammenbruchs der UdSSR weit in die Gegenwart hineinragt, zeigt die Enttäuschung über die ausbleibende „Friedensdividende". Wenn weltweit alle Länder, so eine Prognose aus den frühen 1990er Jahren, ihre Rüstungsausgaben um mindestens drei Prozent reduzieren, wird binnen eines Jahrzehnts eine „Dividende" von 1,5 Billionen Dollar zur Verfügung stehen – vier Fünftel in den industrialisierten Ländern, der Rest in der Dritten Welt. Stattdessen griff ein neuerliches Wettrüsten um sich. Zwischen 2001 und 2006 stiegen die Militärausgaben weltweit um inflationsbereinigte 30

Prozent, China ist hinter Großbritannien bereits auf den dritten Platz vorgerückt, auch Russland macht zunehmend wieder Boden gut. Fast die Hälfte aller Aufwendungen entfällt auf die USA, Investitionen, die in keinem erkennbaren Zusammenhang mit Terrorbekämpfung stehen, sondern verlässlich den im Kalten Krieg planierten Pfaden folgen: Innovation um der Überlegenheit willen, Überlegenheit zum Zwecke einer vermeintlichen Unverwundbarkeit.

Immer wieder scheitern korrigierende Eingriffe an den Erblasten der Hochrüstungspolitik. Selbst Staaten, die ihre Streitkräfte abbauen und weniger Gerätschaft ordern, können nicht automatisch mit niedrigeren Kosten rechnen. Insbesondere im High-Tech-Bereich sind hohe Stückzahlen mit einer Kostendegression verbunden; umgekehrt treibt ein niedrigeres Beschaffungsvolumen die Preise für komplexe Waffensysteme in die Höhe. Wer beispielsweise, so eine gängige Überschlagsrechnung, den Etat für Kampfflugzeuge um die Hälfte reduziert, erhält als Gegenwert nur ein Viertel der ursprünglichen Stückzahl. Von dieser stofflichen Seite abgesehen, scheinen auch soziale Interessen an Rüstung eine erhebliche Rolle zu spielen. Darin nämlich liegt eine weitere Pointe der „Permanent Preparedness“: im Aufstieg und Behauptungswillen professioneller Eliten wie sozialer Milieus, die sich – sei es wegen höherer Löhne, krisenfester Arbeitsplätze oder attraktiver Herausforderungen für Spezialisten – eigenständig für den Erhalt rüstungsgeleiteter Investitionen engagieren. Man könnte auch von einer Verschränkung staatlicher „Mobilisierung“ und privater „Selbstmobilisierung“ sprechen oder einem „unmilitaristic militarism“, wie es in der amerikanischen Fachliteratur heißt. In anderen Worten: Wer die politische Ökonomie des Kalten Krieges ergründen will, wird den Blick von Wirtschaftshistorikern um kulturwissenschaftliche Perspektiven erweitern müssen.

Seit den 1960er Jahren ist in den USA eine stetige Dynamisierung des privaten Engagements für Rüstung zu beobachten – parallel zu der Umschichtung von Investitionen für militärische Forschung und Entwicklung. Kamen bis zu diesem Zeitpunkt noch gut 60 Prozent der zur Verfügung gestellten Gelder aus der Staatskasse, so kehrten sich die Verhältnisse in den 1970er Jahren um. Seither bestimmen die von Unternehmen und Universitäten akquirierten Mittel das Entwicklungstempo militärisch relevanter Hochtechnologie. Auch in der UdSSR ist im Laufe des Kalten Krieges eine deutliche Statusaufwertung von Wissenschaftlern und Technikern zu beobachten. Aus ihrer Mitte, der so genannten „Breschnew-Generation“, machten viele in Verwaltung und Politik Karriere. Wie ihre amerikanischen Kollegen mussten sie zur Kooperation nicht angehalten oder gar zwangsverpflichtet werden. Im Gegenteil. Von Aufstiegserwartungen und Machtinteressen motiviert, effektivierten sie eine Rüstungswirtschaft von robuster Eigendynamik und zäher Nachhaltigkeit, eine gegen politische Korrekturen widerborstige Parallelwelt.

Von alledem konnte der eingangs erwähnte Robert Oppenheimer selbstredend nichts ahnen. Aber sein Appell an verantwortlichen Bürgersinn und Zivilcourage, zumal sein Insistieren auf einem politischen Denken, das sich allen Sachzwängen zum Trotz den Sinn für provokante Fragen ebenso wenig austreiben lässt wie die phantasievolle Lust an der Provokation – diese Seite Oppenheimers weist weit über den Kalten Krieg hinaus und könnte in der Auseinandersetzung mit den Hinterlassenschaften desselben noch eine ungeahnte Renaissance erleben. Genauer gesagt: Sollte eine derartige Renaissance erleben.

2 Kernspaltung und Westintegration Beispiel Österreich

Christian Forstner

2.1 Kernphysik im transnationalen Kontext

Während des Kalten Krieges erreichte in Europa sowohl die Verflechtung physikalischer Forschung mit Staat, Politik und Industrie als auch deren öffentliche Verhandlung und Bewertung eine qualitativ neuartige Dimension. Dieser Aspekt tritt am schärfsten in der Geschichte der Kernphysik und Kerntechnik hervor. Dabei kommt der Republik Österreich als politisch neutralem Staat im Kalten Krieg mit dem Hauptsitz der *International Atomic Energy Agency* (IAEA) besondere Bedeutung zu. Österreichs nationale Kernenergieprogramme entwickelten sich in einem transnationalen Netzwerk aufgrund wechselseitiger Kooperation mit der IAEA seit 1957, Österreichs Mitgliedschaft in der *European Nuclear Energy Agency* (ENEA) der OEEC/OECD ab 1958, sowie aufgrund bilateraler Abkommen mit den USA.

In diesem Beziehungsgeflecht wandelte sich die Kernforschung strukturell vom akademischen Labor heraus hin zur Großforschung, die durch eine enge Kooperation von Wissenschaft, Staat und Industrie, hochgradige Interdisziplinarität, projektbezogene Arbeitsweisen in Teams und den Einsatz von Großgeräten gekennzeichnet ist. Die Vorreiterrolle übernahm bereits während des II. Weltkrieges das amerikanische Manhattan Project zum Bau der Atombombe, während sich in den europäischen Staaten, insbesondere Österreich, dieser Strukturwandel in der Kernphysik erst nach Kriegsende vollzog. Im Falle Österreichs wurde er mit dem Bau der Forschungsreaktoren im Rahmen des amerikanischen Atoms for Peace-Programms eingeleitet.

Diese Forschungsreaktoren waren der erste Schritt hin zu einer friedlichen Nutzung der Kernenergie. Diese schließt aber stets auch die Möglichkeiten einer militärischen Nutzung mit ein: Betreibt man einen Reaktor mit natürlichem Uran-238 und schwerem Wasser oder Graphit als Moderator, so fällt das waffenfähige Plutonium als Abfallprodukt in den Kernbrennstäben an. Die andere Möglichkeit, einen Reaktor mit angereichertem Uran-235 zu betreiben, impliziert als notwendige Voraussetzung die Verfügbarkeit von Anreicherungstechnologie, die bei einem höheren Anreicherungsgrad für den Bau einer Bombe genutzt werden kann. Ganz aktuell zeigt sich dies an der Debatte um die Nutzung der Kernenergie im Iran. Diese Problematik macht aber auch deutlich, dass die beiden oben genannten Aspekte, Nationalstaatlichkeit, internationale und transnationale Organisationen zur Förderung und Kontrolle der Atomenergie nicht losgelöst von Forschungsstrukturen, den zugehörigen Programmen, sowie physikalischer und technischer Fragen betrachtet werden können.

Die Bedeutung der öffentlichen Verhandlung und Bewertung von Naturwissenschaft und Technik wird am Scheitern von Österreichs Kernenergieprogramm deutlich. Mit dem „Nein" zur Atomenergie in der Volksabstimmung von 1978 und dem endgültigen „Aus" des Kernkraftwerks Zwentendorf mit der Stilllegung nach dem Reaktorunfall in Tschernobyl, nahm Österreich eine Sonderrolle ein. Andere Länder Italien, Dänemark etc. folgten später. Als Österreich der EU 1995 beitrat, war damit auch der Beitritt zur europäischen EURATOM verbunden. Damit stellte sich paradoxe Situation ein, dass Österreich heute den Atomausstieg in der Verfassung festgeschrieben hat, zugleich aber der bedeutendsten europäischen Organisation zur Förderung der Kernenergie angehört, ebenso wie es mit der IAEA die bedeutendste transnationale Organisation in diesem Kontext beherbergt.

Damit ergeben sich zwei Leitfragen für diesen Aufsatz:

Wie erfolgte die Transformation der Kernforschung aus dem akademischen Labor in neue Forschungsformen und Kooperationen, wie lässt sich der damit verbundene Wandel der Forschungsprogramme charakterisieren?

Wie entfalten sich diese Programme während des Kalten Kriegs in einem internationalen und transnationalen Netzwerk? Wie entwickelten sich die damit verbundenen Strukturen über den Kalten Krieg hinaus?

Zunächst wende ich mich der ersten Frage und der Transformation der akademischen Forschung zu. Bereits hier ist die nationale österreichische Geschichte eng mit dem Kalten Krieg verknüpft. Dies wir schließlich deutlicher bei der Diskussion der zweiten Frage und bei einem abschließenden europäischen Vergleich.

2.2 Vom akademischen Labor zur Großforschung (1938 – ca. 1963)

Die Entdeckung der Kernspaltung von Otto Hahn, Fritz Strassmann und Lise Meitner in Berlin wurde in den Labors des II. Physikalischen Instituts der Universität Wien schnell nachvollzogen. Erste Ansätze zu einem Kernenergieprogramm existierten bereits nach dem „Anschluss" Österreichs an NS-Deutschland und der Mitarbeit im deutschen Uranverein. In diesem Kontext sind zwei Punkte festzuhalten: Zum einen wurde im gesamten deutschen Uranverein der Schritt hin zur Großforschung[1] wie im amerikanischen Projekt zum Bau der Atombombe[2] nicht vollzogen. Zum anderen wurde die Rolle der österreichischen Forschungsinstitute innerhalb des Uranvereins marginalisiert. Darauf weisen exemplarisch folgende Punkte hin:

Im Juli 1939 reichte der Vorstand des II. Physikalischen Instituts, Georg Stetter, ein Patent für einen heterogenen Kernreaktor bei der Reichspatentstelle ein. Die Verhandlung des Patents wurde verzögert, dem Patentantrag wurde während der NS-Ära nicht stattgegeben.[3]

1941 wurde ein Neutronengenerator für die Wiener Institute bestellt. Es kam zu zahlreichen Verzögerungen, der Neutronengenerator wurde nie geliefert. Ob es sich hier um die „normalen" Verzögerungen während des Krieges handelte, oder ob das Wiener Projekt gezielt gegenüber anderen Projekten des Uranvereins zurückgestellt wurde, ist zu untersuchen.[4]

In einem Angriff der Physikalisch-Technischen Reichanstalt (PTR) in Berlin wurden die Exaktheit der in Wien hergestellten sekundären Radiumstandards und damit die Glaubwürdigkeit des Instituts in Frage gestellt. Die Fähigkeit prä-

---

1 Peter Galison und Bruce Hevly (Hrsg.), *Big Science: The Growth of Large-Scale Research.* Stanford 1992; Margit Szöllösi-Janze und Helmuth Trischler (Hrsg.), *Großforschung in Deutschland*, Bd. 1, *Studien zur Geschichte der deutschen Großforschungseinrichtungen.* Frankfurt am Main 1990.

2 Richard Rhodes, *The Making of the Atomic Bomb.* New York 1986.

3 Sondersammlung der Österreichischen Zentralbibliothek für Physik, (im Folgenden: ZBP), Nachlass Georg Stetter, Patentantrag beim Reichspatentamt vom 14. Juni 1939. Siehe auch Archiv der Österreichischen Akademie der Wissenschaften Wien, (im Folgenden: AÖAW), FE-Akten, Radiumforschung, XIII. Nachlass Berta Karlik, Karton 55, Fiche 812.

4 AÖAW, FE-Akten, Radiumforschung, XIII, Karton 32, Fiche 444-447, Korrespondenz von Gustav Ortner mit der Helmholtz-Gesellschaft, Düsseldorf, der C. H .F. Müller AG, Hamburg, und dem Reichsamt für Wirtschaftsaufbau in Berlin (1940–1945).

zise Eichstandards herzustellen sollten an die PTR übertragen werden, die Position des Wiener Instituts wurde dadurch essentiell geschwächt.[5]

Im Gegensatz zum deutschen Anteil am Uranverein ist der Anteil der österreichischen Mitarbeit bisher kaum untersucht.[6] Lediglich Rainer Karlsch berichtet in einem von den Wiener Historikerinnen Silke Fengler und Carola Sachse herausgegebenen Sammelband[7], der aus einer Tagung im Jahr 2007 hervorging, aus der Perspektive sowjetischer Geheimdienste über den österreichischen Beitrag.[8] Dabei wird allerdings keines der oben genannten Themen angesprochen, weder Stetters Reaktorpatent, noch der nicht gelieferte Neutronengenerator, noch der Streit mit der PTR um die Standards.

Österreich war wie Deutschland nach Kriegsende in vier Besatzungszonen unterteilt und erhielt erst mit der Unterzeichnung des Staatsvertrags 1955 seine volle politische Souveränität unter der Bedingung politischer Neutralität zurück. Die österreichische Physik in der Nachkriegsperiode wurde bisher nur von Wolfgang Reiter und Reinhard Schurawitzki in einem Aufsatz thematisiert[9], der sich selbst nur eine erste Annäherung an dem Themenbereich attestiert. Die Entnazifizierung[10] hatte zwar personelle Konsequenzen, allerdings wogen für die österreichische Forschung der Mangel an finanziellen und materiellen Ressourcen wesentlich schwerer und verhinderten den Fortgang der Forschung, obwohl

5 AÖAW, FE-Akten, Radiumforschung, XIII, Karton 31, Fiche 427–428. Siehe auch die Korrespondenz zwischen Stefan Meyer und Gustav Ortner, Karton 17, Fiche 271.

6 Mark Walker, *German National Socialism and the Quest for Nuclear Power, 1939-1949.* Cambridge 1989; Mark Walker, *Die Uranmaschine. Mythos und Wirklichkeit der deutschen Atombombe.* Berlin, 1990; Mark Walker, „Heisenberg, Goudsmit, and the German Atomic Bomb," *Physics Today* 43, Nr. 1 (1990): S. 52–60; Mark Walker, *Nazi Science: Myth, Truth, and the German Atomic Bomb.* New York 1995; Mark Walker, „Eine Waffenschmiede? Kernwaffen- und Reaktorforschung am Kaiser-Wilhelm-Institut für Physik", Preprint aus dem Forschungsprogramm „Geschichte der Kaiser-Wilhelm-Gesellschaft im Nationalsozialismus" 2005; Rainer Karlsch, *Hitlers Bombe: Die geheime Geschichte der deutschen Kernwaffenversuche.* München 2005.

7 Silke Fengler und Carola Sachse, *Kernforschung in Österreich: Wandlungen eines interdisziplinären Forschungsfeldes 1900-1978*, 1. Auflage. Böhlau, Wien 2012.

8 Ich danke Rainer Karlsch für die Überlassung des Manuskripts.

9 Wolfgang L. Reiter und Reinhard Schurawitzki, „Über Brüche hinweg Kontinuität. Physik und Chemie an der Universität Wien nach 1945 – eine erste Annäherung", in: Margarete Grandner, Gernot Heiss, und Oliver Rathkolb (Hrsg.), *Zukunft mit Altlasten: Die Universität Wien 1945-1955.* Wien 2005, S. 236-259.

10 Dieter Stiefel, „Der Prozeß der Entnazifizierung in Österreich", in: Klaus-Dietmar Henke und Hans Woller, *Politische Säuberung in Europa. Die Abrechnung mit Faschismus und Kollaboration nach dem Zweiten Weltkrieg.* München 1991, S. 108-147.

im Gegensatz zu Deutschland keine Verbote für Kernforschung von Seiten der Alliierten bestanden.

Ein nationales Kernenergieprogramm wurde erst mit der Verzahnung der österreichischen Interessen mit internationalen Programmen möglich. Hier sind zwei Punkte zentral, die beide auf eine Initiative des US-Präsidenten Dwight D. Eisenhower zurückgehen: Erstens die Gründung der IAEA mit ihrem Hauptsitz in Wien ab 1957 und zweitens das US Programm „Atome für den Frieden – Atoms for Peace". Die essentielle Voraussetzung dafür war ein Wandel der US-Nachkriegspolitik. Im Rahmen des Atoms for Peace-Programms stellten die USA ab Mitte der 1950er Jahre befreundeten Nationen Kerntechnologie, d.h. Forschungsreaktoren, zur Verfügung. Dieses Programm zielte drauf ab, nationale Alleingänge im Bereich der Nukleartechnologie zu unterbinden, wie beispielsweise die Anreicherung von Uran, und eine Führungsposition der USA zu sichern. Ebenso sollte die IAEA die friedliche Nutzung der Kernenergie fördern, eine militärische aber weitestgehend unterbinden.[11]

Für die amerikanische Seite ist dieses Programm bereits höchst detailliert untersucht,[12] aber ähnlich wie die meisten Pionierarbeiten zum Kalten Krieg, wie beispielsweise die der Physikhistoriker Paul Forman und Daniel Kevles,[13] liegt der Fokus der Arbeit stark auf den USA. Trotz zahlreicher bedeutender Mikrostudien eröffnete erst der Wissenschaftshistoriker John Krige eine neue Perspektive, indem er die Wissenschaftspolitik der USA in Nachkriegseuropa mit dem Kalten Krieg kontextualisierte und diese als aktives Element zur Durchsetzung einer hegemonialen Position betrachtet.[14] Das Atoms for Peace-Programm war Teil dieser Strategie, setzte jedoch einen Politikwechsel der USA in der Nachkriegszeit voraus. Der US-Atomic Energy Act (McMahon Bill) aus dem Jahr 1946 entzog die Kernforschung zwar einer reinen militärischen Kontrolle, führte aber

---

11 David Fischer, *History of the International Atomic Energy Agency: The First Forty Years*. Wien 1997.

12 Richard G. Hewlett und Jack M. Holl, *Atoms for Peace and War, 1953-1961: Eisenhower and the Atomic Energy Commission*. Berkeley and Los Angeles 1989.

13 Paul Forman, „Behind Quantum Electronics. National Security as Basis for Physical Research in the United States, 1940-1960", *Historical Studies in the Physical and Biological Sciences* 18 (1987): S. 149–229; Daniel Kevles, „Cold War and Hot Physics. Science, Security, and the American State, 1945-56", *Historical Studies in the Physical and Biological Sciences* 20 (1987): S. 239–264; Daniel Kevles, *The Physicists. The History of a Scientific Community in Modern America*, 3. Aufl. Cambridge 1995.

14 John Krige, *American Hegemony and the Postwar Reconstruction of Science in Europe*. Cambridge, MA 2006.

im Kontext der Atomforschung erstmals den Begriff der „restricted data“ und des „born secret“ in die amerikanische Gesetzgebung ein, also Wissen, das von Beginn an als sicherheitsrelevant klassifiziert war und dessen Weitergabe massiven Strafen unterlag.[15] Diese frühe Strategie des Hortens und Abschottens zeigte sich u.a. im amerikanischen Projekt Paperclip (ebenso in seinem sowjetischen Pendant) in dem Bestreben Wissen aus Europa in die USA zu transferieren, sei es in Form wissenschaftlicher Berichte oder Personen.[16,17] Diese Position wandelte sich bereits Ende der 1940er, am deutlichsten sichtbar mit der Initiierung des European Recovery Programs (Marshall-Plan) im April 1948, das für Österreich detailliert von Michael Gehler untersucht wurde.[18] Die Wiedererrichtung der im Krieg stark geschädigten europäischen Infrastruktur als ein Bollwerk gegen eine Ausdehnung des sowjetischen Einflussbereichs stand von nun an im Vordergrund der US-Politik und nicht mehr das Ziel, die Ressourcen der ehemaligen Kriegsgegner abzuschöpfen. Gleichzeitig sollte ein politisches und ökonomisches Modell nach dem Vorbild der USA unter deren Vorherrschaft in Europa installiert werden. Wissenschaftspolitik war in dieser politischen Strategie nicht nur ein Mittel, sondern ein aktiver Bestandteil der US-Außenpolitik.[19] Mit einer Revision des Atomic Energy Acts im Jahr 1954 wurde nun auch US-amerikani-

---

15 Jessica Wang, *American Science in an Age of Anxiety. Scientists, Anticommunism, and the Cold War*. Chapel Hill, London 1999; Jessica Wang, „Scientists and the Problem of the Public in Cold War America, 1945-1960“, *Osiris* 17 (2002): S. 323-347.

16 Tom Bower, *Verschwörung Paperclip: NS-Wissenschaftler im Dienst der Siegermächte*. München 1988; Burghard Ciesla, „Das ‚Project Paperclip‘: Deutsche Naturwissenschaftler und Techniker in den USA (1946 bis 1952)“, in: Jürgen Kocka (Hrsg.), *Historische DDR-Forschung: Aufsätze und Studien*. Berlin 1993, S. 287-301; Linda Hunt, *Secret Agenda: The United States government, Nazi scientists, and Project Paperclip, 1945 to 1990*. New York 1991; Ulrich Albrecht und Andreas Heinemann-Grüder, *Die Spezialisten: Deutsche Naturwissenschaftler und Techniker in der Sowjetunion nach 1945*. Berlin 1992; Burghard Ciesla, „Der Spezialistentransfer in die UdSSR und seine Auswirkungen in der SBZ und DDR“, *Aus Politik und Zeitgeschichte* 49-50 (1993): S. 24-31.

17 Am Rande sei angemerkt, dass von dem Personentransfer auch Österreicher betroffen waren. Willibald Jentschke ging zunächst in die USA und wurde später Gründungsdirektor des DESY in Hamburg. Josef Schintlmeister ging zunächst in die UdSSR und wurde später Abteilungsleiter am Zentralinstitut für Kernforschung in Rossendorf (DDR).

18 Michael Gehler, *Vom Marshall-Plan zur EU. Österreich und die europäische Integration von 1945 bis zur Gegenwart*. Innsbruck 2006.

19 John Krige, *American Hegemony and the Postwar Reconstruction of Science in Europe* Cambridge, MA 2006; John Krige, „Building the Arsenal of Knowledge“, *Centaurus* 52 (2010): S. 280-296.

schen Firmen der Export von Kerntechnologie möglich, ebenso wie die notwendige Ausbildung ausländischer Reaktorbetreiber in den USA erfolgen konnte.[20]

Mit dem Atoms for Peace Programm wurde ein Kernenergieprogramm auch für Österreich erstmals greifbar. Im Dezember 1954 gründeten sich erste akademische und ministerielle Studiengruppen, die die Realisierbarkeit eines Kernreaktors untersuchen sollten. Noch vor Unterzeichnung des Staatsvertrages, beschloss der Ministerrat, den Bau eines Forschungsreaktors mit amerikanischer Unterstützung. Schnell kam es bei der Frage, wer über diese neue Forschungsressource verfügen kann, zu Konflikten, bei denen zwei Parteien einander gegenüber standen. Auf der einen Seite die Hochschulen in Verbindung mit dem österreichischen Bundesministerium für Unterricht (BMU), auf der anderen Seite stand eine Allianz aus Wirtschaftsministerium, Energiewirtschaft und Industrie, die im Mai 1956 in der Gründung der Österreichischen Studiengesellschaft für Atomenergie GmbH (ÖSGAE) mündete. Die Entscheidung fiel im Mai 1957 zugunsten von Wirtschaft und Industrie. Auf den Druck der Hochschulen und des BMU hin, wurde schließlich im bereits im August 1957 der Bau eines zweiten Reaktors als reines Hochschulinstitut beschlossen und damit verbunden die Gründung des Atominstituts der Österreichischen Universitäten im Jahr 1959. Insgesamt gingen in Österreich drei Forschungsreaktoren in Betrieb: Der Reaktor der ÖSGAE in Seibersdorf bei Wien im Jahr 1960, der Reaktor des Atominstituts am Prater 1962 und abseits von der zentralen Entwicklung um Wien mit den beiden US-Reaktoren wurde in Graz 1963 ein deutscher Siemens-Argonaut-Reaktor in Betrieb genommen.[21]

Die Grundthese für die Periode bis zur Inbetriebnahme der Reaktoren ist, dass sich neben den traditionellen akademischen Forschungsstrukturen neue Strukturen herausbildeten und die traditionellen in weiten Bereichen ablösten. Dieser Prozess wurde von den entsprechenden forschungspolitischen Weichenstellungen begleitet[22] und ist im Kontext einer europäischen Entwicklung während des Kalten Krieges zu sehen, was im Folgenden aufzuzeigen ist.

---

20 Richard G. Hewlett und Jack M. Holl, *Atoms for Peace and War, 1953-1961: Eisenhower and the Atomic Energy Commission*. Berkeley and Los Angeles 1989.

21 Eine detaillierte Darstellung des Wegs zum Reaktor findet sich in Christian Forstner, „Zur Geschichte der österreichischen Kernenergieprogramme“, in: Silke Fengler und Carola Sachse (Hrsg.) *Kernforschung in Österreich: Wandlungen eines interdisziplinären Forschungsfeldes 1900-1978*. Wien, Köln, Weimar 2012, S. 159-180.

22 Rupert Pichler, Michael Stampfer und Reinhold Hofer, *Forschung, Geld und Politik. Die staatliche Forschungsförderung in Österreich 1945-2005*. Innsbruck 2007; Michael Stampfer, Rupert

Darüber hinaus ermöglichte die politische Neutralität und die Anerkennung der Führungsrolle der USA die Installation der Internationalen Atomenergieorganisation (IAEA) ab 1957 in Wien mit einem eigenen Laboratorium im Forschungszentrum Seibersdorf, das in enger Kooperation mit dem dortigen Reaktorzentrum der Studiengesellschaft ÖSGAE GmbH zusammenarbeitete. Dabei ist insbesondere die Herausbildung eines auf die Stromgewinnung aus Kernenergie ausgerichteten nationalen Forschungsprogramms in komplexen Beziehungen und enger Kooperation mit überstaatlichen Organisationen, wie der IAEA, aber auch der OEEC bzw. OECD im Kalten Krieg bemerkenswert.[23]

2.3 Von der Großforschung zur Großtechnologie (ca. 1963–1986)

Die privatwirtschaftlich organisierte Österreichische Studiengesellschaft für Atomenergie GmbH (ÖSGAE) nahm eine zentrale Position auf dem Weg vom Forschungs- zum Leistungsreaktor ein, insbesondere das 1961 in ihr gegründete Institut für Reaktorentwicklung. Dieses kooperierte mit den Projekten der OECD in Norwegen (HALDEN-Projekt) und in Großbritannien (DRAGON-Projekt). In den Jahren 1963-65 entwickelte das Institut gemeinsam mit den Siemens-Schuckert Werken in Erlangen ein 15 MW Versuchskraftwerk. Das Projekt kam allerdings nie über die Standortsuche hinaus, da es von der aktuellen Entwicklung der Leistungsreaktoren überholt wurde. Dennoch verhielt sich die Energiewirtschaft zurückhaltend und insbesondere die konservative Regierung forcierte den Einstieg in die Atomenergie in der zweiten Hälfte der 1960er Jahre. Die Kernenergie schien ein möglicher Ausweg aus der wachsenden Abhängigkeit Österreichs von Primärenergieimporten aus dem Ostblock und den OPEC-Staaten[24] zu sein. Ende der 1960er Jahre war schließlich die Zeit gekommen, um die Kernenergiegewinnung zu realisieren. Unter der konservativen Regierung ergriff

---

Pichler, und Reinhold Hofer, „The making of research funding in Austria: transition politics and institutional development, 1945-2005", *Science and Public Policy* 37 (2010): S. 765-780.

23 Oliver Rathkolb, *Washington ruft Wien. US-Großmachtpolitik und Österreich 1953-1963*. Wien, Köln, Weimar 1997; Helmut Lackner, „Von Seibersdorf bis Zwentendorf. Die ‚friedliche Nutzung der Atomenergie' als Leitbild der Energiepolitik in Österreich," *Blätter für Technikgeschichte* 62 (2000): S. 201–226; Gerhard W. Schwach und Österreichisches Forschungszent, *25 Jahre Forschungszentrum Seibersdorf.* Österreichische Forschungszentrum Seibersdorf 1982; Peter Müller, „Atome, Zellen, Isotope: die Seibersdorf-Story," *Jugend & Volk* 1977; Peter Müller, *Seibersdorf: das Forschungszentrum als Drehscheibe zwischen Wissenschaft und Wirtschaft*. Wien, München, Zürich 1986.

24 Es sei am Rande angemerkt, dass auch die OPEC seit 1965 ihren Hauptsitz in Wien hat.

das Bundesministerium für Verkehr die Initiative, verstaatlichte Betriebe und veranstaltete im Oktober 1967 eine Enquete zur Atomenergie in Österreich. Das Ergebnis der Anhörung war die Planung von mehreren Kernkraftwerken in Österreich und die Gründung der entsprechenden Planungsgesellschaften. Der Baubeschluss für das erste Kernkraftwerk fiel im März 1971 unter der neuen sozialdemokratischen Regierung mit Bundeskanzler Bruno Kreisky. Mit dem Bau eines Siedewasserreaktors wurde von der Betreibergesellschaft ein Konsortium der österreichischen Siemens GmbH, der österreichischen Elin Union AG und der deutschen Kraftwerk Union AG beauftragt.[25]

Das Begutachtungsverfahren orientierte sich stark an dem der Bundesrepublik Deutschland. Neben dem TÜV waren das Institut für Reaktorentwicklung und anfangs auch das Atominstitut Hauptgutachter. Ebenso erfolgte die Ausbildung der künftigen Mitarbeiter weitestgehend in der BRD und teilweise in der Schweiz. Dies weist auf eine Bedeutungsverschiebung der Knotenpunkte im internationalen Netzwerk hin.[26]

Zu Beginn der Baumaßnahmen im Februar 1972 blieb die Kritik am Bau des Atomkraftwerks größtenteils singulär und unbeachtet. Allerdings weitete sich in den Folgejahren der Protest zu einer Massenbewegung quer durch alle gesellschaftlichen Schichten aus. Die Bundesregierung leitete daraufhin 1976 eine öffentliche Expertendiskussion zur Kernenergie ein, bei der auch Gegner der Atomenergie geladen waren. Insbesondere die Frage der Endlagerung und der Erdbebensicherheit war bis zum Schluss umstritten. Während die deutsche Anti-AKW-Bewegung bereits gut untersucht ist,[27] liegt im Falle Österreichs ein unbearbeitetes Forschungsfeld über eine Bewegung vor, die nur in begrenztem Rahmen auf eine außerparlamentarische Traditionen, wie die deutsche „Kampf dem Atomtod"-Bewegung Ende der 1950er Jahre zurückblicken kann.[28] Politi-

---

25 Helmut Lackner, „Von Seibersdorf bis Zwentendorf. Die ‚friedliche Nutzung der Atomenergie' als Leitbild der Energiepolitik in Österreich," *Blätter für Technikgeschichte* 62 (2000): S. 201-226.

26 Christian Forstner, „From International Cooperation to the Failure of a National Program: The Austrian Case", in: Albert Presas i Puig (Hrsg.), *A Comperative Study of European Nuclear Energy Programs*, Bd. 419, Preprint des Max Planck Instituts für Wissenschaftsgeschichte. Berlin 2011, S. 27–50.

27 Joachim Radkau, *Die Ära der Ökologie. Eine Weltgeschichte*. 1. Aufl. München 2011; Frank Uekötter, *Am Ende der Gewissheiten: Die ökologische Frage im 21. Jahrhundert*. Frankfurt am Main, New York 2011.

28 Insbesondere im westlichsten österreichischen Bundesland Vorarlberg existierte eine Tradition im „zivilien Ungehorsam". Hier sind zum einen die „Fussacher Schiffstaufe" im Jahr 1964 (vgl.

sche Auseinandersetzungen verzögerten die Inbetriebnahme des Kraftwerks weiter. Schließlich stieß Kreisky im November 1978 ein Referendum über die Inbetriebnahme des Kraftwerks Zwentendorf an. Was geschah, ist wohl bekannt: 50,47 Prozent stimmten gegen die Inbetriebnahme. Kreisky aber machte sein Rücktrittsversprechen nicht wahr und setzte das Atomsperrgesetz durch, welches die Nutzung von Kernspaltung zur Energiegewinnung in Österreich verbot. Alle Versuche, das Atomsperrgesetz rückgängig zu machen, scheiterten. Das Kernkraftwerk Zwentendorf, das bis Tschernobyl 1986 im Standby-Betrieb gehalten worden war, wurde endgültig stillgelegt und das Atomsperrgesetz wurde 1999 in den Rang eines Verfassungsgesetzes gehoben.

Mit dem „Nein" zu Zwentendorf und der endgültigen Stilllegung setzte ein Transformationsprozess ein, der in der heutigen für die österreichische Identität grundlegenden Narrative „Österreich ist frei von Kernenergie" mündete. Die umstrittene Ablösung der Stromgewinnung aus Kernenergie durch Kraft-Wärme-Kopplung (Kohle, Öl, Gas) und sog. „alternative Energien", insbesondere Wasserkraft, erscheint als Ausdruck eines Transformationsprozesses weg von der Präferenz der Atomenergie. Allerdings wurde hier keineswegs ein altes Leitbild durch ein neues ersetzt – was sich im Streit um den Ausbau der Donau und die Errichtung neuer Wasserkraftwerke in den 1980ern zeigte. Vielmehr ist eine plurale Auffächerung der Programmatik festzustellen.

Dies ist auch an den zugehörigen Institutionen festzumachen: Die ehemalige Studiengesellschaft Seibersdorf (ÖSGAE GmbH) verlor ihr klares Forschungsprogramm und stürzte bis heute in mehrere existenzgefährdende Krisen, die zu ihrer mehrfachen Umbenennung sowie Umstrukturierung führten und beinahe zu ihrer Auflösung. Der Reaktor in Seibersdorf wurde 2004 abgeschaltet, bis 2012 ist die komplette Abwicklung geplant. Heute firmiert die Studiengesellschaft unter dem unverfänglichen Namen *Austrian Institute of Technology*.

Das nie in Betrieb genommene Kernkraftwerk Zwentendorf dient heute als Ausbildungsanlage für baugleiche Kernkraftwerke in einer Umgebung frei von Radioaktivität, als Filmkulisse oder als touristischer Magnet. Bedeutender ist aber die Präsenz des Kraftwerks in der österreichischen Erinnerungskultur. Das AKW Zwentendorf nimmt als Erinnerungsort in der österreichischen Ökologiebewe-

Die Arbeiterzeitung vom 26.11.1964, S. 2) zu nennen – ein Aufbegehren der Bevölkerung gegen die Bundesregierung und insbesondere die Proteste gegen das Schweizer AKW Rüthi. Herzlichen Dank an Hildegard Breuner für diese Hinweise.

gung bis heute eine zentrale Rolle ein. So ist die Bezugnahme auf Zwentendorf in der aktuellen Diskussion um ein „Gen-freies" Österreich in den Debatten stets gegenwärtig.

2.4 Eine europäische Perspektive

Abschließend ist die österreichische Entwicklung in einen weiteren Rahmen zu setzen. Parallelitäten zeigen sich insbesondere in den Anfangsjahren zu Dänemark, das zu den Gründungsmitgliedern der NATO zählt. Am Institut von Niels Bohr in Kopenhagen existierte wie in Wien eine lange kernphysikalische Tradition. Wie das österreichische Programm erfuhr auch das dänische mit dem „Atoms for Peace"-Programm einen signifikanten Aufschwung, was zum Bau eines amerikanischen und eines britischen Forschungsreaktors in Risø führte. Ebenso wie in Österreich war die dänische Entwicklung anfangs von Wissenschaftlern und Wissenschaftlerinnen dominiert. Diese mündete allerdings in Dänemark nach einer heftigen Debatte um die Energiepolitik, ausgelöst durch die Ölkrise 1973/74, zum Parlamentsbeschluss im Jahr 1976, alle weiteren Entscheidungen bezüglich Kernenergie zu vertagen. In der Folge unterlag das Forschungszentrum Risø einem Transformationsprozess und entwickelte neue Forschungsschwerpunkte im Bereich der Umwelttechnologie und der alternativen Energien, insbesondere der Windenergie. Ähnlich wie in Österreich verabschiedete das Parlament 1985 ein Gesetz, das die Stromgewinnung aus Kernenergie verbot.[29]

Während Österreich als neutraler Staat die amerikanischen Vorgaben bereitwillig akzeptierte, musste der „Nuklearnationalismus" Westdeutschlands erst durch die Einbindung in internationale Netzwerke gezähmt werden.[30] Im Falle Frankreichs kommt im Vergleich zu den bisher angesprochenen Ländern nicht nur der Besitz von Atomwaffen hinzu, sondern wie die Historikerin Gabrielle Hecht[31] betont, die zentrale Bedeutung von Großtechnologischen Projekten für die Selbstein-

29 Henry Nielsen, „Riso and the attempts to introduce Nuclear Power into Denmark", *Centaurus* 41 (1999): S. 64–92; Henry Nielsen und Hendrik Knudsen, „The Troublesome Life of Peaceful Atoms in Denmark", *History in Technology* 26 (2010): S. 91-118.

30 Michael Eckert, „Kernenergie und Westintegration: Die Zähmung des westdeutschen Nuklearnationalismus", in: Ludolf Herbst, Werner Bührer, und Hanno Sowade (Hrsg.), *Vom Marshallplan zur EWG. Die Eingliederung der Bundesrepublik Deutschland in die westliche Welt.* München 1990, S. 313-334.

31 Gabrielle Hecht, *The Radiance of France: Nuclear Power and National Identity After World War II.* Cambridge, MA 1998.

schätzung und nationale Identität Frankreichs, das heute 80% seines Stromes aus Kernenergie bezieht und einen Ausstieg bis jetzt strikt ablehnt. Im Falle Frankreichs erfüllt Kernenergie damit dieselbe Funktion für die Bildung der nationalen Identität wie in Österreich, nur mit umgekehrten Vorzeichen.

2.5 Schlussbetrachtungen

Aus eigener Kraft wäre Österreich nach 1945 trotz seiner langen Tradition in der Radioaktivitäts- und Kernforschung nicht in der Lage gewesen ein Kernenergieprogramm zu initiieren. Der äußere Anstoß in Form des US-amerikanischen Atoms for Peace-Programm wurde von den historischen Akteuren auf politischer und wissenschaftlicher Seite ohne zu zögern akzeptiert. Österreich ordnete sich damit auch in der Forschungspolitik der Führungsrolle der USA im Kalten Krieg unter. Die USA auf der anderen Seite konnten durch das aggressive Programm verhindern, dass Österreich mit anderen Partnern eigene sicherheitspolitisch kritische Verfahren, wie, z.B. Urananreicherung, entwickelte und machten sich gleichzeitig die Ergebnisse der Österreichischen Forschungen nutzbar. Mit dem Bau des Atomkraftwerks Zwentendorf gewannen jedoch andere innereuropäische Netzwerke, jenseits des transatlantischen Netzwerkes an Bedeutung. Zu nennen sind hier insbesondere Westdeutschland, im Bereich der Mitarbeiterausbildung, des Genehmigungsverfahrens, der Gesetzgebung etc. und auch die Schweiz. Schlüsseltechnologien wie das Uran für die Brennelemente wurden weiterhin aus den USA bezogen. Im Kern blieb damit ihre Führungsrolle trotz einer zunehmenden Emanzipation des kleinen Österreichs unangetastet. Man darf jedoch nicht vergessen, dass dies zu einem Zeitpunkt erfolgte, in dem Österreich unter der Kanzlerschaft Kreiskys eine höchst selbstbewusste Außenpolitik als politisch neutraler Staat betrieb. Vergleicht man aber seine Rolle mit Dänemark oder gar dem politisch neutralen Finnland, so bleibt zu fragen, ob durch die schnelle Westintegration des neutralen Staates im Bereich der Kernspaltung mehr gewonnen oder politische Druckmittel vorschnell aufgegeben wurden.

3 Die physikalischen Umweltwissenschaften und das Militär Zur Erforschung Grönlands im Kalten Krieg

Matthias Heymann

Die modernen Umweltwissenschaften stehen heute im Mittelpunkt von Forschungsförderung und öffentlicher Aufmerksamkeit. Im Zuge des seit den 1970er Jahren erwachten Interesses am globalen Wandel der Umwelt und den damit verknüpften Problemen, ist ihre Bedeutung rasch gestiegen. Viele Wurzeln der modernen Umweltwissenschaften liegen jedoch im Kalten Krieg. Die Ursprünge von Institutionen, Fragestellungen und Methoden der Umweltwissenschaften im Kalten Krieg ist bisher weniger erforscht als in anderen Disziplinen, z. B. der Physik oder der Computertechnik. In diesem Beitrag möchte ich erste – und vorläufige – Ergebnisse eines umfassenden historischen Forschungsprojekts über militärische Forschung in Grönland während des Kalten Krieges präsentieren. Der Beitrag konzentriert sich auf Forschungsaktivitäten in den 1950er Jahren. Er gibt eine Übersicht über wichtige, vom US-amerikanischen Militär geförderten Forschungsarbeiten und ihre militärstrategischen Kontexte. Diese Arbeiten zeichneten sich durch einen neuen Stil der Grönlandforschung (und generell der Arktisforschung) aus: eine systematische, stark technologiebasierte und mit umfangreichen, spezialisierten Personal durchgeführte Erkundung des Landes, seiner Charakteristika und seiner Bedingungen für militärische Operationen.

3.1 Rahmenbedingungen im Kalten Krieg

Wissenschaft im Kalten Krieg ist in den vergangenen Jahren auf ein erhebliches Interesse in der Wissenschafts- und Technikgeschichte gestoßen. Das amerikanische Militär hat aus den Erfahrungen des Zweiten Weltkriegs den Schluss gezogen, massiv in Forschung zu investieren. Die Spannungen des Kalten Krieges vergrößerten diese Dynamik massiv. Das US Department of Defense steigerte die Forschungsausgaben sprunghaft, angetrieben durch den Korea-Krieg (1950-1953) und den Sputnik-Schock (1957) und deckte etwa 80 Prozent der gesamten staatlichen Ausgaben für Forschung und Entwicklung in diesem Jahrzehnt. US Army, US Air Force (seit 1947) und US Navy konkurrierten in der Umgestaltung des amerikanischen Forschungssystems durch militärische Forschungsförderung.[1] Die Forschungsförderung militärischer Institutionen schloss in großem Maße die Grundlagenforschung ein, verteilte sich aber nicht gleichmäßig auf die verschiedenen Disziplinen. Bei weitem der größte Anteil militärischer Mittel floss in die physikalische Forschung, die auch das größte historische Interesse erfuhren. An zweiter Stelle der militärischen Forschungsförderung standen – lange vor der Entstehung von Umweltbewegung und Umweltpolitik – die physikalischen Umweltwissenschaften.[2] John Cloud betrachtete die Nachkriegszeit für die physikalischen Umweltwissenschaften als „probably the most productive periods in their histories".[3] Die historiographische Aufarbeitung dieser Wurzeln der Umweltwissenschaften steht jedoch für die meisten Disziplinen noch am Anfang.[4]

Der umfassende Einfluss des amerikanischen Militärs auf die Forschung und die Entstehung eines militärisch-industriellen-akademischen Komplexes werfen Fragen wie die folgende auf: "what effect, if any, did military patronage have upon the knowledge researchers produced and the problems they chose to address?"[5] Antworten auf diese Frage sind grundsätzlich schwierig, da nicht bestimmbar ist, wie die Entwicklung der Forschung ohne das Engagement des Militärs verlaufen wäre. Generelle Antworten sind überdies unwahrscheinlich. Die Einflüsse militärischer Forschungsförderung unterschieden sich in verschiedenen Forschungsfeldern. Die vom amerikanischen Militär geförderte Forschung in Grönland ist ein Beispiel für einen besonders massiven Einfluss auf bisherige Forschungstraditionen.

Die Erforschung arktischer Regionen stieß im Verlauf des 19. Jahrhunderts auf ein wachsendes Interesse. Häufig waren dabei nationalistische und imperialisti-

---

1 Leslie Stuart, *The Cold War and American Science: The Military-Industrial-Academic Complex at MIT and Stanford*. New York 1993; Rebecca Lowen, *Creating the Cold War University: The Transformation of Stanford*. Berkeley 1997.

2 Ronald E. Doel, "Constituting the Postwar Earth Sciences: The Military's Influence on the Environmental Sciences in the USA after 1945", *Social Studies of Science* 33 (2003): S. 635-666.

3 John Cloud, "Introduction: Special Guest-Edited Issue on the Earth Sciences in the Cold War", *Social Studies of Science* 33 (2003): S. 629–633, hier S. 629.

4 Die größte Aufmerksamkeit galt bisher der Ozeanographie, Meteorologie und Klimaforschung: z. B. Jacob D. Hamblin, *Oceanographers and the Cold War: Disciples of Marine Science*. Seattle 2005; Kristine C. Harper, *Weather by the Numbers. The Genesis of Modern Meteorology*. Cambridge 2008; Paul Edwards, *A vast machine, Computer models, climate data, and the politics of global warming*. Cambridge 2010.

5 M. A. Dennis, "Postscript, Earthly Matters: On the Cold War and the Earth Sciences", *Social Studies of Science* 33 (2003): S. 809–819, hier S. 810.

sche Motive mit wissenschaftlichen Interessen verschränkt, die sich z. B. in der Namensgebung neu erkundeter und kartierter Gebiete und territorialen Gebietsansprüchen spiegelte.[6] Die wissenschaftliche Erkundung der Arktis (ebenso wie die Antarktis) beruhte bis zum Zweiten Weltkrieg auf zeitlich und räumlich begrenzten Expeditionsreisen mit einer meist kleinen Zahl von Expeditionsteilnehmern, die von einzelnen – häufig später als nationale Helden gefeierten – Naturforschern angeführt wurden. Die Epoche der Polarforschung bis zum Zweiten Weltkrieg ist entsprechend als „heroic age of exploration“ beschrieben worden.[7] Durch den Zweiten Weltkrieg veränderte sich die Bedeutung der Arktik und insbesondere von Grönland radikal, indem die militärisch-strategische Funktion arktischer Gebiete in den Vordergrund rückte. Nach der Besetzung Dänemarks durch Truppen der Wehrmacht übernahmen die USA nicht nur die Versorgung der grönländischen Bevölkerung, die vom Mutterland abgeschnitten war, sondern errichtete Militärbasen und Wetterstationen, um die deutschen Aggressoren von Grönland – und somit den USA – fernzuhalten.[8]

Nach dem Zweiten Weltkrieg stieg die strategische Bedeutung der Arktis dramatisch. Die Arktis repräsentierte die Frontlinie zwischen den neuen Supermächten USA und Sowjetunion. „The next war would be fought in, on, and under the Arctic".[9] Grönland wurde zu einer Priorität in der strategischen Planung der USA. Im November 1946 hatte das Joint War Plans Committee, ein Komitee bestehend aus den Oberbefehlshabern von Armee, Marine und Luftwaffe der USA und Großbritanniens, in einem streng geheimen Bericht die Bedeutung der Arktis und insbesondere Grönlands betont. Grönland lag vom Festland der USA aus gesehen auf der nordöstlichen „avenue of operation“, wie es die Strategen nannten, die eine direkte Verbindung zu den wichtigsten Städten und industriellen Zentren in der Sowjetunion repräsentierte. Militärbasen auf Grönland waren deshalb von zentraler Bedeutung für die Strategie der USA, sofern „technical diffi-

6 Urban Wråkberg, "The politics of naming: Contested observations and the shaping of geographical knowledge", in: Michael Bravo und Sverker Sörlin, *Narrating the Arctic: A cultural history of Nordic scientific practices.* Canton, Mass. 2002, S. 155-197.

7 Roger D. Launius, "Toward the poles: A historiography of scientific exploration during the International Polar Years and the International Geophysical Year", in: James R. Fleming und David DeVorkin, *Globalizing polar science: reconsidering the International Polar and Geophysical Year.* New York 2010, S. 47-81.

8 DUPI [Danish Institute for Foreign Policy], *Grønland under den kolde krig: Dansk og amerikansk sikkerhedspolitik 1945-68.* Kopenhagen 1997, S. 51.

9 Robert M. Friedman, "Playing with the Big Boys", in: Einar-Arne Drivenes und Harald D. Jølle, *Into the ice, The history of Norway and the polar regions.* Oslo 2006, S. 319.

culties of operation" und „the problem of logistic support" gelöst werden könnten.[10]

3.2 Forschungsaktivitäten in Grönland in den 50er Jahren

Bereits direkt nach dem Zweiten Weltkrieg begann das amerikanische Militär mit Erkundungen Grönlands. Sobald 1951 ein neues Kooperationsabkommen mit Dänemark unterzeichnet war, setzte eine hektische Bautätigkeit ein. Die im Zweiten Weltkrieg errichtete Militärbasis in Thule wurde massiv zur größten Überseebasis der USA ausgebaut.[11] Die Ambitionen des US Generalstabs waren groß. Grönland sollte ungeachtet der schwierigen geographischen und klimatischen Bedingungen zu einer militärisch leistungsfähigen "fortress of defense" werden und alle dafür erforderlichen militärischen Operationen gewährleisten.[12] Der Aufbau einer militärischen Infrastruktur unter den Bedingungen der Arktis war alles andere als eine leichte Aufgabe. Die amerikanischen Militärdienste hatten nur wenige Erfahrungen mit arktischen Bedingungen und konnten sich nicht – wie die Sowjetunion – auf eine große Tradition der Polarforschung berufen. Detaillierte Informationen über Charakteristiken des Landes wie Landkarten, Daten über Klima und Wetter oder geodätische Daten existierten kaum. Bereits 1949 forderte eine Direktive des Pentagons neue Forschungsarbeiten über "snow, ice and permafrost; trafficability of soils and slopes; mapping and charting; weather analysis and climatology; and geophysical aspects of communications and navigation".[13]

Im Verlauf der 1950er Jahre errichteten die US Army und die US Air Force eine Reihe von Forschungsbasen. Thule lag außerhalb des Eisschildes von Grönland. Um militärische Operationen und Forschungsarbeiten auf dem Eisschild durchführen zu können untersuchte das U.S. Army Transportation Corps Zugangswege zum Eisschild sowie die Transportbedingungen von schwerem Equipment auf Schnee und Eis. Ein geeigneter Zugang zum Eisschild wurde etwa 14 Meilen

10 Joint War Plans Committee: Strategic importance of the Arctic and Sub-Arctic regions, Report, 6 November 1946, National Archives and Records Administration, RG 218, Joint Chiefs of Staff 1918-1950, Box 2, CCS 381 Arctic Area.

11 Jørgen Taagholt, "Thule Air Base", *Tidsskriftet Grønland* 2 (2002): S. 42-112.

12 Joint War Plans Committee: Strategic importance of the Arctic and Sub-Arctic regions, Report, 6 November 1946, National Archives and Records Administration, RG 218, Joint Chiefs of Staff 1918-1950, Box 2, CCS 381 Arctic Area.

13 Ronald E. Doel, "Quelle place pour les sciences de l'environnement physique dans l'histoire environnementale?" *Revue D'Histoire Moderne et Contemporaine* 56, Nr. 4 (2009): S. 146.

südöstlich von Thule gefunden. Am Fuße dieses Zugangs wurde ein Basiscamp durch das US Army Polar Research and Development Center errichtet, das den Namen Camp Tuto (für Thule Take Off) erhielt. Camp Tuto entwickelte sich zu einem der größten Forschungslager. 1961 umfasste das Camp 125 Gebäude und bot Platz für 500 Personen. Schwerpunkt der Forschungsarbeiten in Camp Tuto waren glaziologische Untersuchungen. Überdies besaß Camp Tuto eine ionosphärische Forschungsstation. Eine wichtige Funktion spielte Camp Tuto überdies als Ausgangspunkt für Expeditionen und für die Errichtung weiterer Forschungslager auf dem Eiskap.[14] In der ersten Hälfte der 50er Jahre entstanden mit Camp Red Rock, Site 1, Site 2 und Camp Fistclench vier weitere Lager, die der Forschung dienten.[15]

Ein großer Teil der Forschungsarbeiten hatte angewandten Charakter. Allein der Transport von Fahrzeugen und Gütern über das Eis war eine Herausforderung. Schneedrift, sogenannte Whiteouts (Sichtweiten nahe Null Meter durch aufgewirbelte Schneekristalle) und durch Schnee unsichtbar gemachte Gletscherspalten bargen große Risiken. Seit Sommer 1954 führten amerikanische Wissenschaftler ein umfassendes Programm zur Erforschung von Whiteouts durch. Ziel dieser Forschungsarbeiten war nicht nur ein besseres Verständnis der meteorologischen Voraussetzungen von Whiteouts, sondern auch die Entwicklung von Maßnahmen, um Transporte über das Eis trotz drastisch reduzierter Sicht gefahrlos durchführen zu können.[16] Ebenfalls zentrale Bedeutung hatte die Erforschung von Gletscherspalten und die Entwicklung von Gletscherspalten-Detektoren, die auf Fahrzeugen montiert eine sichere Fortbewegung gewährleisten sollten.[17] Der Transport über das Eis war eine Voraussetzung für die Errichtung und die Versorgung von Forschungscamps. Die US Army setze dafür eine Vielzahl von Bodenfahrzeugen ein, speziell mit breiten Panzerketten ausgestattete Trakto-

---

14 Camp Tuto, http://www.thuleab.dk/index.php?option=com_content&view=article&id=25& Itemid=46 (zuletzt aufgerufen 16.9.2011).

15 Videnskabelig Rådgiver for FOTAB (Scientific Adviser of the Liaison Officer in Thule Air Base), National Archive Copenhagen, Archive of the Foreign Department, UM 105.F.8.

16 Janet Martin Nielsen, "The other cold war: The United States and Greenland's ice sheet environment, 1948-1966", *Journal of Historical Geography* 38, Nr. 1 (2012): S. 69-80.

17 Dazu zählten sogenannte Radiometer und auf elektrischen Feldern beruhende Detektoren, die vom US Army Research and Development Laboratory entwickelt wurden. Ray Hansen, US Army First Engineer Arctic Task Force, Greenland Research and Development Program. http://www.thuleforum.dk/ray_hansen.htm (zuletzt aufgerufen 16.9.2011).

Abbildung 1: Ein „heavy swing“ mit Lastschlitten gezogen von schweren Traktoren sowie Weasels auf dem Weg von Camp Tuto auf das Eisschild (Quelle: Steffen Winther, http://www.thuleforum.com/, all rights reserved).

ren, kleinere sogenannte Weasels und noch kleinere sogenannte Polecats. Die Traktoren konnten lange Reihen von Lastschlitten, sogenannte Wanigans, über das Eis ziehen. Ein schwerer Lastzug solcher Fahrzeuge wurde als „heavy swing“ bezeichnet.[18]

Ein anderer Zweig der Forschungsaktivitäten diente der Erforschung der Eigenschaften von Schnee und Eis. In der Nähe von Camp Tuto wurde 1957 mit Hilfe von schwerem Minengerät ein mehrere hundert Yards langer Tunnel in das Eis gebohrt. Entlang des Tunnels waren mehrere Testräume untergebracht, die der Untersuchung der Stabilität und Plastizität des Eises unter verschiedenen Voraussetzungen dienten. Die Forschungsarbeiten schlossen auch Eisbohrungen und die Gewinnung von Eisbohrkernen, seismische Studien, Tests von Sprengstoffen und die Untersuchung des Potentials solcher Tunnels für die militärische Nutzung.[19] Site 2 und Camp Fistclench dienten u. a. für ähnliche Untersuchungen von Schnee. Mit Hilfe schwerer Schweizer Schneefräsen wurden Tunnelgräben in das Eiskap geschnitten und u. a. die Eigenschaften von Schnee als Baumaterial untersucht. Ein Ziel dieser Arbeiten war die Erkundung der Möglichkeiten,

18 Charles M. Daugherty, *City under the ice, The story of Camp Century*. London 1963.

19 Ray Hansen, US Army First Engineer Arctic Task Force, Greenland Research and Development Program. http://www.thuleforum.dk/ray_hansen.htm (zuletzt aufgerufen 16.9.2011).

unterirdische Bauten für Forschungs- und militärische Zwecke zu errichten. Es war ein zentrales Problem der Camps, dass Schneetreiben innerhalb kürzester Zeit Zelte und Gebäude überdeckte, die dann täglich wieder ausgegraben werden mussten. Stark gepresster Schnee diente auch der Errichtung von Landebahnen, um die Camps auf dem Luftweg erreichen zu können.

Diese Forschungsarbeiten mündeten in einem der abenteuerlichsten Projekte der US Army: die Errichtung eines Camps unter dem Eis, Camp Century.[20] Seit Sommer 1959 hob das Army Polar Research and Development Center mit Hilfe der in anderen Camps erforschten Techniken etwa 130 Meilen östlich von Thule tiefe Gräben aus. Insgesamt entstanden 21 Tunnel, der längste von ihnen, genannt „Main Street", war etwa 300 Meter lang. In diesen Tunneln lebten in den folgenden Jahren bis zu 200 Personen, vor allem Wissenschaftler und militärisches Personal. Das Camp verfügte unter anderem über eine Bibliothek, eine Kapelle, ein Theater, ein Fitnessraum, eine Messe, Poststelle und zahlreiche Forschungslabors. Die Energieversorgung wurde durch einen 1,4 Megawatt Kernreaktor gewährleistet, der 1960 über das Eis zum Camp transportiert und dort montiert worden war. Zu den bekanntesten Forschungsarbeiten in Camp Century zählte das Bohren von Eiskernen, das auch in anderen Lagern seit 1954 verfolgt und technisch perfektioniert worden war. 1966 gelang es, einen zwei Kilometer langen Eiskern durch das gesamte Eisschild Grönlands hindurch zu bergen. Die Analyse solcher Eiskerne gab unersetzbare Hinweise auf die klimatischen Bedingungen der Vergangenheit und sollte zu einem wichtigen Feld der Klimaforschung werden.[21] 1966 wurde der Betrieb des Camps eingestellt, da sich die Tunnelwände durch die Plastizität des Eises als nicht stabil genug erwiesen und kontinuierlich nachgaben. Es ist bisher nicht erwiesen, aber wahrscheinlich, dass der Bau von Camp Century der Vorbereitung von Project Iceworm galt, dem utopischen (und 1963 aufgegebenen) Plan der US Army, 600 Mittelstreckenraketen in Tunnels unter dem Eisschild Grönlands zu stationieren.[22]

---

20 Walter Wager, *Camp Century: City under the ice*. Philadelphia 1962; Charles M. Daugherty, *City under the ice, The story of Camp Century*. London 1963.

21 Maiken Lolck, *Klima, kold krig og iskerner*. Aarhus 2006; Janet Martin Nielsen, "'The deepest and most rewarding hole ever drilled': Ice cores and the Cold War in Greenland", *Annals of Science* 70 (2012): S. 47-70.

22 Nikolaj Petersen, "The iceman that never came", *Scandinavian Journal of History* 33 (2008): S. 75-98; E.D. Weiss, "Cold war under the Ice: The Army's Bid for a Long-Range Nuclear Role, 1959-1953", *Journal of Cold War Studies* 3 (2001): S. 31-58.

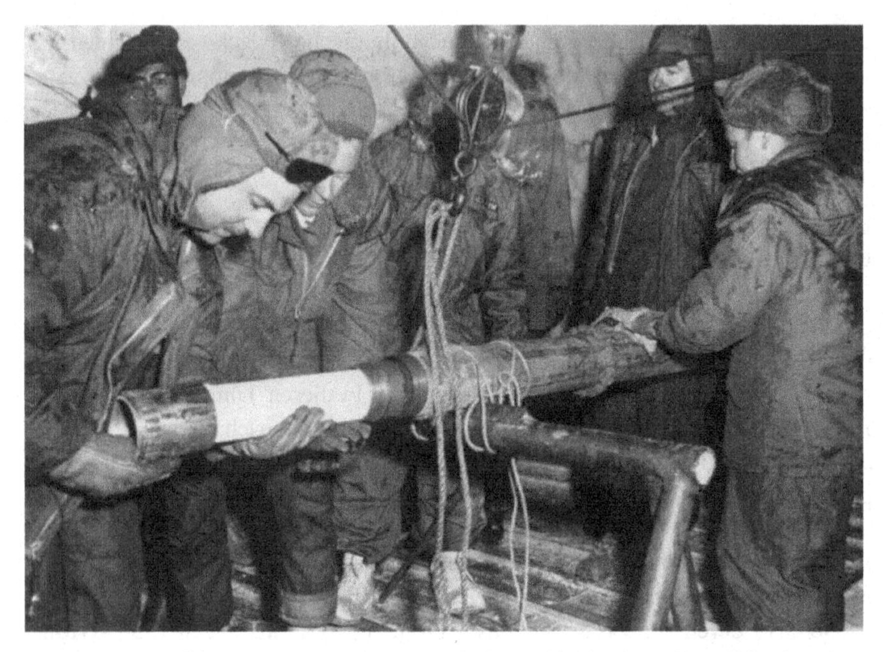

Abbildung 2: Eiskernbohrungen im Research Camp Site 2 1957. Das Bild zeigt einen Eiskern, der aus dem Bohrrohr entnommen wird. (Quelle: Steffen Winther, http://www.thuleforum.com/, all rights reserved).

Ein weiteres zentrales Forschungsfeld war die geologische Erkundung und kartographische und geodätische Erfassung von Nordgrönland, die das US Militär unter dem Begriff „terrain intelligence" systematisch verfolgte.[23] Diese Erkundungen waren nicht nur wichtig für die Herstellung präziser Landkarten und die Suche nach geeigneten Orten für den Bau weiterer Stützpunkte und Flughäfen. Die Erfassung geodätischer Daten war auch eine Voraussetzung für die Berechnung der Trajektorien von Interkontinentalraketen, deren Flugbahn im Fall eines Krieges mit hoher Wahrscheinlichkeit über die Arktis verlaufen würde.[24] Die geologischen, kartographischen und geodätischen Forschungsarbeiten wurden

23 Frank C. Whitmore, Jr., "Terrain intelligence and current military concepts." *American Journal of Science*, Bradley Volume 258-A (1960): S. 375-387; Christopher Jacob Ries,"On Frozen Ground: William E. Davies and the military geology of northern Greenland 1952-1960", *The Polar Journal* 2, Nr. 2 (2012): S. 334-357.

24 O. Wilkes und J. Øberg, *Military research and development in Denmark and Greenland.* Lund 1982, S. 132-137.

von umfangreichen, gut ausgestatteten Teams von Spezialisten mit Hilfe von Flugzeugen, Schiffen und Bodenfahrzeugen durchgeführt. Ein Beispiel war Operation Groundhog, das der Erkundung von geeigneten Regionen für den Bau von Landeplätzen diente. Der dänische Scientific Advisor des Liaison Offiziers sowie der dänische Polarforscher und Archäologe Eigil Knuth nahmen 1959 an einer Expedition der US Wissenschaftler teil und zeigten sich beeindruckt über die umfassende und technisch gut ausgestattete Operation, bei der u. a. der Eisbrecher Atka und Helikopter eingesetzt wurden.[25]

3.3 Ein neues Zeitalter der Arktisforschung

Die strategische Konstellation im Kalten Krieg mit zwei Supermächten, die einander auf zwei Seiten der Arktis gegenüberlagen, katapultierte diese bis dahin wenig beachtete und in geringem Maßstab erforschte Region in das Zentrum militärischen und somit auch wissenschaftlichen Interesses. Ein massiver Einfluss des Kalten Krieges bestand in der raschen Ausweitung der Erforschung der Arktis und der Produktion von Wissen über diese Region. Ein besonders markantes Beispiel dafür war die Forschung auf Grönland. Felder der Umweltwissenschaften wie Glaziologie, Ionosphärenforschung, arktische Geologie sowie Meteorologie und Klimatologie arktischer Gebiete profitierten massiv vom militärischen Interesse an Grönland. Die Forschung umfasste sowohl angewandte als auch Grundlagenforschung. Während die militärischen Dienste unverzichtbare Erkenntnisse über die Eigenschaften der Arktis und die Bedingungen für Operationen und Bauten in Grönland gewannen, profitierten auch Wissenschaftler und ihre Disziplinen durch die Entwicklung neuer Forschungsmethoden und die Gewinnung neuer Erkenntnisse. Ein besonders spektakuläres Beispiel dafür war die Eiskernforschung.

Eine zweite tiefgreifende Veränderung betraf den Charakter der Polarforschung. War sie vor dem Zweiten Weltkrieg weitgehend von begrenzten Expeditionen durch einzelne Polarforscher mit meist kleinen Teams geprägt gewesen, entwickelte sie sich nach dem Zweiten Weltkrieg zu einer systematischen Erkundung, an der Hunderte von Wissenschaftlern beteiligt waren. Neue Technologien wie Motorschlitten und Flugzeuge wurden in der Polarforschung in begrenztem Maße auch vor dem Zweiten Weltkrieg verwendet. Während des Kalten Krieges

25 Videnskabelig Rådgiver for FOTAB (Scientific Adviser of the Liaison Officer in Thule Air Base), National Archive Copenhagen, Archive of the Foreign Department, UM 105.F.8.

entwickelte sich die Polarforschung zu einem hochtechnisierten auf Spezialisten gegründetes Unternehmen. Zu den technischen Hilfsmitteln zählten nicht nur eine große Zahl moderner und hochangepasster Transportgeräte wie Flugzeuge, Schiffe, Helikopter, Traktoren, Weasels, Polcats und Wanigans. Auch schweres Spezialgerät wie Minenbohrer, Schneefräsen und Eiskernbohrer oder hochentwickelte elektronische Geräte wurden nach Grönland transportiert und von Spezialisten eingesetzt und weiterentwickelt. Die beteiligten Wissenschaftler und Ingenieure waren nicht mehr Universalwissenschaftler wie viele Vertreter einer älteren Generationen von Polarforschern, die sich in einer Person für so unterschiedliche Gebiete wie Glaziologie, Geologie, Meteorologie und Archäologie interessierten, sondern hochspezialisierte Fachleute.

Der veränderte Charakter der Polarforschung zeigte sich auch in den neuen Ambitionen, die von den militärischen Planern für die Polarregionen entwickelt wurden. Es ging nicht bloß um die wissenschaftliche Erkundung dieser Regionen, sondern um ihre wissenschaftliche und technische Beherrschung. Das Problem der regelmäßig auftretenden Whiteouts sollte z. B. dadurch gelöst werden, dass durch gezielte Wettermodifikationen die Entstehung von Whiteouts verhindert wird. Als kurzfristige Alternative versuchten die Wissenschaftler Wege durch elektrische Kabelleitungen zu markieren, die in regelmäßigen Abständen elektromagnetische Signale aussandten und Fahrzeuge auf diese Weise auf der (bei Whiteouts nicht sichtbaren) Spur hielten. Beide Lösungen erwiesen sich trotz umfangreicher Forschungsbemühungen als nicht realisierbar. Ähnlich ambitioniert waren die Baupläne für unterirdische Infrastrukturen im Eis, z. B. im Rahmen des Projekts Iceworm. In Camp Century zeigte sich jedoch nach wenigen Jahren, dass diese Ambitionen nicht ohne weiteres erfüllbar waren. Die Plastizität des Eises, das unvermeidbare Nachgeben von Eiswänden machte das Lager schon nach wenigen Jahren unbenutzbar. In diesen und anderen Fällen blieb den militärischen Wissenschaftlern und Strategen nichts anderes als eine „detente with nature", ein Akzeptieren der Grenzen, die die arktischen Bedingungen dem Menschen auferlegten, ein kooperativer anstatt konfrontativer Umgang mit dieser Natur.[26]

26 Janet Martin Nielsen, "The other cold war: The United States and Greenland's ice sheet environment, 1948-1966", *Journal of Historical Geography* 38, Nr. 1 (2012): S. 69-80.

Kernphysik

4 „Überholen ohne einzuholen“ Die Entwicklung von Technologien für übermorgen in Kernenergie und Mikroelektronik der DDR

Gerhard Barkleit

4.1 Einleitung

Dem nuklearen Patt zwischen Ostblock und westlichem Staatenbündnis ist es nach weitgehend übereinstimmender Auffassung von Politik und Wissenschaft zu danken, dass der „Kalte Krieg“ in der zweiten Hälfte des 20. Jahrhunderts nicht zum weltumfassenden Flächenbrand eskalierte. An der raschen Herstellung dieses Patts waren zwei Dresdner Physiker maßgeblich beteiligt, deren einer im Manhattan-Projekt in den USA gearbeitet hatte und später in England der Spionage für die Sowjetunion und des Verrats des Know-how der Atombombe überführt wurde. Nach Verbüßung einer neunjährigen Haftstrafe siedelte sich Klaus Fuchs in der DDR an. Auch Manfred von Ardenne kam nach einer zehnjährigen Mitwirkung in leitender Stellung innerhalb des sowjetischen Atombombenprojektes in die DDR. Da hier sowohl die militärische Forschung, als auch die Rüstungsindustrie nicht ernsthaft entwickelt wurden,[1] konnten beide, wie übrigens auch alle anderen Physiker und Ingenieure, mit Recht für sich beanspruchen, in den vier Jahrzehnten des SED-Staates das Wettrüsten der Supermächte zwar mit großer Sorge verfolgt zu haben, selbst jedoch in keiner Weise als Akteure involviert gewesen zu sein.[2]

Der Kalte Krieg, als „Wettstreit der Systeme“ begriffen, prägte hingegen sehr wohl das Denken und Handeln von Naturwissenschaftlern und Ingenieuren. Die

1 In letzter Zeit sind Bemühungen erkennbar, diesen marginalen Bereich der DDR-Industrie aufzuwerten (Uwe Markus, *Waffenschmiede DDR*. Berlin 2010).

2 Gerhard Barkleit, „Stalins Jagd nach der Bombe. Spionage und Know-how-Transfer als Beitrag deutscher Wissenschaftler zur Herstellung des atomaren Patts,“ in: Ulrich Bartosch, Gerd Braun und Götz Neuneck (Hrsg), *Verantwortung von Wissenschaft und Forschung in einer globalisierten Welt. Forschen – Erkennen – Handeln.* Weltinnenpolitische Colloquien Bd. 4. Berlin 2011, S. 45-60.

vom SED-Chef Walter Ulbricht 1958 als Zielsetzung für die Auseinandersetzung mit der Bundesrepublik formulierte plakative Formel vom „Überholen ohne einzuholen" ist Ausdruck des Realitätsverlustes der politischen Führung im Glauben an die von den Theoretikern des Marxismus-Leninismus behauptete Überlegenheit des kommunistischen Gesellschaftsmodells. Diese Überlegenheit sollte sich zumindest herbei zwingen lassen, wenn sie sich schon nicht im Selbstlauf durchzusetzen vermochte. „Überholen ohne einzuholen" praktizierten auch Physiker selbst dann noch, als die Politik selbst sich längst von diesem illusionären Anspruch verabschiedet hatte. Wohl wissend, es öffentlich aber niemals eingestehend, dass es der kommunistischen Kommandowirtschaft an Wettbewerbsfähigkeit mangelte und diese unter einer chronischen Innovations- und Devisenschwäche litt.

Insbesondere in den Bereichen der so genannten Hochtechnologien, wie der Kernenergie und der Mikroelektronik, gelang es dennoch, Forschungs- und Entwicklungslinien zu etablieren, die angesichts der Unmöglichkeit, mit den aktuellen Entwicklungen in den führenden Industriestaaten Schritt zu halten, darauf zielten, Technologien „von übermorgen" vor der westlichen Konkurrenz zur Anwendungsreife zu bringen. Dafür erforderliche Ressourcen wurden, wenn auch in den meisten Fällen nicht in ausreichendem Umfang, von den staatlichen Planungsinstitutionen bereitgestellt.

Der Westen reagierte auf die Herausforderung durch den Osten mit der Entwicklung spezifischer Instrumente, die den Abfluss strategisch bedeutsamer wissenschaftlich-technischer Informationen und Know-how an den Osten verhindern sollten. In erster Linie auf die Hochtechnologien zielten diese so genannten „Embargobestimmungen". Neben der Mikroelektronik war davon, wenn auch in vergleichsweise geringem Umfang, auch der ostdeutsche Uranbergbau als Teil des militärisch-industriellen Komplexes der UdSSR betroffen. Industriespionage und das Unterlaufen dieses Embargos wurden dadurch zu einem Teil des Innovationssystems nicht nur der DDR.[3]

Geradezu schizophren mutet es unter diesen Bedingungen an, wenn in geheimen Forschungsprojekten der DDR aufgrund ihrer Fachkompetenz Wissenschaftler beschäftigt werden mussten, die aufgrund einer so genannten „verfestigten feind-

3 Horst Müller, Manfred Süß und Horst Vogel (Hrsg.), *Die Industriespionage der DDR. Die Wissenschaftlich-Technische Aufklärung der HV A*, Berlin 2008.

lich-negativen Grundhaltung“ im Falle einer drohenden Krise der SED-Diktatur durch das MfS in einem „Isolierungslager“ interniert worden wären.[4]

Den spannungsvollen Spagat zwischen den Herausforderungen anspruchsvoller Forschungs- und Entwicklungsthemen und unzureichenden Ressourcen erlebte der Autor als Physiker zwischen 1973 und dem Ende der DDR im Kernforschungszentrum Rossendorf sowie dem Forschungszentrum Mikroelektronik.

4.2 Schlüsselfiguren und Institutionen in Wissenschaft und Politik

Die Aushandlungsprozesse zwischen der nach Ressourcen zur Befriedigung ihres von grenzenlosem Fortschrittsoptimismus getragenen Erkenntnisdranges lechzenden Wissenschaft und der Politik, die auf ökonomischem Nutzen und Prestigegewinn bedacht ist, wurden auch in einer kommunistischen Kommandowirtschaft keineswegs obsolet und durch eigens dafür geschaffene Institutionen gesteuert. Als ranghöchstes die Politik beratendes Gremium trat 1957 der Forschungsrat an die Stelle des Zentralamtes für Forschung und Technik bei der Staatlichen Plankommission. An die Spitze wurde mit Peter Adolf Thießen ein Mann berufen, der bereits im Dritten Reich einflussreiche Positionen im Wissenschaftsbetrieb bekleidete und bereits 1945 Manfred von Ardenne aus freien Stücken in die Sowjetunion gefolgt war. Von 1965 bis 1978 amtierte Max Steenbeck als Vorsitzender, der ebenfalls im unmittelbaren Umfeld Ardennes in das sowjetische Atombombenprogramm eingebunden war. Ein wichtiges Instrument des Forschungsrates bei der Planung und Koordinierung der naturwissenschaftlichen und technischen Forschung waren Prognosen zur Entwicklung zukunftsträchtiger Wissenschaftszweige und Technologien. Aber nicht nur Ardenne, Thießen und Steenbeck prägten maßgeblich die Wissenschafts- und Technologiepolitik der DDR während der Ulbricht-Ära. Einen nicht zu unterschätzenden Einfluss übten darüber hinaus auch weitere der ab 1950 aus der Sowjetunion nach Ostdeutschland kommenden Spezialisten des Flugzeugbaus (Brunolf Baade), der Raketenentwicklung (Werner Albring), sowie der Kernphysik (Heinz Barwich) aus. Im Hinblick auf das Thema dieses Aufsatzes seien hier noch Matthias Falter und Werner Hartmann genannt, die als Pioniere der Entwicklung der Mikroelektronik in der DDR gelten können. Auch zahlreiche hier nicht genannte

4 Thomas Auerbach, „Vorbereitung auf den Tag X. Die geplanten Isolierungslager des MfS“, in: BStU, Abt. Bildung und Forschung, Reihe B: Analysen und Berichte Nr. 1/1995, Berlin 1994.

Rückkehrer aus der Sowjetunion gelangten rasch in Schlüsselpositionen des Wissenschaftsbetriebes der DDR. Sie alle hatten ihre Laufbahn zu einer Zeit begonnen, als Deutschland in vielerlei Hinsicht tatsächlich „groß“ war, und arbeiteten in der Sowjetunion nahezu ausschließlich in den bereits genannten strategisch bedeutsamen Bereichen der Rüstungsindustrie, in Bereichen also, deren Ressourcen nicht limitiert waren. Dementsprechend hoch waren auch ihre Ansprüche in einer für sie neuen Umgebung, deren permanenter Mangel an Ressourcen sie zunächst zu überraschen schien und an den zu gewöhnen ihnen offenbar nicht leicht fiel – zumal ihre traumhaften Gehälter keineswegs auf einen klammen Staat schließen ließen.

Ein Blick auf die fortschrittsbestimmenden Technologien und Schlüsselindustrien der Welt in den Jahren nach dem Zweiten Weltkrieg und deren Implementierung in der DDR wirft die Frage nach der Leistungsfähigkeit der DDR in diesen Bereichen und nach dem Stellenwert auf, der ihnen von der politischen Führung zugewiesen wurde. Ein permanenter Widerspruch zwischen dem hohen Anspruch, ein maßgeblicher Akteur im Wettstreit der Systeme zu sein, und der Realität begleitete die DDR von ihrer Gründung bis zum Zusammenbruch. Das gescheiterte Experiment des Aufbaus einer rein zivilen Luftfahrtindustrie mit dem ehrgeizigen Ziel, das erste strahlengetriebene Mittelstreckenpassagierflugzeug der Welt zu bauen, scheiterte bereits 1961 kläglich und hätte zwei wichtige Einsichten in den Köpfen der führenden Experten und der SED-Spitze verankern können (müssen): Erstens hatten sie die Leistungsfähigkeit der Zentralplanwirtschaft eines kleinen Landes und zweitens die Verlässlichkeit des „großen Bruders“ bei der Einhaltung von bilateralen Absprachen völlig falsch eingeschätzt.[5]

Die besonderen Rahmenbedingungen, unter denen die DDR ihre ehrgeizigen Ziele zu erreichen suchte, ließen das Ministerium für Staatssicherheit neben dem Politbüro der Staatspartei und den Fachministerien der staatlichen Administration zu einer dritten Säule einer Führungstrias in wirtschaftspolitischen Fragen werden. Zu den wichtigsten Instrumenten des MfS gehörten Industriespionage und die Abteilung „Kommerzielle Koordinierung“ (KoKo) im Außenhandelsministerium, deren Aufgabe es war, das Embargo zu unterlaufen. Der Name des Offiziers des MfS im besonderen Einsatz (OibE) Alexander Schalck-Golod-

5 Gerhard Barkleit, „Die Spezialisten und die Parteibürokratie. Der gescheiterte Versuch des Aufbaus einer Luftfahrtindustrie in der Deutschen Demokratischen Republik“, in: Gerhard Barkleit und Heinz Hartlepp, *Zur Geschichte der Luftfahrtindustrie der DDR 1952-1961*. Dresden 1995, S. 5-30.

kowski, Leiter dieser konspirativ agierenden Abteilung, steht seitdem als Synonym für zwielichtige illegale Geschäfte eines Netzwerkes von etwa 150 Tochterfirmen und -gesellschaften. Von „effektivitätsfördernden unterstützenden Maßnahmen" sprach das MfS.

4.3 Kernenergie: Fahrt aufs Abstellgleis

Der Bau des ersten Kernkraftwerks der DDR in Rheinsberg war weniger der Befriedigung des Bedarfs an Elektroenergie geschuldet, sondern diente vielmehr „der Vorbereitung einer kommenden Kernenergiewirtschaft", urteilt Johannes Abele. Zum Abbruch der „außerordentlich intensiven Förderung der Kernforschung und Kerntechnik" habe die Energiekommission des Forschungsrates im Jahre 1962 maßgeblich beigetragen.[6] Im Juli 1965 schließlich gelang es der DDR in harten Verhandlungen, der Sowjetunion die Lieferung „schlüsselfertiger" Kernkraftwerke abzuringen. Den Verzicht auf eine eigenständige Entwicklung und Fertigung „zentraler Anlagenteile" stellten die Planungsbürokraten als eine ökonomisch sinnvolle Entscheidung dar, die sich in der Praxis jedoch als zumindest sehr problematisch erwies.[7]

Klaus Fuchs, der nach seiner Übersiedlung in die DDR zum Stellvertretenden Direktor des Kernforschungszentrums der Akademie der Wissenschaften berufen worden war, wollte Forschung und Entwicklung auf dem Gebiet der Kernenergie nunmehr auf Probleme des Kernbrennstoffzyklus für einen Reaktor der nächsten Generation, den „Schnellen Brutreaktor", konzentrieren.[8] Der Kernbrennstoffzyklus enthält alle verfahrenstechnischen Schritte vom Abbau des Urans über die Anreicherung, die Fertigung von Brennelementen und deren Wiederaufarbeitung nach dem Einsatz im Reaktor. Die Idee, theoretische und experimentelle Arbeiten an Brennelementen dieses Reaktortyps aufzunehmen, ließ sich gut in dieses Konzept von Fuchs einordnen. In die Entwicklung eines „Spaltgasentlüfteten karbidischen Brennelementes" wurde ich nach meiner Promotion als Gruppenleiter eingebunden. Das Herzstück der experimentellen Arbeiten stellte ein Natriumkreislauf dar, mit dessen Hilfe die Gasdurchlässigkeit von metallke-

---

6 Johannes Abele, *Kernkraft in der DDR. Zwischen nationaler Industriepolitik und sozialistischer Zusammenarbeit 1963-1990*. Dresden 2000, S. 14.

7 Ebd. S. 22-27.

8 Johannes Abele und Eckhard Hampe, „Kernenergiepolitik der DDR", in: Peter Liewers, Johannes Abele und Gerhard Barkleit, *Zur Geschichte der Kernenergie in der DDR*. Frankfurt am Main 2000, S. 49-53.

ramischen Sinterkörpern in Langzeitversuchen gemessen werden konnte.[9] Die Rahmenbedingungen dieses Forschungsthemas waren durch dessen Einbindung in die so genannte „zweiseitige Zusammenarbeit" mit der UdSSR festgelegt und durch ein extremes Maß an Geheimhaltung geprägt. Das bedeutete zum einen eine enorme Einschränkung der persönlichen Freiheit eines jeden Mitarbeiters, die mit einer VVS-ZZ-Verpflichtung für den Umgang mit dienstlichen Informationen sowie der privaten Verpflichtung verbunden war, keinerlei Kontakte zu Personen des „nichtsozialistischen Wirtschaftsgebietes" zu pflegen bzw. diese abzubrechen. Ausgesprochen negativ wirkten sich die für einen Bereich rein ziviler nuklearer Forschung geradezu schizophren anmutenden Geheimhaltungsvorschriften auf das wissenschaftliche Klima und letzten Endes auch auf das Niveau der Forschung aus. Das wissenschaftlich-akademische Leben prägende kommunikative Elemente wie Seminare, Kolloquien und Besuche von Gastwissenschaftlern waren in diesen Struktureinheiten ausgesprochen unterentwickelt. Interne wie externe Impulse für innovatives Denken besaßen Seltenheitswert. Stattdessen breitete sich zunehmend die Mentalität von Dienstleistern aus und das kreative Potenzial so manches Wissenschaftlers und Ingenieurs wurde in Nischen ausgelebt, z. B. in einer im Schutze der Einheitsgewerkschaft auf hohem Niveau agierenden Kulturkommission.

Nach einigen Jahren intensiver Arbeit gelang es uns gegen Ende der 1970er Jahre, zu einer Konsultation mit den sowjetischen Brennelemente-Entwicklern in das Forschungsinstitut für Kernreaktoren nach Dimitrovgrad eingeladen zu werden. Zwei Dinge sind mir an jene ersten Tage im Monat Mai in Erinnerung geblieben. Die Stadt Uljanovsk, in der wir wohnten, empfing uns ausgesprochen freundlich mit strahlendem Sonnenschein bei Temperaturen von mehr als 20 Grad über Null und großen Schollen von Treibeis auf der Wolga. Ebenfalls freundlich gaben sich unsere Gesprächspartner. Unsere Vorstellungen zur Entwicklung eines spaltgasentlüfteten karbidischen Brennelementes für den natriumgekühlten Schnellen Brutreaktor nahmen sie interessiert und höflich zur Kenntnis. So könne man auf diesem Gebiet durchaus arbeiten, attestierten sie uns. Hoffnungen auf eine künftige partnerschaftliche Zusammenarbeit machten sie uns allerdings nicht. Bereits Mitte der 1960er Jahre hatte die sowjetische Seite in bilateralen Vereinbarungen zu einer Zusammenarbeit auf dem Gebiet

9 Gerhard Barkleit, Gerhard George, Ingrid Haase und Wolfgang Kießling, „Ein automatisierter Natriumkreislauf zur Untersuchung des Langzeitverhaltens gasdurchströmter Sinterkörper"; AdW der DDR, ZfK Rossendorf, ZfK-421, August 1980.

des Kernbrennstoffzyklus erklärt, neben anderen auch alle Fragen der Konstruktion von Brennelementen selbst zu bearbeiten.[10] So deutlich sagte man das uns allerdings nicht.

„Übermorgen" ist für den Schnellen Brutreaktor als Standard in der Energieerzeugung übrigens noch immer nicht in Sicht, der Natriumkreislauf im Gebäude 8a des Kernforschungszentrums Rossendorf samt aufwändiger Messtechnik und Steuerungselektronik hingegen längst verschrottet.

4.4 Mikroelektronik: trügerischer Optimismus

Sprach der Verzicht der DDR auf die Entwicklung eigener Kernkraftwerke für einen erkennbaren Realismus der Planungsbürokratie und des Politbüros, so gilt das nicht im Bereich der Mikroelektronik. Hier gehörte die DDR zu den wenigen Ländern in der Welt, die das gesamte Spektrum der Chip-Herstellung beherrschten – vom rechnergestützten Schaltkreisentwurf bis hin zum Bau von kompletten Chipfabriken. Allerdings wurde die gesamte Volkswirtschaft für diesen einen Industriezweig „in Haftung genommen". In der Mikroelektronik versuchte die SED den doppelten Spagat zwischen ökonomischer Rationalität und der Treue zur Sowjetunion auf der einen sowie zwischen dem Embargo des Westens und der Kooperationsverweigerung des Ostens auf der anderen Seite. Ein Spagat, der einfach nicht gelingen konnte. Analysen, die den ausbleibenden Erfolg einer unwirtschaftlichen „Mikroelektronik Made in GDR" als Folge der Globalisierung zu interpretieren suchen, greifen viel zu kurz.[11] „An der Globalisierung gescheitert" klingt so überzeugend und glaubwürdig wie die Meldung von einem Schiffsunglück in der Sahara. In dem einen Fall gibt es kein Wasser, in dem anderen Fall hatte sich die DDR, wie übrigens und bekanntermaßen der gesamte Ostblock, vor der Globalisierung mit allen Mitteln abgeschottet – wie zum Beispiel durch eine Mauer in Berlin.

Nicht nur im universitären Bereich wurde es aufgrund „der zunehmend schlechter werdenden Forschungsbedingungen und –ressourcen", wie Dieter Hoffmann am Beispiel der Humboldt-Universität zeigte, „mit den Jahren zunehmend

10 Johannes Abele und Eckhard Hampe, „Kernenergiepolitik der DDR", in: Peter Liewers, Johannes Abele und Gerhard Barkleit, *Zur Geschichte der Kernenergie in der DDR.* Frankfurt am Main 2000, S. 52.

11 Olaf Klenke, *Ist die DDR an der Globalisierung gescheitert? Autarke Wirtschaftspolitik versus internationale Weltwirtschaft - am Beispiel der Mikroelektronik.* Frankfurt am Main 2001.

schwieriger, gute und originelle physikalische Forschung zu betreiben".[12] Ende der 1970er/Anfang der 1980er Jahre stellte der Staat von Jahr zu Jahr auch den außeruniversitären Forschungseinrichtungen immer weniger Mittel bereit. Als Mitglied der Gerätekommission des Zentralinstituts für Kernforschung gehörte ich zum Kreis derjenigen, die Verantwortung für eine „gerechte Verteilung kontinuierlich wachsenden Mangels" wahrzunehmen hatten. Die Mikroelektronik, das Prestigevorhaben der SED in den 1980er Jahren schlechthin, schien mir der einzig verbliebene zivile Bereich zu sein, in dem ein Physiker ausreichende Mittel und günstige Voraussetzungen für eine ambitionierte wissenschaftliche Tätigkeit finden konnte – auch wenn es sich dabei nicht um hehre Grundlagenforschung oder wenigstens Vorlaufforschung, sondern um unmittelbar anwendungsorientierte Forschung handeln musste. Auch die Physik, insbesondere die Experimentalphysik, hatte sich längst von dem Anspruch der Zweckfreiheit verabschiedet und dem Diktum gebeugt, „daß der Sinn solcher Arbeit in einem gesellschaftlichen Nutzen bestehen muß", wie Max Steenbeck als Vorsitzender des Forschungsrates in einer Festschrift aus Anlass des fünfundzwanzigjährigen Bestehens der DDR feststellte.[13]

Meinen Entschluss, am 1. Januar 1983, durch das Recht zur Rückkehr nach Rossendorf privilegiert, in das Forschungszentrum Mikroelektronik zu wechseln, fasste ich zu einem Zeitpunkt, der unter Wirtschaftshistorikern als Beginn des allgemeinen Niederganges der DDR-Wirtschaft gilt. Hier trat ich in eine Abteilung ein, in der unter konspirativen Bedingungen die Ionenstrahl-Projektionslithographie entwickelt wurde. Wieder einmal war ich bei einem Forschungs- und Entwicklungsthema gelandet, das nicht nur einer strikten Geheimhaltung unterworfen war, sondern auch der Fiktion vom „Überholen ohne einzuholen" folgte. Ähnlich wie im Falle des weltweiten Einsatzes des Schnellen Brutreaktors zur Erzeugung von Elektroenergie, folgte allerdings auch die Mikroelektronik bei weitem nicht den Voraussagen der Prognostiker, die von einer baldigen Ablösung der optischen Lithografie durch elektronen- bzw. ionenoptische Verfahren sprachen.

---

12 Dieter Hoffmann, „Physikalische Forschung im Spannungsfeld von Wissenschaft und Politik", in: Heinz-Elmar Tenorth (Hrsg.), *Geschichte der Universität Unter den Linden 1810-2010. Selbstbehauptung einer Vision.* Berlin 2010, S. 577.

13 Paul Görlich, Alfred Eckhardt, Paul Kunze, *Neuere Entwicklungen der Physik*, Festschrift der Zeitschrift *Experimentelle Technik der Physik* anlässlich des 25. Jahrestages der Gründung der Deutschen Demokratischen Republik. Berlin 1974, S. 6.

An meiner neuen Wirkungsstätte begrüßte mich der Parteisekretär und äußerte seine Freude darüber, dass ich als ein erfahrener Wissenschaftler des größten Akademieinstituts der DDR ein Team verstärken werde, in dem die fähigsten Mitarbeiter des Forschungszentrums Mikroelektronik zusammengezogen worden seien, um Vorlaufforschung auf einem Gebiet zu betreiben, das in absehbarer Zeit von großer volkswirtschaftlicher Bedeutung sein werde. Er wisse bereits, dass ich auch erfahren in der Bearbeitung sensibler Themen sei, die absoluter Geheimhaltung unterliegen, sodass ich mich sicher schnell in die neuen Aufgaben einarbeiten werde.

Die optische Lithographie zur Übertragung der Strukturen eines Mikrochips in die Siliziumscheibe arbeitet mit sichtbarem Licht. Die Bestrebungen, immer kleinere Strukturen zu erzeugen und immer mehr logische Funktionen pro Flächeneinheit unterzubringen, führten zu Versuchen der Branchenführer, anstelle von Licht sowohl Röntgenstrahlung als auch die noch kurzwelligeren Ionen zu verwenden. Die Ionenstrahllithografie zeichnet sich darüber hinaus durch eine Reihe weiterer Vorteile gegenüber den konkurrierenden Verfahren auf, so z. B. die Möglichkeit der resistlosen Strukturierung technologisch aktiver Schichten. Sie musste jedoch im Vakuum erfolgen, was einen erhöhten Aufwand bedeutete und zusätzliche Kosten verursachte. Nun war die Industrie der DDR sowohl von ihren technischen Voraussetzungen her, als auch auf Grund des Embargos nicht in der Lage, die notwendigen Ionenstrahl-Belichtungseinrichtungen zu entwickeln und zu bauen. Unter maßgeblicher Mitwirkung des MfS beauftragte deshalb der Außenhandelsbetrieb Industrieanlagenimport (IAI) Anfang der 1970er Jahre die Firma Sacher-Technik Wien mit der Entwicklung und dem Bau von Anlagen für diese neue Technologie. Der Chef dieser Firma, Dr. Sacher, ließ sich als IM „Sander" vom MfS anwerben.[14]

Da die Technologieentwicklung selbst unter äußerster Geheimhaltung und im Range eines Objekts der Landesverteidigung (LVO-Vorhaben) im Forschungszentrum Mikroelektronik in Dresden stattfand, „sicherten" auch Inoffizielle Mitarbeiter des MfS (IM) die Geheimhaltung durch Überwachung und Bespitzelung ihrer Kollegen. Zahlreiche technologische Spezialeinrichtungen und Messgeräte waren unter Umgehung der Embargobestimmungen beschafft worden, von denen sich allerdings bei weitem nicht alle als tatsächlich geeignet erwiesen. Grund war die ungenügende Fachkompetenz so manches „Beschaffers" aus dem Umfeld

---

14 BStU, MfS-AIM 10854/91, Bd. II/1, Bl. 299.

von Schalck-Golodkowski. Trotz dieser keineswegs optimalen Bedingungen verfolgten die Dresdener Entwickler das ehrgeizige Ziel, weltweit als erste mit dieser fortgeschrittenen Technologie auf den Markt zu kommen. Wobei in der Tat beeindruckende Zwischenergebnisse erzielt worden sind. In der Krise von 1982 entschloss sich die DDR, die bislang nicht gesuchte Zusammenarbeit mit der UdSSR anzustreben, was diese im Mai 1983 allerdings unmissverständlich ablehnte. Daraufhin wurde zum 31. Dezember 1983 der Vertrag mit der Wiener Firma gekündigt. Das Thema „lief aus" und die weltweit einmaligen Anlagen wurden 1985 zur Verschrottung frei gegeben – „überholen ohne einzuholen" erwies sich wieder einmal als unmöglich. Allerdings gab es nun zumindest die Möglichkeit, in einer knappen Veröffentlichung die Ergebnisse vorzustellen.[15]

Ein reichliches Jahr nach der freundlichen Begrüßung durch den Parteisekretär war das MfS zu der Auffassung gelangt, mich in die Personengruppe 4 einordnen zu müssen. In dieser Kategorie wurden Personen mit „verfestigter feindlich-negativer Grundhaltung" erfasst, die im Falle einer Staatskrise für eine Internierung in Isolierungslagern vorgesehen waren. Als Physiker passte ich in die Untergruppe 4.1.3. der Kennziffer (Kenntnisse über geheim zu haltende Tatsachen von Forschungs-, Entwicklungs- und Produktionsvorhaben der Landesverteidigung), als Privatperson in die Untergruppe 4.1.1. (Engagement in der unabhängigen Friedensbewegung).[16] Die Handakte von Major Heinz Knauthe, Referatsleiter in der Abteilung XVIII der Bezirksverwaltung Dresden des MfS, enthält einen mit roter Farbe hervorgehobenen Vermerk vom 6. März 1984: „Den B. in Kennziffer 4 legen." Weiterhin stellt Knauthe dort die Frage: „Haben wir Möglichkeiten, den B. aus dem Bereich herauszulösen?"[17] Erkennbare Schritte zu einer solchen Lösung des Problems gab es aber nicht.

---

15 Rolf Jähn, Wolfgang Berndt, Manfred Lisec, Frank Schmidt und Horst Thyroff, „Ionenprojektionsverfahren - Lithographische Kennwerte und Anwendung", *Nachrichtentechnik/Elektronik* 34, Nr. 9 (1984): S. 352-353.

16 Thomas Auerbach, „Vorbereitung auf den Tag X. Die geplanten Isolierungslager des MfS". BStU Abt. Bildung und Forschung, Analysen und Berichte, Reihe B, Nr. 1/95, Berlin 1994, S. 18-23.

17 BStU, Ast. Dresden, ZMA 1450.

4.5 Zusammenfassung

Geradezu ein Markenzeichen der DDR-Wirtschaft waren die von Politik und Propaganda zu Prestigevorhaben stilisierten Großprojekte, beginnend mit dem Flugzeugbau in den 1950er Jahren. Bei meiner Beschäftigung mit der Geschichte dieses Industriezweiges[18] habe ich mir zum ersten Mal die Frage gestellt, warum die SED-Führung der Volkswirtschaft allzu oft unlösbare Aufgaben stellte. Warum gelang es nicht, einen hohen Anspruch mit den wirtschaftlichen und politischen Rahmenbedingungen auszubalancieren? Die Parole vom „Überholen ohne einzuholen" steht wie kaum eine andere für die Fehleinschätzung der wirtschaftlichen Rahmenbedingungen – nicht nur durch die führenden Politiker, sondern auch durch herausragende Wissenschaftler.

So früh wie möglich mit der Entwicklung von „Technologien von übermorgen" zu beginnen, kann sehr wohl zu einem „Überholen ohne einzuholen" führen. Allerdings ist eine solche Strategie prinzipiell mit einem unwägbaren Risiko verbunden. Denn niemand vermag vorherzusagen, wann übermorgen sein wird. Die Neigung nicht nur von Politikern, sondern auch von Wissenschaftlern und Ingenieuren, Prognosen für technologische Entwicklungen zu erstellen, ist allerdings in Gesellschaftsordnungen, die ihre Legitimität aus einer zum Dogma erhobenen wissenschaftlichen Weltanschauung herleiten, sehr viel ausgeprägter als in offenen Gesellschaften, die an eine ebenso offene Zukunft glauben. Für diese These lieferte die DDR in ihrer vierzigjährigen Geschichte zahlreiche, oft schmerzhafte Beweise. Das Risiko lässt sich vermindern, wenn es gelingt, das Überholen herbei zu zwingen. Zum Beispiel dadurch, dass die tagesaktuellen Technologien bzw. deren Protagonisten, die jeweiligen Branchenführer, nieder konkurriert werden. Dazu bedarf es allerdings finanzieller Mittel, über die im Ostblock niemand verfügte – schon gar nicht die kleine DDR.

---

18 Gerhard Barkleit, „Die Spezialisten und die Parteibürokratie. Der gescheiterte Versuch des Aufbaus einer Luftfahrtindustrie in der Deutschen Demokratischen Republik", in: Gerhard Barklei und Heinz Hartlepp, Zur Geschichte der Luftfahrtindustrie in der DDR 1952-1961. Dresden 1995; sowie Gerhard Barkleit, Die Rolle des MfS beim Aufbau der Luftfahrtindustrie der DDR. Dresden 1995.

5 Teilchen ohne Grenzen

Thomas Naumann

Karl Lanius (1927-2010) gewidmet. Er überwand Grenzen.

5.1 Der gute Geist des CERN und der Traum vom Alten Europa

Das Europäische Zentrum für Kernforschung CERN wurde 1954 von 11 westeuropäischen Staaten in Genf gegründet. Es hat sich seitdem zu einer der erfolgreichsten Institutionen der Grundlagenforschung und zum Mekka der Teilchenphysiker aus aller Welt entwickelt.

Seine Vorgeschichte war stark vom Kalten Krieg und dem nuklearen Wettrüsten bestimmt und damit von den Erfahrungen seiner Gründer beim Bau der Atombombe. Im amerikanischen Manhattan-Projekt arbeiteten zahlreiche aus Deutschland und Europa emigrierte jüdische Physiker sowie Physiker, die einen Teil ihrer Ausbildung an den Geburtsorten der Quantenphysik wie Göttingen und Kopenhagen genossen hatten. Viele waren also „alte Europäer":

1. Einstein und Szilard initiierten das Manhattan-Projekt 1939 durch ihren berühmten Brief an Präsident Roosevelt.
2. Der Projektleiter J. Robert Oppenheimer hatte in Göttingen unter Max Born und James Franck promoviert.
3. Der Leiter der Theoriegruppe Hans Bethe stammte aus Straßburg, hatte in München bei Sommerfeld promoviert und musste 1933 emigrieren.
4. Gleich vier berühmte Akteure stammten aus Budapest: der „Vater der Wasserstoffbombe" Edward Teller (Promotion bei Heisenberg in Leipzig), Leo Szilard, der in Berlin bei von Laue und Einstein gearbeitet hatte, der für Computer-Simulationen zuständige John von Neumann, sowie Eugen Wigner (Studium in Berlin und Göttingen, Nobelpreis 1963)[1].

1 Istvan Hargittai, *The Martians of Science*. Oxford 2006. Siehe auch: *Nature* 444 (30 November 2006): S. 547 f.

5. Isidor Rabi (Nobelpreis 1944) stammte aus Galizien und verbrachte 2 Jahre bei Pauli, Bohr und Heisenberg in Europa.
6. Victor Weisskopf, CERN-Generaldirektor von 1961-1966, stammte aus Wien und hatte mit Oppenheimer bei Born und Wigner in Göttingen promoviert.
7. Der erste CERN-Generaldirektor Felix Bloch (Nobelpreis 1952) stammte aus Zürich und war Schweizer Staatsbürger. Er studierte dort bei Schrödinger und Pauli und promovierte bei Heisenberg in Leipzig. Er verließ Deutschland 1933 und arbeitete während des Krieges in Los Alamos.
8. Richard Feynman (Nobelpreis 1965) wurde mit 25 Jahren Projektleiter in Bethes Theoriegruppe.
9. Niels Bohr floh 1943 kurz vor seiner Verhaftung nach Schweden. Seine Mutter war Jüdin. Er war Berater im Manhattan-Projekt und ist einer der geistigen Väter des CERN.

Ein Dialog zwischen Isidor Rabi und Oppenheimer[2] illustriert die Diskussionen unter den Physikern in Los Alamos. Oppenheimer wollte Rabi überreden, nach Los Alamos zu kommen und bot ihm sogar eine zweite Direktorenstelle an. Doch aus grundsätzlichen Zweifeln an der Bombe lehnte Rabi ab: „Ich war entschieden gegen das Bombardieren... Du wirfst eine Bombe ab, und sie trifft die Gerechten und die Ungerechten. Es gibt kein Entrinnen. Weder der Kluge noch der Ehrliche entgeht ihr... Die Atombombe… ist schrecklich.“ Rabi argumentiert hier gegenüber Oppenheimer wie Abraham gegenüber dem Gott ihrer Väter in der Geschichte von den zehn Gerechten des Alten Testaments.

François de Rose, ein französischer Diplomat, trat von Anfang an für die Schaffung des CERN ein. Nach über 50 Jahren und im Alter von 100 Jahren erinnerte er sich 2010 an alle Details der Diskussionen, die schließlich zur Gründung des CERN führten:

> The first steps towards CERN's creation were taken in the United States between 1947 and 1949. ... I met Robert Oppenheimer, with whom I struck up a friendship. Like many American scientists, he had been very much influenced by European science, having worked in Niels Bohr's group in particular. During one of our conversations he said more or less the following: 'We have learnt all we know in Europe... You will

2 Kai Bird und Martin J. Sherwin, *J. Robert Oppenheimer. Die Biographie*. Berlin 2009, S. 324 f.

> need to pool your efforts to build these big machines that are going to be needed.' The idea was now on the table and Isidor Rabi's speech at the Florence General Conference secured the breakthrough we needed. CERN was created so that Europeans were not forced to go the United States. Today, Americans are coming to Europe to work on CERN's machines, something which I don't think Oppenheimer had anticipated.[3]

Autorisiert vom US State Department und nach Konsultation mit einigen europäischen Physikern brachte Rabi 1950 auf der UNESCO-Konferenz in Florenz eine wichtige Resolution durch. Der Tagungsort Florenz war für einen solchen Vorstoß ideal gewählt: Florenz war ein Zentrum der Renaissance-Wissenschaft, hier hatten da Vinci und Galilei gewirkt, hier stand eine der Wiegen der abendländischen Zivilisation. Wenige Monate vor der Konferenz hatte Präsident Truman die Entwicklung der Wasserstoffbombe angeordnet. Teller jubilierte, der „Honeymoon mit den Mesonen" sei nun endlich vorbei und rief zurück in die Waffenlabore.

In der Pressemitteilung der Konferenz vom 9. Juni 1950 heißt es:

> The purpose we have in mind is to get the most vigorous competition of our fellow-scientists in Europe and elsewhere in the world in creative work on behalf of peace. After all, Science had its birth in Europe, and there are many men of the greatest ability in Europe who are being prevented from fulfilling their parts in the great scientific tradition only because of lack of the instruments so necessary in modern research. We want to preserve the international fellowship of Science, to keep the light of Science burning brightly in Western Europe... These centres which UNESCO is now to help set up are one of the best ways of saving western civilisation.[4]

Jahre später sagte Rabi bei einem Festakt in Genf, CERN sei "an organization dedicated to a common effort in science on the part of countries which had been locked in mortal combat in the first half of this miserable century."[5]

CERN wurde also geboren aus dem Geist des alten Europa, einem Geist der Offenheit und Freizügigkeit, der Kooperation und Toleranz.

---

3 François de Rose, in: *CERN Courier* 28 (September 2010), http://cerncourier.com/cws/article/cern/43814. Siehe auch: http://public.web.cern.ch/public/en/People/DeRose-en.html und 'A century for François de Rose' http://cerncourier.com/cws/article/cern/44858

4 John Krige, "I. I. Rabi and the Birth of CERN," *Physics Today* (September 2004): S. 47.

5 Isidor I. Rabi, "The Cultural and Scientific Meaning of CERN", Library of Congress, Rabi Papers, Box 26, Folder 6. Zitiert nach John Krige, "I. I. Rabi and the Birth of CERN," *Physics Today* (September 2004): S.48.

5.2 Die Kooperation des Instituts für Hochenergiephysik Zeuthen mit CERN

Die kernphysikalische Forschung im damaligen ‚Institut Miersdorf' der Deutschen Akademie der Wissenschaften in Zeuthen bei Berlin war bis 1955 vom Kontrollratsgesetz Nr. 25 eingeschränkt. So begann der Zeuthener Physiker und spätere Institutsdirektor Karl Lanius 1952 mit Ballonaufstiegen und im Sommer 1954 mit Expositionen von Photoemulsions-Platten auf der Zugspitze. Dabei knüpfte er Kontakte zu westdeutschen Physikern wie E. Schopper, M. Deutschmann, K. Gottstein und E. Lohrmann, die später entscheidend werden sollten für seine Bemühungen, mit CERN und DESY zusammenzuarbeiten.

Anfang 1961 nimmt Lanius erste Kontakte zum CERN auf und wird im Mai dieses Jahres kooptiertes Mitglied des Emulsion Experiments Committee des CERN.[6,7] Der designierte CERN-Generaldirektor Victor Weisskopf hatte solche Kontakte zuvor gegenüber dem Chef des Emulsion Committees Lock ausdrücklich befürwortet.[8] Lanius wurde im Februar 1962 in Abwesenheit gewählt. Noch 1961 beantragte er die Mitgliedschaft in einer Kollaboration an der 81 cm Wasserstoff-Blasenkammer am Protonen-Synchrotron des CERN, die Pion-Proton-Kollisionen bei 4 GeV untersuchte. Wegen der damals herrschenden Hallstein-Doktrin fragte allerdings der Aachener Professor Deutschmann beim CERN-Generaldirektor Weisskopf nach, ob es seitens des CERN keine Vorbehalte gegen die Einbeziehung ostdeutscher Wissenschaftler gebe, was Weisskopf verneinte.[9]

Ähnlich wie Rabi war Weisskopf ein in die USA emigrierter europäischer Jude, der alles daran setzte, in Europa die einmalig tolerante und fruchtbare geistige Atmosphäre der Vorkriegszeit wiederherzustellen. In seinen Erinnerungen schreibt er:

> Da wir keine Mitglieder aus dem Ostblock hatten, konnte CERN auch nicht als echte europäische Organisation gelten. Für mich war das ein bedauerliches Manko, das sich freilich in jener spannungsgeladenen Periode des Kalten Krieges in keiner Weise kor-

---

6 Erich Lohrmann und Paul Söding, *Von schnellen Teilchen und hellem Licht. 50 Jahre Deutsches Elektronen-Synchrotron DESY.* Weinheim 2009, S. 269 ff.

7 Minutes of the Emulsion Experiments Committee, CERN, CAG, B 140, EmC/61/1, 7 und 10.

8 Thomas Stange, *Institut X - Die Anfänge der Kern- und Hochenergiephysik in der DDR.* Stuttgart, Leipzig, Wiesbaden 2001, S. 213 f.

9 Thomas Stange, *Institut X - Die Anfänge der Kern- und Hochenergiephysik in der DDR.* Stuttgart, Leipzig, Wiesbaden 2001, S. 216-217.

> rigieren ließ. Ich hielt trotzdem an dem Ideal eines gesamteuropäischen Forschungszentrums fest und versuchte, den Ausschluss der osteuropäischen Länder auf anderen Wegen zu überwinden, den beiderseits bestehenden Schwierigkeiten zum Trotz.[10]

Im Mai 1962 bittet Robert Rompe als Sekretar der Klasse für Mathematik, Physik und Technik der Deutschen Akademie der Wissenschaften bei Weisskopf um die Genehmigung eines CERN-Aufenthaltes für zwei Physiker. Hier schaltet Weisskopf zuerst den Council ein und antwortet im Juni, man werde „den Fall der D.D.R. genau in gleicher Weise behandeln wie alle anderen Nicht-Mitgliedsstaaten. Irgendwelche politischen Beweggründe sollen dabei völlig außer Acht gelassen werden." Er bat Rompe allerdings, „ein solches Anliegen nicht von der Regierung Ihres Landes ausgehen zu lassen, sondern von einer akademischen Institution... Wir sind nicht imstande, Regierungsanträge von Staaten, die nicht dem CERN angehören, zu berücksichtigen."[11]

Am 1. Juli 1968 wird das Institut in ‚Institut für Hochenergiephysik' (IfH) umbenannt. Ab 1963 wurden im IfH Zeuthen im Zweischichtsystem von 6 bis 22 Uhr die Blasenkammer-Aufnahmen des 4 GeV-Experiments am CERN analysiert. Die Physik und tolerante Physiker hatten über den Kalten Krieg gesiegt.

Diese Strategie der internationalen Zusammenarbeit über die Blockgrenzen hinweg war geschickt gewählt. In Form der Blasenkammer-Filme wurden die originalen Messdaten von westeuropäischen Hochenergie-Beschleunigern über den Eisernen Vorhang hinweg den Physikern in ihren Heimatlaboren im Osten zugänglich.

Technologisch nutzte diese Zusammenarbeit optimal die in der DDR noch aus der Vorkriegszeit stammenden Traditionen weltbekannter Firmen wie Agfa in Wolfen, Carl-Zeiss in Jena und Zeiss Ikon in Dresden in der Feinmechanik, Optik und Filmtechnik aus. Auch der Einsatz billiger Zeuthener Hausfrauen für die arbeitsintensiven Scan- und Messprozeduren sowie der ständige Kontakt zur in der Teilchenphysik genutzten modernsten westlichen Rechentechnik und Software erwiesen sich als vorteilhaft.

---

10 Victor Weisskopf, *Mein Leben. Ein Physiker, Zeitzeuge und Humanist erinnert sich an unser Jahrhundert.* Bern, München, Wien 1991, S. 269.

11 V. Weisskopf an R. Rompe, CERN-Archiv CERN/7850. Zitiert nach Thomas Stange, *Institut X - Die Anfänge der Kern- und Hochenergiephysik in der DDR.* Stuttgart, Leipzig, Wiesbaden 2001, S. 217.

5.3 Die Kooperation des IfH Zeuthen mit DESY

Nach der Aufhebung des Kontrollratsgesetzes Nr. 25 über die Beschränkungen der deutschen Kernforschung im Mai 1955 wurde das Deutsche Elektronen-Synchrotron DESY 1959 als eine der ersten Großforschungseinrichtungen der Bundesrepublik gegründet. Anders als das internationale CERN war das DESY als nationales Beschleunigerzentrum konzipiert und anfangs vorwiegend deutschen Gruppen zugänglich.

Anfang 1964 ging das Elektronen-Synchrotron in den Testbetrieb, und auch die 84 cm Wasserstoff-Blasenkammer wurde fertig. Die bereits am CERN engagierten deutschen Hochenergie-Gruppen aus Aachen, Bonn, Hamburg, München und nun auch Heidelberg taten sich zu einem Experiment zur Untersuchung der Photoproduktion am Proton zusammen. Geplant war die Analyse von etwa einer Million Bildern. Ende 1964 äußerte Lanius sein Interesse an einer Zusammenarbeit, die der Sprecher der Kollaboration, Erich Lohrmann, umgehend befürwortete.

Im Zeuthener Jahresbericht 1965 berichtet Lanius bereits, dass man mit der Anzahl der analysierten Ereignisse an der Spitze der Kollaboration stehe. Insgesamt wurden bis Ende 1967 3.6 Millionen Fotos gemacht und ausgewertet.

Ab 1968 war ein Experiment mit einer Streamerkammer geplant, und Lohrmann hatte die Zeuthener bereits auf den Experimentantrag gesetzt. Da beendete allerdings die politische Großwetterlage diese, den Kalten Krieg überwindende, deutsch-deutsche Zusammenarbeit. In Ostberlin hatte sich der Ton verschärft. So verkündete die Leitung der Abteilung Wissenschaften beim ZK der SED im Jahre 1966: „Man muss Schluss machen mit der Ideologie, dass die Akademie ein gesamtdeutsches, über den Klassen und Staaten stehendes Gremium ist.“[12] Auch außenpolitisch verfolgte die DDR eine deutliche Abgrenzungspolitik. Die Zahl genehmigter Dienstreisen wurde drastisch reduziert.

So endete die Zusammenarbeit mit DESY im Jahre 1968. Die 1973 aufgenommenen Verhandlungen über ein Abkommen für wissenschaftlich-technische Zusammenarbeit zogen sich über 14 Jahre bis 1987 hin.

---

12 Thomas Stange, *Institut X - Die Anfänge der Kern- und Hochenergiephysik in der DDR*. Stuttgart, Leipzig, Wiesbaden 2001, S. 239.

Ironischerweise war es in dieser Zeit für Zeuthener Physiker leichter, in den internationalen Kollaborationen des CERN mitzuarbeiten, als mit ihren deutschen Kollegen am DESY in Hamburg zu kooperieren. Im Sommer 1984 fand in Leipzig die XXII. Internationale Konferenz für Hochenergiephysik statt. Kurz danach lud der Vorsitzende des DESY-Direktoriums, Volker Soergel, auf einer Tagung in den USA den Direktor des IfH Zeuthen, Karl Lanius zum Essen ein und initiierte die Wiederaufnahme der seit 1968 unterbrochenen Zusammenarbeit beider Institute.[13]

Der bei DESY in Hamburg im Bau befindliche Elektron-Proton-Beschleuniger HERA und seine geplanten Experimente boten eine neue politische Chance: wenn auch in der Bundesrepublik gelegen, waren sie doch internationale Projekte, an denen auch die Sowjetunion teilnahm. Außerdem versuchte die DDR Mitte der achtziger Jahre, entspanntere Beziehungen zur BRD aufzubauen. DESY trug die Aufenthaltskosten der DDR-Wissenschaftler wie für Bundesbürger, doch das drang nicht bis in die große Politik.

Im Jahre 1986 wurde das IfH Zeuthen Mitglied des H1-Experiments. Statt der Zahlung eines Barbetrags in konvertierbarer Währung zur Finanzierung der Teilnahme am Experiment wurde die In-Kind Lieferung eines Krans für die unterirdische Experimentierhalle von H1 beim Schwermaschinenbau-Kombinat „Ernst Thälmann“ in Magdeburg vereinbart. Ebenfalls für das H1-Experiment baute eine in Zeuthen neue gegründete Gruppe eine zylindrische Driftkammer. Auch hier war die Technologie an die Bedingungen in der DDR angepasst: der Bau der Kammer war recht arbeitsintensiv, und sie war nicht im Trigger, sodass der technologische Abstand zwischen Ost und West von über einem Jahrzehnt nicht ins Gewicht fiel.

Nach fast 14jährigen Verhandlungen wurde am 8. September 1987 anlässlich des Besuchs des Staatsratsvorsitzenden der DDR, Erich Honecker, in Bonn das deutsch-deutsche Abkommen über die Zusammenarbeit auf den Gebieten der Wissenschaft und Technik unterzeichnet. Punkt 6 der dem Abkommen beigefügten Liste von 27 Projekten beinhaltet „Hochenergieexperimente bei HERA

13 V. Soergel, private Mitteilung vom 21.10.2010, sowie Erich Lohrmann und Paul Söding, *Von schnellen Teilchen und hellem Licht. 50 Jahre Deutsches Elektronen-Synchrotron DESY*. Weinheim 2009, S. 271.

Abbildung 1: Die DESY-Direktoren V. Soergel und P. Söding (außen) sowie der Direktor des IfH Zeuthen, K. Lanius (Mitte), bei der Unterzeichnung der Vereinbarung zwischen DESY und dem IfH Zeuthen über eine Beteiligung des IfH beim H1-Experiment am im Bau befindlichen Elektron-Proton-Beschleuniger HERA des DESY. (Foto: DESY).

und PETRA am Deutschen Elektronen-Synchrotron in Hamburg"[14]. Zu dem Zeitpunkt arbeiteten Zeuthener und Hamburger Wissenschaftler jedoch schon fast zwei Jahre am HERA-Projekt zusammen.

Daraufhin vereinbarten im Sommer 1988 DESY und das IfH Zeuthen ein Abkommen über Zusammenarbeit und legalisierten im Nachhinein, was die Physiker schon seit fast drei Jahren taten (siehe Abbildung 1).

Bereits Monate vor dem Mauerfall etablierten DESY und IfH eine Datenleitung zwischen Hamburg und Zeuthen, auf der Software, Simulationsdaten, aber auch andere Nachrichten direkt und ohne Kontrolle durch die ‚zuständigen Organe' der DDR ausgetauscht wurden. Für das Zeuthener Ende der Leitung stellte

14 „Wissenschaftsabkommen mit der DDR", in: *Naturwissenschaften* 74, Nr. 10 (1987): S. 508. www.springerlink.com/content/m61413ux3k37h281.

DESY auch Rechner und Drucker zur Verfügung, obwohl deren Motorola-Prozessoren auf den CoCom-Listen[15] der USA standen.

Die Wende erlebte ich als Gast beim H1-Experiment am DESY in Hamburg. Am Tag nach dem Mauerfall rief mich der Vorsitzende des DESY-Direktoriums Volker Soergel zu sich und empfing mich mit den Worten: „Lieber Herr Naumann! Wir trinken eine Kleinigkeit – auf die deutsche Einigkeit.“ Dass damit die Vereinigung unserer Institute beginnen sollte, ahnte ich in diesem Moment nicht.

Die weltweite Internationale der Teilchenphysiker hat immer europäisch und global gedacht. Das hat sowohl historische als auch technologische Gründe: erstens dachten die am Manhattan-Projekt beteiligten meist jüdischen Emigranten aus Europa international. Sie wollten die fruchtbare und friedliche Atmosphäre der Vorkriegszeit wieder herstellen, in der sie aufgewachsen waren. Sie versuchten, eine Internationale von Wissenschaft, Toleranz und Vernunft zu realisieren und legten die Grundlage für den weltoffenen, kreativen und toleranten Geist des CERN. Außerdem erzwangen die riesigen Beschleuniger und Experimente eine internationale Kooperation.

Dabei gelang es toleranten und weltoffenen Teilchenphysikern wie Karl Lanius in der DDR und seinen Kollegen bei CERN und DESY, die Barrieren des Kalten Krieges zu überwinden. Hier zeigte sich, wie wichtig es ist, dass Menschen ungeachtet aller politischen Restriktionen und Vorurteile miteinander reden. Für das IfH in Zeuthen bedeutete das neben einer Arbeit am VIK Dubna und dem IHEP Serpuchov in der Sowjetunion eine möglichst enge Zusammenarbeit mit DESY und CERN. Nach dem Ende des Kalten Krieges garantierte diese jahrzehntelange Ost-West-Kooperation das wissenschaftliche Überleben und die kontinuierliche Weiterarbeit in den internationalen Projekten der Teilchenphysik.

5.4 CERN – vom europäischen zum Weltlabor

Nach Ende des Ost-West-Konflikts wurden Polen, die Tschechische und Slowakische Republik, Ungarn und Bulgarien Mitgliedsstaaten des CERN. Damit ist CERN zu einem wahrhaft gesamteuropäischen Labor geworden.

15 CoCom: ‘Coordinating Committee for Multilateral Export Controls’, ein Organ der NATO-Staaten zum Verbot des Exports rüstungsrelevanter westlicher Hochtechnologie in die Staaten des Warschauer Pakts.

Die auf den Large Hadron Collider LHC folgenden Projekte können jedoch wegen ihrer enormen Größe nur von der internationalen Gemeinschaft realisiert werden. Der nächste Beschleuniger kann also nur eine echte Weltmaschine sein.

In Übereinstimmung mit Artikel III des CERN-Vertrages vom 1. Juli 1953 öffnete deshalb der CERN Council auf seiner 155. Sitzung am 18. Juni 2010 das Labor für alle Staaten der Welt und beschloss[16]:

- Alle Staaten können unabhängig von ihrer geographischen Lage CERN-Mitglied werden.
- CERN kann sich an globalen Projekten auf der ganzen Welt beteiligen.
- Als Vorstufe zur Mitgliedschaft wird eine neue assoziierte Mitgliedschaft eingeführt.

Rumänien und Serbien wurden 2010 und Israel 2011 Kandidaten für eine Mitgliedschaft im CERN. Die Türkei, Zypern und Slowenien haben sich um diesen Status beworben, mit Brasilien laufen Verhandlungen über assoziierte Mitgliedschaft. Die USA, Russland, Indien und Japan haben Beobachterstatus, leisten aber bedeutende finanzielle und personelle Beiträge.

CERN lädt also die Physiker aller Nationen ein, in einem zukünftigen Weltlabor gemeinsam die Geheimnisse des Universums zu entschlüsseln. Damit würde sich der Traum seiner Gründerväter mehr als erfüllen.

16 CERN Council, 155th Session, 16.05.2010, CERN/2918/Rev., S. 2.

6 Der Kalte Krieg in der Peripherie Griechische Physiker und Atomenergie nach dem Zweiten Weltkrieg

George N. Vlahakis

Die vorliegende Arbeit[1] analysiert Ansichten griechischer Physiker zur Atomenergie und deren mögliche Anwendung nach dem Zweiten Weltkrieg, insbesondere während des Kalten Kriegs. Einerseits werden Ansichten von Physik-Professoren griechischer Universitäten präsentiert – beispielsweise von Dimitrios Hondros, der Student von Arnold Sommerfeld und Mitarbeiter von Peter Debye in München war, und andererseits wird die Politik der griechischen Regierung für die Etablierung eines Forschungsinstitutes diskutiert, das der Entwicklung der Atomenergie dienen sollte; ebenfalls wird eine öffentliche Meinungsumfrage zu diesen Thema, die in den Tageszeitungen der damaligen Zeit präsentiert wurde, diskutiert. Abschließend wird das Argument diskutiert, dass es auch unter vorteilhaften Bedingungen für ein Land kaum möglich ist, sich vom Rand der wissenschaftlichen und politischen Entwicklungen ins Zentrum zu entwickeln.

Griechenland war nach dem zweiten Weltkrieg zerstört und geteilt. Im Bürgerkrieg zwischen den Kommunisten und den so genannten Republikanern siegten letztere, doch war die Bevölkerung arm und das Land zerstört und es dominierte eine große Hoffnungslosigkeit.

Es ein sinnloser Krieg, da die Großmächte bereits in Jalta und Potsdam die Welt in Interessensphären aufgeteilt hatten und die offizielle Kommunistische Partei Griechenlands von der Sowjetunion gezwungen wurde, sich zu ergeben und das Varkiza-Abkommen zu unterzeichnen; ein Fakt der dazu führte, dass Tausende sich betrogen und verraten fühlten.[2]

---

1 Dieser Aufsatz entstand während eines Gastaufenthalts am Max-Planck-Institut für Wissenschaftsgeschichte in Berlin. Dieter Hofmann habe ich für Unterstützung und fruchtbare Diskussionen, sowie die Redaktion der deutschen Übersetzung ganz herzlichst zu danken.

2 Stephen G. Xydis, "Greece and Yalta Declaration", *American Slavic and East European Review* 20 (1961): S. 6-24; Heinz Richter, *British intervention in Greece: from Varkiza to civil war, February 1945 to August 1946*. London, 1986.

Anderseits verkündete die mittlere und gehobene Politikerklasse, dass sie alle nötigen Schritte unternehmen würde, um Griechenland bald wieder in die Gemeinschaft der Zivilisation zurück zu führen. Dazu sollte eine eigenartige ideologische Mischung aus Religion, Bewunderung des antiken Griechenlands und politischem Liberalismus dienen.

In diesem Kontext materieller und moralischer Ruinen begann das neue Griechenland der fünfziger und sechziger Jahre den Wiederaufbau. Dabei halfen in entscheidener Weise amerikanische Fonds, die natürlich nicht zuletzt den politischen Einfluss der USA in Griechenland sichern sollten, zumal England kein unmittelbares Interesse mehr an den griechischen Angelegenheiten zeigte. Zwischen 1947 und 1952 erhielt die griechische Regierung im Rahmen des so genannten Marshall-Plans etwa fünf Milliarden Dollar.[3]

Weiterhin kam eine große Anzahl von amerikanischen und europäischen Beratern nach Griechenland, um in fast allen Bereichen von Politik und öffentlichem Leben, vom Fischereiwesen bis zur Kernphysik, tätig zu werden und die Entwicklung des Landes zu fördern. Gleichzeitig verließen viele Griechen das Land, um sich als Gastarbeiter eine bessere Zukunft in den Minen Belgiens, den Fabriken (West)Deutschlands oder in der Gastronomie der USA und Kanadas zu suchen.[4]

Trotz der viel versprechenden Umstände gab es keinen bestimmten Plan für die Entwicklung des Landes. Die meisten Projekte basierten auf persönliche Initiativen mächtiger Einzelpersonen – wie beispielsweise der Königin Friederike (1917-1981)[5] oder des Premierministers Konstantinos Karamanlis (1907-1988)[6], die auf diese Weise politische oder finanzielle Macht für sich gewinnen wollten. In Abwesenheit eines zentralen langfristigen Plans konnten viele dieser ehrgeizigen Ideen schließlich nicht realisiert werden und gerieten in Vergessenheit.

Dies war die politische und soziale Situation in Griechenland als am 8. Dezember 1953 Präsident Dwight D. Eisenhower (1890-1969)[7] seine berühmte Rede „Atome für den Frieden“ vor den Vereinten Nationen in New York hielt.[8] Inspi-

3 Martin Schain (Hrsg.), *The Marshall Plan: Fifty Years After*. New York, 2001.
4 Rita Chin, *The Guest Worker Question in Postwar Germany*. Cambridge, 2007.
5 Frederica of the Hellenes, *A measure of Understanding*. London, 1971.
6 C.M. Woodhouse, *Karamanlis, the restorer of Greek Democracy*. Oxford, 1982.
7 Jean Edward Smith, *Eisenhower in War and Peace*. New York, 2012.
8 John Krige, “Atoms for Peace. Scientific Internationalism and Scientific Intelligence”, *Osiris* 21 (2006): S. 161-181.

riert von Eisenhowers Vision oder aus Opportunismus, versuchte der griechische Physiker Theodor Kouyoumzelis als Mitglied der kleinen griechischen scientific community ein Programm für die Entwicklung der Atomenergie in Griechenland zu entwickeln. Kouyoumzelis hatte als Stipendiat der Humboldt-Stiftung ab 1935 bei Arnold Sommerfeld und Walter Gerlach in München gearbeitet und mehrere Studien zur Atom- und Kernphysik in renommierten internationalen Zeitschriften veröffentlicht. Kouyoumzelis hatte schon frühzeitig erkannt, dass die Kernphysik nicht nur in wissenschaftlicher, sondern auch in praktischer Hinsicht und insbesondere für die Energieproduktion von großer Bedeutung war, nicht zuletzt für ein am Rande liegendes Land wie Griechenland, obwohl dieses kaum finanzielle Ressourcen für so ein ambitioniertes Projekt hatte. In diesem Rahmen, der im Vergleich zum sonstigen akademischen Niveau in Griechenland relativ fortschrittlich war, erkannte Kouyoumzelis recht früh, dass jemand zur zielstrebigen Verwirklichung solcher Pläne nicht nur ein guter Wissenschaftler zu sein hatte, sondern auch über politische Fähigkeiten verfügen musste. Trotz aller Schwierigkeiten und unter Verwendung seiner persönlichen Kontakte führten seine Bemühungen schließlich zur Gründung des Forschungszentrums für Nukleare Energie, Demokritous. Es wurde 1961, nach ungefähr einem Jahrzehnt Vorbereitungszeit, eröffnet.[9] (siehe Abbildung 1). Kouyoumzelis war für fast vierzig Jahre der griechische Repräsentant am CERN, wobei Griechenland zu den zwölf Gründungsstaaten gehört. Ähnliches kann im Übrigen auch in Spanien beobachtet werden, wobei ein Marineoffizier, Jose Maria Otero-Navascues, die Schlüsselperson war.[10]

Beide Länder teilten das gemeinsame Ziel der wirtschaftlichen Autarkie und aus diesem Grund bemühten sie sich um die Entwicklung der Nuklearindustrie. Damit wollten sie ihre Position als wichtige Mitglieder der westlichen Welt zurück gewinnen und zudem Unabhängigkeit in wichtigen Wirtschaftsbereichen erlangen. Dazu gehörte zweifelsohne der Energiesektor. Allerdings sollte sich dies im Fall Griechenlands und wahrscheinlich auch im Fall Spaniens als Irrtum erweisen, da Griechenland stark von den USA und Spanien von Deutschland abhängig war.

---

9 Vgl. Maria Rentetzi,"Invisible Technicians at the Nuclear Research Center Democritus: Gender and Physics in Post-War Greece", *Kritiki. Radical Science and Education* 6 (2007): S. 47-70 (in Griechisch).

10 Albert Presas i Puig, *Science and technology on the Periphery. The Spanish Reception of Nuclear Energy and the German Advice*. Max Planck Institut für Wissenschaftgeschichte, Preprint 263, 2004.

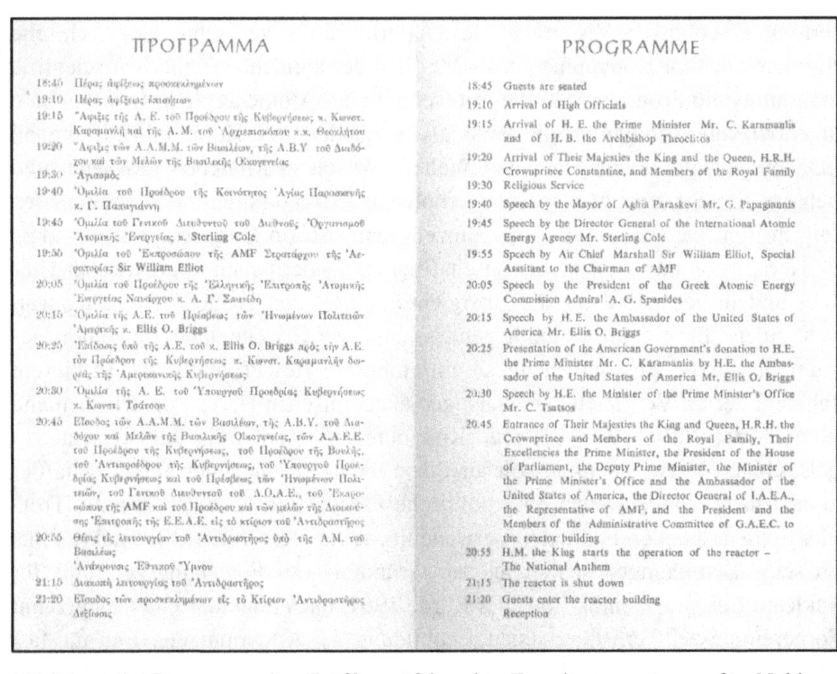

ΠΡΟΓΡΑΜΜΑ

18:45	Πέρας ἀφίξεως προσκεκλημένων
19:10	Πέρας ἀφίξεως ἐπισήμων
19:15	Ἄφιξις τῆς Α. Ε. τοῦ Προέδρου τῆς Κυβερνήσεως κ. Κωνστ. Καραμανλῆ καὶ τῆς Α. Μ. τοῦ Ἀρχιεπισκόπου κ.κ. Θεοκλήτου
19:20	Ἄφιξις τῶν Α.Α.Μ.Μ. τῶν Βασιλέων, τῆς Α.Β.Υ. τοῦ Διαδόχου καὶ τῶν Μελῶν τῆς Βασιλικῆς Οἰκογενείας
19:30	Ἁγιασμὸς
19:40	Ὁμιλία τοῦ Προέδρου τῆς Κοινότητος Ἁγίας Παρασκευῆς κ. Γ. Παπαγιάννη
19:45	Ὁμιλία τοῦ Γενικοῦ Διευθυντοῦ τοῦ Διεθνοῦς Ὀργανισμοῦ Ἀτομικῆς Ἐνεργείας κ. Sterling Cole
19:55	Ὁμιλία τοῦ Ἐκπροσώπου τῆς AMF Στρατάρχου τῆς Ἀεροπορίας Sir William Elliot
20:05	Ὁμιλία τοῦ Προέδρου τῆς Ἑλληνικῆς Ἐπιτροπῆς Ἀτομικῆς Ἐνεργείας Ναυάρχου κ. Α. Γ. Σπανίδη
20:15	Ὁμιλία τῆς Α.Ε. τοῦ Πρέσβεως τῶν Ἡνωμένων Πολιτειῶν Ἀμερικῆς κ. Ellis O. Briggs
20:25	Ἐπίδοσις ὑπὸ τῆς Α.Ε. τοῦ κ. Ellis O. Briggs πρὸς τὴν Α.Ε. τὸν Πρόεδρον τῆς Κυβερνήσεως κ. Κωνστ. Καραμανλῆν δωρεᾶς τῆς Ἀμερικανικῆς Κυβερνήσεως
20:30	Ὁμιλία τῆς Α. Ε. τοῦ Ὑπουργοῦ Προεδρίας Κυβερνήσεως κ. Κωνστ. Τσάτσου
20:45	Εἴσοδος τῶν Α.Α.Μ.Μ. τῶν Βασιλέων, τῆς Α.Β.Υ. τοῦ Διαδόχου καὶ Μελῶν τῆς Βασιλικῆς Οἰκογενείας, τῶν Α.Α.Ε.Ε. τοῦ Προέδρου τῆς Κυβερνήσεως, τοῦ Προέδρου τῆς Βουλῆς, τοῦ Ἀντιπροέδρου τῆς Κυβερνήσεως, τοῦ Ὑπουργοῦ Προεδρίας Κυβερνήσεως καὶ τοῦ Πρέσβεως τῶν Ἡνωμένων Πολιτειῶν, τοῦ Γενικοῦ Διευθυντοῦ τοῦ Δ.Ο.Α.Ε., τοῦ Ἐκπροσώπου τῆς AMF καὶ τοῦ Προέδρου καὶ τῶν μελῶν τῆς Διοικούσης Ἐπιτροπῆς τῆς Ε.Ε.Α.Ε. εἰς τὸ κτίριον τοῦ Ἀντιδραστῆρος
20:55	Θέσις εἰς λειτουργίαν τοῦ Ἀντιδραστῆρος ὑπὸ τῆς Α.Μ. τοῦ Βασιλέως Ἀνάκρουσις Ἐθνικοῦ Ὕμνου
21:15	Διακοπὴ λειτουργίας τοῦ Ἀντιδραστῆρος
21:20	Εἴσοδος τῶν προσκεκλημένων εἰς τὸ Κτίριον Ἀντιδραστῆρος Δεξίωσις

PROGRAMME

18:45	Guests are seated
19:10	Arrival of High Officials
19:15	Arrival of H. E. the Prime Minister Mr. C. Karamanlis and of H. B. the Archbishop Theoclitos
19:20	Arrival of Their Majesties the King and the Queen, H.R.H. Crownprince Constantine, and Members of the Royal Family
19:30	Religious Service
19:40	Speech by the Mayor of Aghia Paraskevi Mr. G. Papagiannis
19:45	Speech by the Director General of the International Atomic Energy Agency Mr. Sterling Cole
19:55	Speech by Air Chief Marshall Sir William Elliot, Special Assitant to the Chairman of AMF
20:05	Speech by the President of the Greek Atomic Energy Commission Admiral A. G. Spanides
20:15	Speech by H. E. the Ambassador of the United States of America Mr. Ellis O. Briggs
20:25	Presentation of the American Government's donation to H.E. the Prime Minister Mr. C. Karamanlis by H.E. the Ambassador of the United States of America Mr. Ellis O. Briggs
20:30	Speech by H.E. the Minister of the Prime Minister's Office Mr. C. Tsatsos
20.45	Entrance of Their Majesties the King and Queen, H.R.H. the Crownprince and Members of the Royal Family, Their Excellencies the Prime Minister, the President of the House of Parliament, the Deputy Prime Minister, the Minister of the Prime Minister's Office and the Ambassador of the United States of America, the Director General of I.A.E.A., the Representative of AMF, and the President and the Members of the Administrative Committee of G.A.E.C. to the reactor building
20:55	H.M. the King starts the operation of the reactor – The National Anthem
21:15	The reactor is shut down
21:20	Guests enter the reactor building Reception

Abbildung 1: Programm der Eröffnungsfeier des Forschungszentrums für Nukleare Energie, Demokritous, 1961

Der bedeutendste Unterschied zwischen den zwei Ländern war, dass Spanien ein autoritäres politisches System hatte, während Griechenland eine so genannte Demokratie war, was aber die Umsetzung dieser Ziele zusätzlich erschwerte. Dabei spielte die starke politische Linke in Griechenland eine entscheidend Rolle. Einerseits betrachtete sie mit großem Gefallen die Förderung und den Ausbau der Kernenergie in der Sowjetunion und den anderen Ländern des Warschau-Pakts, dic als Teil der Anstrengungen zum erfolgreichen Aufbau des Sozialismus und zur Sicherung des Weltfriedens angesehen wurde. Anderseits war sie ein Gegner der Entwicklung der Kernphysik und seiner Anwendungen in Griechenland. Diesbezüglich war ihr Argument, dass sich dahinter große Gefahren für die Umwelt, die physische Gesundheit der Menschen und ihrer Moral verbergen, und, dass das sogar ein Grund für einen Krieg mit unseren nördlichen Nachbarn sein könne. Gewöhnlich wurden Artikel dieser Art in der Tageszeitung der griechischen kommunistischen Partei „O Rizospastis (Der Radikale)" veröffentlicht, wobei sogar der gravierende Unfall von Tschernobyl und die störanfällige nukleare Betriebsanlage im bulgarischen Kozloduy als ein Instrument der Kapitalisten abgestempelt wurde, um die technologischen und industriellen Erfolge der „großen Mutter der Revolution", der Sowjetunion, zu diskreditieren.

Nach unserer Meinung wichtiger als diese ideologische Propaganda war aber, dass die griechischen Physiker keine einheitliche Meinung zur Atomenergie während des Kalten Krieges hatten. Im Wesentlichen gab es drei Strömungen: Die erste Strömung war der Meinung, dass theoretische und experimentelle Atom- und Kernphysik sowie ihre praktische Anwendung vorbehaltlos zu unterstützen sind. Die zweite Strömung lehnte diese Ansicht ab und vertrat die Meinung, dass die beschränkten finanziellen und menschlichen Ressourcen Griechenlands für die Entwicklung von weniger kontroversen und gewagten Gebiete der Physik genutzt werden sollten. Die dritte Strömung lag in der „goldenen Mitte" und plädierte für eine kontrollierte Weiterentwicklung der Atom- und Kernenergie.

Unmittelbar nach Kriegsende findet man in der Zeitung der Kommunistischen Partei Griechenlands *Kommunistischer Rückblick* zwei Artikel zum Thema. Der erste stammt von B. Aggelidis und hat den Titel „Die Atomspaltung und das Problem der Materie".[11] Den anderen Artikel schrieb K. Karagiorgis unter dem Titel „Atomenergie, Atombombe und Atomdiplomatie."[12] Nikos Kitsikis, Professor der Technischen Universität in Athen, publizierte 1947 das Buch *Die Philosophie der modernen Physik*[13], das die wissenschaftstheoretischen Grundlagen der modernen Physik im marxistischen Sinne analysierte. Kitsikis (1887-1978), hatte zunächst an der Bauingenieurschule in Athen studiert und dann sein Studium an der Technischen Hochschule in Berlin-Charlottenburg fortgesetzt. Bereits mit 28 Jahren wurde er an der Technischen Universität Athen zum Professor ernannt. Im Jahr 1935 musste er die Universität aus politischen Gründen verlassen, während ihm im selben Jahr von der Berliner Technischen Hochschule Universität der Ehrendoktor in Philosophie verliehen wurde. Bereits 1936 konnte er an die Technische Universität in Athen zurückkehren. Doch wurde er 1946 erneut entlassen. Der Grund für seine Entlassung war seine Beteiligung im Bürgerkrieg als Mitglied der kommunistischen Partei. Später wurde er von der Grie-

11 B. Aggelidis, „Die Atomspaltung und das Problem der Materie,"in: *Kommunistischer Rückblick* vom 26. September 1945, S.42-47.

12 K. Karagiorgis, „Atomenergie, Atombombe und Atomdiplomatie" in: *Kommunistischer Rückblick*, August 1946, S. 447-487 und September 1946, S. 515-524.

13 Nikos Kitsikis, Η Φιλοσοφία της Νεώτερης Φυσικής (Die Philosophie der modernen Physik). Athen 1947, S. 89

chischen Militärdiktatur auf die Insel Giaros verbannt und seine Frau zum Tode verurteilt, wobei man die Vollstreckung des Urteils aber aussetzte.

Auf der konservativen Seite des politischen Spektrums finden wir D. Hondros (1882-1962). Dieser gehörte zur berühmten Sommerfeld-Schule und man kann ihn sogar als Freund Arnold Sommerfelds bezeichnen. Er arbeitete auch mit dem späteren Nobelpreisträger Peter Debye zusammen, mit dem er einen Aufsatz in den traditionsreichen Annalen der Physik über Dielektrika publizierte. Es gibt einen Brief Sommerfelds, in dem er sich beim damaligen griechischen Premierminister Eleftherios Venizelos für die Unterstützung seines Schülers einsetzt. Nachdem Hondros 1912 Professor der Universität geworden war, gingen seine wissenschaftlichen Publikationen stark zurück, doch wurde er zur zentralen Figur der wissenschaftlichen Community in Griechenland. Er publizierte nun eine Reihe von Aufsätzen popularisierenden Charakters, hielt auch zahlreiche öffentliche Vorträge und schrieb Physiklehrbücher. Nach seiner Pensionierung finanzierten konservative und spezielle religiöse Kreise wie „Die Kommission für die Verbreitung der sinnvollen Bücher“ sein Buch „Die Atomenergie mit einfachen Worten“ (Athen, 1956).

Sein Buch sollte mit „versteckter Mathematik“ versuchen, die historische Entwicklung der Atomenergie darzustellen. Es ist interessant, dass er die Reaktionen bezüglich der Relativitätstheorie mit folgenden Worten kommentiert:

> Es ist bekannt, was für Unruhe die Relativitätstheorie stiftete, weil sie sich gegen die alten, gut etablierten Meinungen auflehnte, aber auch weil der Erfinder ein Jude war.[14]

Die Atomenergie definiert er als Produkt des Massedefekts und behauptet, dass im weiten Sinne die Kernenergie eine Art von der Atomenergie sei. Dann folgen einige Paragraphen mit der Beschreibung der Grundlagen der Quantentheorie, des Geiger-Müller-Zählrohrs, des Atomreaktors und schließlich der Atombombe.

Dabei bezieht er sich auf die Atombomben, die in Hiroshima und Nagasaki abgeworfen wurden. *Es muss betont werden, dass, zum Zeitpunkt als der Krieg an seinem Ende war, die Arten der Atombomben, die bei dieser Gelegenheit verwendet wurden, unterschiedlicher Konstruktion waren.* Dieser traurige Anlass könne daher in der Weltgeschichte als ein im großen Maßstab durchgeführtes Experiment hinsichtlich der Zerstörungskraft der Atombomben angesehen wer-

14 D. Hondros, *Η ατομική ενέργεια με απλά λόγια.* (Die Atomenergie mit einfachen Worten). Athen 1956, S. 76.

den. Bezüglich der Kernfusion stellte er fest, dass sie bereits, zuerst in den USA und danach in USSR, Realität sei, und dass niemand außer den Akteuren des Dramas selbst deren Ausmaß kenne.

Das letzte Kapitel des Buches ist eine Art Epilog und trägt den Titel „Zukünftige Horizonte". Am Anfang des Kapitels vergleicht Hondros die Situation der Menschheit nach der Erfindung der Atomenergie mit dem Umbruch, den die primitiven Menschen in den Höhlen gefühlt haben müssen, als sie das Feuer kontrollieren konnten. Er fügt hinzu:

> Nichtsdestotrotz sind wir am Vorabend eines neuen Zeitalters. Die unvorstellbare zerstörerische Fähigkeit der neuen Waffen wird möglicherweise dazu führen, dass die Menschen schließlich denken, dass es mehr lohnenswert sei, nach dem Frieden und ehrlicher Zusammenarbeit zu suchen, als in einem sogar erfolgreichen Krieg verwickelt zu sein. Jetzt wurde Realität was einige Menschen mit großem Herz gesagt haben, dass es in einem modernen Krieg nur Verlierer gibt.[15]

Hondros benutzt seinen letzten Satz als eine Einführung in die „rosigen Aussichten", (wie seine eigenen Worte lauten), mit thermonuklearen Betriebsanlagen an den entlegensten Stellen der Erde das Energieproblem der Menscheit zu lösen. Die elektrische Energie würde den Menschen dann reichlich und billig zur Verfügung stehen und eine umfassende Kultivierung des bisherigen fruchtlosen Bodens ermöglichen.

Es bestände kein Zweifel, dass die allgemeine Nutzung der Atomenergie das Leben der Menschen radikal verändern würde. Es bestände keine Gefahr, dass auf diese Art und Weise reichlich und günstig produzierte Energie Arbeitslosigkeit schaffen würde.[16]

Es sei bewiesen worden, dass die Maschinen der Verbesserung des Lebensstandards der Menschen dienen. Immer weniger und weniger anstrengende Arbeit, mehr Zeit zur Entspannung, Unterhaltung, Bildung und größerer Kaufkraft. Hondros fügte eine Anzahl medizinischer und agrarischer Anwendungen hinzu, um zu seiner Schlussfolgerung zu kommen, die eine Art atomare Utopie darstellt:

> All diese schönen Sachen haben als Grundvoraussetzung, dass die Atomenergie nicht mehr das Mittel zur Zerstörung, sondern das Mittel für Segen und Fortschritt ist. Von

---

15 D. Hondros, *Η ατομική ενέργεια με απλά λόγια*. (Die Atomenergie mit einfachen Worten). Athen 1956, S.101.

16 Ebd., S.103.

diesem Standpunkt aus loben wir besonders die Initiative der USA, die sich entschieden haben, das Geheimnis zu lüften, das bisher alle relevanten Forschungen geheim hielt, und der internationalen wissenschaftlichen Community den Zugang zu tausenden von Büchern ermöglichte sowie für die Lieferung von Radioisotopen und anderer unschätzbarer Materialien an die **pazifistischen Länder**, unter anderen auch an Griechenland, zu sorgen.

In der stickigen Luft des Kalten Krieges, des allgemeinen Misstrauens der Großmächte, unter denen Griechenland auch viel gelitten hat, rechtfertigte diese internationale friedliche Zusammenarbeit die Hoffnung, dass die Menschen den Weg des Humanismus gehen und dass wir in naher Zukunft sagen können, wie die Menschen sind, wenn sie in der Tat als Menschen fungieren.[17]

Einige Jahre später veröffentlichte der bekannte Physiker Salteris Peristerakis das Buch mit dem Titel „Unsere Atomwelt",[18] das die Griechische Atomenergiekommission finanzierte und in dem es im Geleitwort von Theodore Kouyoumzelis heißt:

Es ist bewundernswert, wie die Menschen es geschafft haben, Schritt für Schritt die Nuklearwissenschaft und die Kerntechnologie aufzubauen, um so den fabelhaften Ausblick vom bisher höchsten Observatorium des Wissens zu genießen.[19]

In dem letzten Kapitel des Buches, das den Titel „Die Atom-Ära" (S. 99-114) trägt, wird die Geschichte der modernen Entwicklung der Atomphysik dargestellt. Peristerakis meint, dass die Atom-Ära 1938 mit der Entdeckung der Uran-Kernspaltung durch Otto Hahn und Fritz Strassmann begann. Diese Entdeckung wurde sofort in der internationalen Community bekannt und sehr schnell erschien eine Vielzahl von Veröffentlichungen dazu.

Er erwähnte auch die Bedeutung von zwei grundlegenden Veröffentlichungen zur physikalischen Erklärung der Entdeckung. Die erste wurde am 11.02.1939 von Lise Meitner und Otto Robert Frisch und die zweite von F. Joliot-Curie, Hans von Halban und L. Kowarski am 18.03.1939 in *Nature* veröffentlicht. Obwohl keine Titel von Peristerakis genannt wurden, hieß die erste wichtige Veröffentlichung „Desintegration von Uranium durch Neutronen und neue Arten der Nuklearrektion" gefolgt von drei ähnlichen Veröffentlichungen bis zum Mitte

17 D. Hondros, *Η ατομική ενέργεια με απλά λόγια.* (Die Atomenergie mit einfachen Worten). Athen 1956, S.105.
18 Salteris G. Peristerakis, *Ο ατομικός μας κόσμος* (Unsere Atomwelt). Athen 1969.
19 Ebd., S. 12.

April desselben Jahres. Die zweite hatte den Titel „Befreiung der Neutronen in der Nuklearexplosion von Uranium".

Weiterhin erwähnt er in seinem Buch, dass der Abwurf der Bomben in Hiroshima und Nagasaki zur Schlussfolgerung führt, dass die Kernenergie bereits mehrere Anwendungen in der Industrie, im Transport und vielen anderen Aspekten des Lebens hatte. Ein anderer konservativer griechischer Wissenschaftler, der Mathematiker E. Stamatis (1897-1990), schreibt in seinem Buch „Atomenergie und Atombombe":

> Der Atomreaktor existiert nicht nur für den Bau von Plutoniumbomben. Das sind die Mittel durch die wir stufenweise die Atomenergie gewinnen und damit schließlich die Atomenergie für friedliche Zwecke genutzt wird.[20]

Seine Schlussfolgerung war, dass künftige Generationen in der Lage sein würden, die ganze Masse eines ganzen Körpers in Energie umzuwandeln.[21]

Etliche andere Hefte beinhalten mehr oder weniger dieselben Ansichten über die mögliche Anwendung der Atomenergie. Während desselben Zeitraums erschienen zahlreiche Artikel in den Zeitungen, die die Anwendung der Atomenergie grundsächlich unterstützten, um so eine öffentliche Unterstützung für die Nutzung der Kernenergie im Alltag zu fördern. Hier ist kein Platz, um diese Veröffentlichungen tiefer zu analysieren, so dass wir nur einige charakteristische Titel nennen wollen:

„Max Planck, der brillante Revolutionär der Physik "

„Atomenergie in der Industrie – wie englische Wissenschaftler die Zukunft sehen"

„Radioaktivität bedroht die Menschenrasse".

Zusammenfassend sei angemerkt, dass im Kalten Krieg trotz aller atomaren Rhetorik doch relativ wenig für die konkrete Nutzung der Kernenergie in Griechenland getan wurde. Dies wird sehr gut in der Broschüre „Wissenschaft und die Wissenschaftler in Griechenland" beschrieben, die von der griechischen Demokratischen Linken Partei (ΕΔΑ) veröffentlicht wurde, eine Partei mit sozialdemokratischer Programmatrik:

---

20 Evangelos Stamatis, Ατομική Ενέργεια και Ατομική Βόμβα (Atomenergie und Atombombe). Athen 1951, S. 15.

21 Ebd.

> Im Feld der Atomenergie ist der Fortschritt sehr langsam. Die griechische Kernenergiekommission wurde 1954 gegründet, wobei an der Spitze das Militär und nicht die Wissenschaftler an der Spitze standen. Nach vielen Jahren der Bemühungen (in der Tat sieben) wurde die Einweihung des Zentrums für Kernforschung, Demokritos gefeiert.

Dennoch hat der Kernreaktor des Zentrums nur eine Leistung von 100 KW und wurde hauptsächlich für experimentelle- und Ausbildungszwecke genutzt; in einem gewissen Maße auch für die Herstellung von Radioisotopen. Vorerst waren die Physiker des Zentrums hauptsächlich mit Studieren und der Administration beschäftigt, während kaum wissenschaftliche Arbeit getan wurde."[22]

Dem ist auch aus heutiger Sicht nichts hinzuzufügen, denn nach einem halben Jahrhundert, mit oder ohne Kaltem Krieg, studieren die Physiker in Griechenland mehr oder weniger weiter oder sind mit der Administration beschäftigt, wobei die wissenschaftliche Forschung nach wie vor ein Traum bleibt – so realistisch, wie die Umwandlung der Masse von uns allen in diesem Raum in Energie.

22 *Η επιστήμη και οι επιστήμονες στην Ελλάδα* (Wissenschaft und die Wissenschaftler in Griechenland). ΕΔΑ publications, S. 30.

7 Die nuklearen Anlagen von Hanford (1943-1987) Eine Fallstudie über die Schnittstellen von Physik, Biologie und die US-amerikanische Gesellschaft zur Zeit des Kalten Krieges

Daniele Macuglia

Die Geschichte des Kalten Krieges eröffnet viele Möglichkeiten, sich näher mit den Schnittstellen von Physik und Biologie während des 20. Jahrhunderts zu befassen. Nicht nur das Unglück in Tschernobyl aus dem Jahr 1986, auch das Beispiel der nuklearen Anlagen in Hanford in den Vereinigten Staaten zeigt die biologischen Folgen von nuklearer Physik.

Hanford war eine nukleare Produktionsstätte in den USA. Sie liegt im Bundesstaat Washington. Sie wurde 1943 infolge des Zweiten Weltkrieges und der nationalsozialistischen Bedrohung errichtet. Während des Kalten Krieges wurde die Anlage ein wichtiger Rückhalt der Vereinigten Staaten im Wettrüsten mit der Sowjetunion. Die Anlage ist 320 Kilometer von Seattle und 240 Kilometer von Spokane entfernt. Sie liegt am Columbia River, der im Süd-Osten in Richtung der Tri-Cities (Richland, Kennewick, Pasco) fließt, ein Ballungsraum mit circa 250.000 Einwohnern.

Hanford war die erste Anlage der Welt, in der großangelegt Plutonium produziert wurde. Sie spielte eine wichtige Rolle im Manhattan Project und war Geburtsstätte mehrerer wissenschaftlicher Innovation im Bereich der nuklearen und radiobiologischen Forschung. Die erste weltweite nukleare Explosion, der Trinity Test in New Mexico, wurde mit in Hanford hergestelltem Plutonium durchgeführt. Außerdem wurde dieses Plutonium für die Konstruktion jener nuklearen Bombe verwendet, die über Nagasaki abgeworfen wurde. Folglich ist die Anlage in Hanford von historischer Wichtigkeit für die nukleare Forschung des amerikanischen Militärs und bietet eine wichtigen Ansatzpunkt für wissenschaftlich-historische Untersuchungen.[1]

---

1 Michele Gerber, *Legend and Legacy: Fifty Years of Defense Production at the Hanford Site, Richland.* Washington 1992.

Während der Betriebszeiten (1943-1987) wurden über vier Millionen Liter an kontaminierten, gefährlichen Flüssigkeiten in den Boden abgegeben. Das ist genug tödliches Plutonium um 24 nukleare Waffen herzustellen.[2] Ein großer Anteil an radioaktivem Müll wurde außerdem an die Luft abgegeben oder in das Wasser des Columbia River geleitet. Ausgehend davon erreichten diese Schadstoffe die Bewohner über verschiedene Wege, etwa Atemluft, die Nahrungsaufnahme von tierischen und pflanzlichen Produkten aus der unmittelbaren Umgebung oder das Wasser.[3]

Der derzeitige Abfall und nukleare Bestand in Hanford beinhaltet rund 390 Millionen Curie Radioaktivität, die aus der ehemaligen Produktion von Plutonium resultiert, und zusätzlich zwischen 400 und 500 Kilotonnen an Chemikalien.[4] Die Abfallquellen setzen sich zusammen aus Tankbeständen, Feststoffabfall, Kontamination des Grundwassers und nuklearem Material.

Zum Vergleich: Jene Atombomben, die über Hiroshima und Nagasaki detonierten, setzten rund 10 Millionen Curie frei, in Tschernobyl betrug der Anteil der Strahlung etwa 3 Milliarden Curie. Die Kontamination von Boden und Grundwasser sowie ein weiteres Austreten von Strahlung aus der stillgelegten Anlage – dabei handelt es sich derzeit um circa 3 Millionen Curie an Radioaktivität – sind bis heute nur unzureichend kontrollierbar. Alles in allem betrifft die Kontamination einen Lebensraum von fast einer Milliarde Kubikmeter, vergleichbar etwa mit einem Fußballfeld das 160 Kilometer tief ist.[5]

Hanford wird heute als einer der meist verschmutzten Orte in der westlichen Welt angesehen und die dortige Bevölkerung zählt zu den am meisten verstrahlten Menschen der Erde.[6] Derzeit wird versucht das Gebiet in einem großangelegten Umweltprojekt von den schlimmsten Verunreinigungen zu befreien. Die Arbeiten dafür sollen im Jahr 2047 abgeschlossen sein. Die Kosten belaufen sich auf 100 Milliarden Dollar.

---

2 Michael D'Antonio, *Atomic Harvest: Hanford and the Lethal Toll of America's Nuclear Arsenal.* New York 1993.

3 Roy Gephart, *Hanford: A Conversation About Nuclear Waste and Cleanup.* Columbus, OH 2003.

4 Ebd.

5 Ebd.

6 Shannon Dininny, "U.S. to Assess the Harm from Hanford", *Seattle Post-Intelligencer, The Associated Press* vom 3.4.2007; Keith Schneider, "Agreement for a Cleanup at Nuclear Site", *The New York Times* vom 28.2.1989.

Der „Fall Hanford“ war Gegenstand mehrerer Debatten und Studien während der letzten Jahrzehnte. Es gibt zumindest drei gute Gründe auch heute noch einen Blick auf die Situation dort zu werfen:

Es gibt einige undurchsichtige Aspekte in der Literatur über die Vorfälle, vor allem in Bezug auf die Interaktionen zwischen den Betreibern von Hanford und der Öffentlichkeit. Während in vielen Quellen davon gesprochen wird, dass Hanford weitgehend unbemerkt von öffentlichem Interesse operieren konnte, zeigen historische Beweise, dass einige Personen schon länger Befürchtungen über die Gefährlichkeit der Anlage hegten.

Welche Teile der Öffentlichkeit wussten am besten über die Vorgänge in Hanford Bescheid? Waren es Arbeiter, Wissenschaftler, die umliegenden Gemeindebürger, lokale Institutionen und Politiker oder gar breite Teile der Öffentlichkeit?

Wie wirkte sich das Wissen dieser Personen auf die Forschung und den Betrieb der Anlage aus?

All diese Aspekte für sich erscheinen interessant, aber warum sollten sich Wissenschaftshistoriker mit diesen Problemen auseinandersetzen? Wissenschaft beeinflusst und verändert das Leben der Menschen oft auf sehr direkte Art und Weise. Ein genauerer Blick auf die Wechselwirkungen zwischen „Wissenschaft“ und „Öffentlichkeit“ kann unser Verständnis des Wissenschaftsbetriebes schärfen und gleichzeitig interessante Hinweise für zukünftige philosophische und historische Studien über die Produktion und Vermittlung von Wissen geben.

Einige Entwicklungen im Wissenschaftsbereich dieser Tage sind neu, andere – wie zum Beispiel der Einfluss von nuklearer Forschung auf Menschen und das Gleichgewicht der Umwelt – haben schon eine längere Geschichte hinter sich, trotzdem kann auch hier genauere Forschung noch neue Erkenntnisse bringen. Der „Fall Hanford“, unter anderem weil er in der Öffentlichkeit sehr unterschiedliche Reaktionen hervorgerufen hat, scheint deshalb ein guter Ausgangspunkt für weitere Untersuchungen.

Um die gestellten Fragen beantworten zu können, stütze ich mich auf umfassende Recherchen in den „Seattle Times Historical Archives“. Ausführliche und nachvollziehbare Analysen dieses Archivmaterials sind in der derzeitigen sekundären Literatur nicht zu finden. Der Fokus meiner Nachforschungen richtet sich auf die lokalen Geschehnisse im Bundesstaat Washington, wo die Bevölkerung direkt von den nuklearen Belangen betroffen war. Angesichts dessen ist die *Seattle Times*, als größte Zeitung im Bundesstaat Washington, wohl die ergiebigste und interessanteste Quelle für meine historischen Untersuchungen.

Neben vielen Artikeln, die die nukleare Forschung eindeutig unterstützten und davon überzeugt waren, dass diese keine Gefahr für die lokale Bevölkerung darstellten, wurden auch Stellungnahmen mit einer eindeutig aktivistischen Haltung publizierten. Dies geschah vor allem zu Beginn des Kalten Krieges, als sich das nukleare Wettrüsten intensivierte. Die Artikel von Aktivisten und Atomgegnern sind ebenfalls interessante Ansatzpunkte für historische Untersuchungen, da sie die Debatte in der Öffentlichkeit stimulierten und für kritisches Hinterfragen sorgten. Es ist nicht weit hergeholt davon auszugehen, dass ebenjene Aktivisten auch dafür gesorgt haben den Druck der Bevölkerung zu erhöhen, der letztendlich zu einer Stilllegung der Anlage im Jahr 1987 geführt hat.

Meine Forschung behandelt den Zeitraum zwischen 1940 und 1980, da die Kommunikation zwischen Hanford und der Öffentlichkeit ab 1980 schon Gegenstand einer Publikation von Michael D'Antonio ist.[7] Ansatzpunkte für weitere Untersuchungen – die im Rahmen dieser Arbeit nicht durchgeführt werden konnten – bietet die Analyse von Zeitungen mit höherer Reichweite (etwa die *New York Times*) aber auch kleinerer Medien aus dem Bundesstaat Washington, wie *Spokesman-Review* oder *Tri-City Herald*.

Ausführliche Beschreibungen der Geschehnisse in Hanford sprechen davon, dass die Regierung „die Öffentlichkeit im Dunkeln" gelassen hat über die Vorgänge in der Anlage.[8] Viele „wichtige Entscheidungen in Hanford wurden ohne Mitwissen und Benachrichtigung der Öffentlichkeit getroffen".[9] Hanford selbst war zwar „laut und betriebsam, trotzdem war man der Außenwelt gegenüber verschwiegen".[10] Diese Behauptungen, gut zusammengefasst in der derzeitigen Literatur, konstituieren einen wichtigen Ausgangspunkt für jede historische Untersuchung, dennoch erscheinen sie problematisch. Zusammenhänge zwischen

---

7 Michael D' Antonio, *Atomic Harvest: Hanford and the Lethal Toll of America's Nuclear Arsenal*. New York 1993.

8 T. E. Marceau, D. W. Harvey, D. C. Stapp, S. D. Cannon, C. A. Conway, D. H. DeFord, B. J. Freer, M. S. Gerber, J. K. Keating, C. F. Noonan und G. Weisskopf, *Hanford Site Historic District: History of the Plutonium Production Facilities, 1943-1990*. Columbus 2003, S. 1.1.

9 Roy Gephart, *Hanford: A Conversation About Nuclear Waste and Cleanup*. Columbus, OH 2003, S. 6.1.

10 Michele Gerber, *On the Home Front: The Cold War Legacy of the Hanford Nuclear Site*. Lincoln, NE 2002, S. 53.

radioaktiver Strahlung und spezifischen Krebsarten waren schon vor 1940 bekannt. Auch im Fall von Hanford scheint es so, als hätten einige Einwohner schon länger vermutet, dass ihnen nicht die volle Wahrheit über die Anlage und die Geschehnisse mitgeteilt worden war.

Viele Artikel, die Mitte der 1940er Jahre publiziert wurden, sprachen sich enthusiastisch für eine Unterstützung der nuklearen Forschung in Hanford aus. Der grundsätzliche Glaube, der dahinterstand, war, dass „atomare Entdeckungen für Medizin und Industrie nützlich sind" und, dass „Atomenergie sehr effizient unglaubliche Mengen an Strom" herstellen kann. „Das Kraftwerk in Hanford produziert nebenbei um 75 Prozent mehr Energie als die Grand Coulee Stauanlage", das größte Wasserkraftwerk in den USA.[11] Hanford wurde als sicherer Ort angesehen, an dem es sicherer sei als etwa zuhause zu arbeiten.[12] Die ersten Berichte von Aktivisten und Gegnern der Anlage erschienen in den späten 1940er Jahren. Einige fokussierten sich bei öffentlichen Versammlungen auf die medizinischen Aspekte von nuklearer Energieherstellung,[13] andere befassten sich mit der Umweltverschmutzung, die von Hanford ausging, andere mit den Sicherheitslevels in Hanford.[14]

Die Einschätzung der Gefahren begann sich in den frühen 50er Jahren zu ändern. Ein Artikel aus 1954 unterstreicht, dass „geringe Emissionen von radioaktiven Partikeln [...] zu mehreren Zeiten aufgetreten sind" und, dass „die Abgabe von radioaktiven Partikeln in den Boden in den letzten Jahren von Zeit zu Zeit verzeichnet wurde."[15] Ein Jahr später konnte man lesen, dass „Eier, die von Enten in der Nähe der Atomanlage Hanford bei Richland gelegt wurden, einen großen Anteil an Radio-Aktivität aufweisen [...]" und, dass „Enten in den Gebieten rund um Hanford radioaktives Phosphor aufgenommen haben, welches von der großen Plutonium Anlage als Abfall in den Columbia River geleitet wird."[16] Ein weiterer Artikel beschreibt die Art und Weise, wie radioaktive Elemente, die in den Fluss geleitet worden waren, von Plankton absorbiert wird: „Das Plankton wird von vielen größeren Organismen, wie zum Beispiel Fisch, gefressen. Wasserinsekten werden ebenfalls zum Überträger von Radioaktivität. Diese werden von Vögeln, zum Beispiel Schwalben, gefressen" und kontaminieren damit wie-

11 *The Seattle Times* vom 23.9.1945, S. 3.
12 Ebd. vom 20.6.1948, S. 2; vom 13.8.1949, S. 4.
13 Ebd. vom 24. 5 1949, S. 24.
14 Ebd. vom 22.9.1947, S. 5.
15 Ebd. vom 15.10.1954, S. 19.
16 Ebd. vom 17.8.1955, S. 2.

derum die Vegetation und Umwelt.[17] Diese Art von Berichterstattung versuchte ein Bewusstsein für die nuklearen Gefahren zu schaffen. Die Atomic Energy Commission, die das Management der Anlage während der ersten Jahre des Kalten Krieges überwachte, versuchte zu beruhigen und versicherte den lokalen Anrainern, dass sie die Situation unter Kontrolle habe. Ein Artikel aus dem Jahre 1958 beschreibt beispielsweise die Funktionsweise eines Roboters, der hergestellt wurde, um das Level an Radioaktivität in den Räumen des Nuklearkomplexes zu überwachen.[18]

Trotz dieser Beschwichtigungsversuche wurde ab Anfang der 60er Jahre vielfach „der Columbia River untersucht, um klarzustellen, wie hoch die radioaktive Verschmutzung ist."[19] 1967 ist nachzulesen, dass „der Columbia River aufgrund der abgeleiteten Abwässer von Hanford eine höhere Konzentration von Radioaktivität aufweist als jeder andere bekannte Fluss auf der Erde. Trotzdem" – so fährt der Artikel fort – „ist das Ausmaß noch innerhalb der Sicherheitsstandards anzusiedeln." Ein Journalist unterstreicht jedoch, dass „das Wissen der Öffentlichkeit über die Kontamination, die von Hanford ausgeht, es unzweifelhaft schwieriger machen wird, Zustimmung für Atomkraftwerke im Bundesstaat zu finden."[20]

Während der nächsten Jahre intensivierte sich die Diskussion über Radioaktivität, auch aufgrund des schnellen Wachstums der nuklearen Industrie und dem Entstehen neuer Massenmedien. 1973 war die Anlage von Hanford Mittelpunkt der Presseberichterstattung, da aufgrund des größten Lecks in der Geschichte der nuklearen Forschung, über 40.000 Curie an Radioaktivität freigesetzt wurden. Einen Monat später wurde eine weitere undichte Stelle entdeckt. In der Seattle Times war zu lesen:

> ein weiteres undichtes Leck in einem Abfalltank für radioaktiven Müll, das zweite in weniger als einem Monat. [...] Aus der neue undichte Stelle [...] schwappten über 5.500 Liter an radioaktivem Abfall in den Boden unter dem Tank. [...]. Eine genauere Untersuchung der Atomic Energy Commission über das größere Leck, das am 12. Juni entdeckt wurde, steht kurz vor dem Abschluss. Von diesem Leck wurden über 550.000 Liter radioaktiver Müll in den Boden abgegeben. [...] Viele Leute glauben, dass das Abfall-Management der Kommission nicht den nötigen Standards entspricht.[21]

17 *The Seattle Times* vom 7.10.1956, S. 8.
18 Ebd. vom 11.7.1958, S. 11.
19 Ebd. vom 7.9.1961, S. 14.
20 Ebd. vom 17.7.1967, S. 23.
21 Ebd. vom 11.7.1973, S. A14.

Dies war nicht der einzige Artikel, der diese Probleme thematisierte, viele andere Publikationen erschienen in der *Seattle Times*.[22] Auch die *New York Times* berichtete darüber.[23]

Im Jahr 1976 verschärfte sich die Lage in Hanford, als bei der Explosion eines Labors zehn Arbeiter kontaminiert wurden. Harold McCluskey, einer der Arbeiter, war einer so hohen Dosis an Radioaktivität ausgesetzt, dass er auch als „The Atomic Man" bezeichnet wurde.[24] In einem Auszug aus einem Artikel von 1983 ist zu lesen: „Jene Ärzte, die ihn im Kadlec Krankenhaus behandelten, schätzten, dass er der 500-fachen Dosis an Radioaktivität ausgesetzt war, die normalerweise als zulässiger Wert für die eine gesamte menschliche Lebensspanne gilt. [...]" außerdem wurde berichtet, dass „McCluskey medizinische Geschichte schreibt. Niemand war jemals einer so großen Menge an Americium ausgesetzt, deshalb können auch keine Vergleiche mit anderen Fällen angestellt werden."[25] McCluskey war so stark verstrahlt, dass er für fünf Monate in Isolation in einem Tank aus Stahl- und Beton leben musste, um niemanden zu gefährden. Das blieb nicht unbemerkt. Die damaligen Vorfälle waren der Grund für eine Verbesserung der Sicherheitsmaßnahmen – diese galten allerdings nur den Arbeitern von Hanford und nicht der umliegenden Bevölkerung oder Umwelt. Trotzdem war die Aufmerksamkeit der Öffentlichkeit – zumindest im Bundesstaat Washington – weiter auf die Vorfälle gerichtet, wie auch die vielen publizierten Artikel zwischen 1976 und 1983 zeigen.[26] Der hohe Stellenwert von Hanford zeigt sich nicht nur in der Berichterstattung der *Seattle Times*, auch die *New York Times* berichtete laufend.[27]

Während dieser Jahre, entdeckten einige Bauern in der Nähe von Hanford – unter ihnen Melba Taylor –, dass ihre Nutztiere eine hohe Anzahl an Missbildungen aufwiesen. Schafe wurden mitunter ohne Augen, Mund oder Beine geboren. Einige hatten zwei Geschlechtsorgane, andere gar keine. In einem Buch von Michael D'Antonio wird berichtet, dass eine Frau namens Juanita Andrewjeski, die in der Umgebung von Hanford wohnte, drei Fehlgeburten hatte. Zusammen mit ihrem Ehemann Leon führte sie Buch über die Todesfälle in der Nachbarschaft. Auf einer Landkarte verzeichneten die beiden 35 Fälle von Herz-

22 *The Seattle Times* vom 15.7.1973, S. C5; vom 31.7.1973, S. A8.
23 *The New York Times* vom 11.7.1973; vom 5.8.1973; vom 18.5.1974.
24 *The Seattle Times* vom 2.9.1976, S. B7.
25 Ebd. vom 18.8.1983, S. A22.
26 Ebd. vom 16.3.1977, S. A2; vom 15.11.1979, S. A16.
27 *The New York Times* vom 2.9.1976; vom 13.2.1977; vom 10.8.1980.

attacken, 32 Fälle von Krebs. Außerdem wurde ein Mädchen ohne Augen geboren. Ein anderes Ehepaar hatte mit acht Fehlgeburten zu kämpfen und musste deshalb Kinder adoptieren. Zwei Kinder in der Nachbarschaft wurden ohne Hüftknochen geboren. Ein Kind wurde ohne Arm geboren. Eine Frau tötete sich und ihr Kind, nachdem ihr Ehemann an Krebs gestorben war. Auch Tom Bailie, Gertie Hanson, Ida Hawkins und Don Worsham führten Aufzeichnungen über die Krankheitsgeschichten dieser Familien, auffällige Häufungen von Krankheiten bei Menschen und Tieren, das Essensverhalten, Windrichtungen und Krankheiten von ehemaligen Bewohnern, die umgezogen waren.

Zusammenfassend kann gesagt werden, dass die Probleme in Hanford und die Reaktionen der Öffentlichkeit viel komplexer sind, als dies auf den ersten Blick erscheint. Es stimmt, dass die unter Verschluss gehaltenen Dokumente über die Geschehnisse in Hanford erst 1989 veröffentlicht wurden. Die Zeitungsberichterstattung kann die offizielle Dokumentation der Geschehnisse, die präzise Daten enthält, nicht ersetzen. Trotzdem können Zeitungsberichte ein guter Indikator für gesellschaftliche Spannungen und Ängste in der Bevölkerung sein. Die Art und die Anzahl der Artikel, die zwischen 1940 und 1980 in der *Seattle Times* publiziert wurden, geben einen Eindruck von der Komplexität der Debatte zwischen „Hanford und der lokalen Bevölkerung“, die in den späten 40er Jahren begann.

Wie hat nun die öffentliche Reaktion die Forschung und Arbeitsweise in der Anlage selbst beeinflusst? Bis in die frühen 80er Jahre lassen sich dazu keine direkten Aufzeichnungen finden. Deshalb muss wohl eher die Frage gestellt werden, warum hier nicht offen reagiert wurde.

Gegen Ende des Kalten Krieges waren sich die Bewohner der „Tri-Cities“ bewusst, dass ihre Region eine wichtige Rolle dabei gespielt hatte, die ersten Atomwaffen weltweit herzustellen. Viele glaubten, dass diese Bemühungen zum Weltfrieden beigetragen hätten, und waren stolz auf ihre Rolle in der nationalen Verteidigung der USA. Die Siegesfeiern in Richland wurden von Zeitungen und Radiosendern in das ganze Land übertragen. Die Stadt sonnte sich im Lob.

Die Einwohner von Richland waren generell gut gebildet, reich, gesund und vergleichsweise jung. Sie konnten die höchste Geburtsrate in den Vereinigten Staaten vorweisen. Außerdem strahlte die Stadt Optimismus und hohen Gemeinschaftssinn aus. Im Laufe des Kalten Krieges wurde dieser Stolz allerdings von der Frage nach Verantwortung abgelöst. Täglich wurde von Hinweisen auf die zunehmende Spannung zwischen den USA und der Sowjetunion berichtet. Nur ein größeres und durchdachtes Atom-Arsenal könnte den Vereinigten Staaten helfen, der möglichen Bedrohung durch die Sowjetunion etwas entgegenzusetzen. Deshalb verstanden sich die Wissenschaftler und Arbeiter der Hanford Anlage, genauso wie die Bevölkerung aus der Umgebung als Soldaten der ersten Front: die Sicherheit der ganzen Nation lag auf ihren Schultern, deshalb mussten sie alle Energie dafür aufwenden effiziente Reaktoren zu errichten und die besten Isotope zu produzieren, um das atomare Arsenal zu betreiben.

Umweltstandards und Sicherheitsmaßnahmen waren nur von zweitrangiger Bedeutung. Auch wenn jemand Zweifel über den sicheren Umgang in Hanford mit radioaktivem Müll angestellt hätte, hätte doch nie jemand damit gerechnet, dass die Umwelt ernsthaft kontaminiert sein könnte. Die radiobiologischen Standards waren anders als heutzutage, außerdem beruhigte man sich damit, dass einige der besten Atomwissenschaftler der Welt in Hanford arbeiteten: wenn es also Probleme gäbe, hätten diese Personen es wissen müssen! Diese Umstände führten dazu, dass sich die Bevölkerung der Tri-Cities sich mit der Mission Hanfords zu identifizieren begann, auch weil viele selbst auf die Arbeitsplätze dort angewiesen waren. Die nukleare Anlage war der ökonomische Motor in der ganzen, ansonsten eher windigen, trockenen und isolierten Gegend. Die lokale Bevölkerung schloss deshalb einen Teufelspakt, bei dem zu Gunsten militärischer, politischer und ökonomischer Vorteile auf die Sicherung der Umwelt und Gesundheit verzichtet wurde.

Trotzdem begannen ab den 80er Jahren lokale Einwohner eine aktive Rolle einzunehmen, um über die Zukunft der nuklearen Anlage mitentscheiden zu können. Reverend William Harper Houff, aus der nahegelegenen Stadt Spokane, organisierte die ersten Treffen lokaler Aktivisten.[28] Er war der Auslöser für die Gründung der Hanford Education Action League (HEAL), deren Hauptanliegen es war, die Öffentlichkeit über Umweltthemen, die in Zusammenhang mit Hanford standen, zu informieren. Auch Karen Dorn Steele (Journalistin der *Spokesman-Review*), Casey Ruud (Arbeiter in Hanford) und Eric Nalder (Journalist der *Seattle Times*) versuchten Wahrheiten über die Vorgänge in Hanford ans Tageslicht zu bringen. Deren Beiträge wurden schon ausreichend analysiert, deshalb wird auf sie in diesem Text nicht näher eingegangen.[29] Als 1986 in Tschernobyl

28 *The Seattle Times* vom 24.10.1984, S. E7.
29 Michael D'Antonio, *Atomic Harvest: Hanford and the Lethal Toll of America's Nuclear Arsenal*. New York 1993.

ein nuklearer Reaktor explodierte stieg die öffentliche Beunruhigung im Bezug auf nukleare Themen signifikant an. Im selben Jahr führte der öffentliche Druck dazu, dass 19.000 bisher unter Verschluss gehaltene Dokumente über Hanford publiziert wurden. Hanford wurde im Anschluss daran im Jänner 1987 endgültig stillgelegt.

Die vorrangehende Recherche zeigt, dass trotz der eingeschränkten Kommunikation von Seiten der Betreiber der nuklearen Anlage komplexe gesellschaftliche Debatten darüber stattfanden. Es ist daher unpassend Hanford vor 1980 „als stumme Angelegenheit“ zu betrachten. Die derzeitige sekundäre Literatur hat die Rolle der Öffentlichkeit unterschätzt. Diese hat einen erheblichen Beitrag zum Verlauf der Geschichte der nuklearen Anlage in Hanford beigetragen. In Folge zahlreicher Artikel in der *Seattle Times* über das mögliche Gefahrenpotential, das von Hanford ausgehen könnte, entstanden zahlreiche Diskussionen. Was lässt sich also von den Geschehnissen in Hanford Lehrreiches ableiten? Kann die Beschränkung von Kommunikation Gesundheitsproblemen und einem Mangel an Sicherheit Vorschub leisten? Sind Gesundheits- und Sicherheitsprogramme effektiver, wenn sie nicht von Militär und Politik kontrolliert werden sondern von öffentlichen Gesundheits- und Sicherheitsorganisationen? Alle diese Fragen stehen auch immer im Kontext mit der Frage, wie stark in Privatleben eingegriffen werden soll und muss. Nukleare Waffen wird es auch in Zukunft geben, deshalb ist es umso wichtiger, über mögliche Szenarien, die damit in Zusammenhang stehen, nachzudenken. Es ist kein Zufall, dass in den letzten Jahrzehnten viel Geld investiert wurde, um die öffentliche Wahrnehmung für die Zusammenhänge von Wissenschaft und Umwelt zu stärken – auch vor dem Hintergrund ethnischer Konflikte, nuklearer Energie und des Krieges gegen den Terror. Eine eingehende Analyse all dieser Facetten könnte uns deshalb helfen die Rolle der Öffentlichkeit und ihre Wirkung auf wissenschaftliche und militärische Realitäten besser zu verstehen.

Anmerkungen

Mein Dank gilt Prof. Robert J. Richards vom Fishbein Center for the History of Science and Medicine an der Universitiy of Chicago und Prof. Leo P. Kadanoff vom James Franck Institute an der University of Chicago, die mir durch Kommentare, Diskussionen und Anleitungen sehr geholfen haben. Weiteres bedanke ich mich bei Prof. James A. Shapiro, Prof. Aaron Turkewitz und Prof. William C. Wimsatt, die bei meiner Präsentation in Chicago anwesend waren und hilfreiches Feedback gaben. Diese Forschungsarbeit wurde vom MRSCE-Programm der University of Chicago unterstützt, Bewilligungsnummer DMR-MRSEC 0820054.

Festkörperphysik

8 Elektronenröhrenforschung nach 1945 Telefunkenforscher in Ost und West und das Scheitern des Konzepts der „Gnom–Röhren“ in Erfurt

Günter Dörfel und Renate Tobies

Elektronenröhren standen wegen ihrer Rüstungsrelevanz nach Kriegsende unter dem Vorbehalt der Besatzungsmächte. Unter dem Druck eigener materieller Defizite erlaubte und initiierte die sowjetische Besatzungsmacht Entwicklungen dazu eher als die westlichen Alliierten. Daraus resultierten bemerkenswerte Innovationen und Vorsprünge im Gebiet von Miniaturröhren. Dennoch geriet die Forschung im Osten in diesem internationalen Trend-Gebiet ins Hintertreffen, sodass Beteiligte Mitte der 1950er Jahre urteilten: „Wir lagen immer zwei Jahre hinterher.“[1] Basierend auf detaillierten Quellenstudien wird das Konzept spezieller Miniaturröhren (Gnom-Röhren) des Funkwerks Erfurt vorgestellt und eingeordnet. Es werden die Strukturen erklärt, in die beteiligte Forscher eingebunden waren, und die Ursachen für das Scheitern des Konzepts der Gnom-Röhren analysiert.

8.1 Elektronenröhrenforscher bei Telefunken

Der Physiker Hans Rukop (1883–1958) hatte innerhalb der im Jahre 1903 gegründeten Telefunken Gesellschaft für drahtlose Telegraphie (Tochterfirma der AEG und Siemens & Halske; Hauptsitz Berlin) ab 1914 ein Elektronenröhrenlaboratorium aufgebaut und war, nach einer Professur für technische Physik an der Universität Köln (1927 bis 1933), Geschäftsführer für Forschung und Röhrenentwicklung geworden. In Köln hatte Rukop den promovierten Mathematiker Karl Steimel (1905–1990) als Assistenten eingestellt, der nach seinem Eintritt bei Telefunken 1932 die Leitung der *Röhrenentwicklung* (RöE) und 1943 zu-

1 Rolf Rigo (1912–2010), Vortrag auf der Jahresversammlung der Gesellschaft der Freunde der Geschichte des Funkwesens e.V. in Erfurt 2008, CD, Archiv des Elektromuseums Erfurt.

gleich die Koordination für die deutschlandweite Elektronenröhrenentwicklung übernahm.[2]

Nachdem das Osram-Röhrenwerk in Berlin zum 1. Juli 1939 an Telefunken übergegangen war, hatte sich hier eines der größten, international eng verflochtenen Industrieforschungszentren für Elektronenröhren etabliert.[3] Nicht nur in der Abteilung RöE wurde an Elektronenröhren geforscht, sondern auch in der *Abteilung Hochfrequenz-Laboratorium* (LH), geleitet von Horst Rothe (1899–1975), ein Schüler Heinrich Barkhausens (1881–1956). Wie Barkhausen publizierte Rothe – mit Werner Kleen, Vorstand des Telefunken-Labors *Wehrmacht-Kleinröhren,* – Standardwerke zu Elektronenröhren.[4] Die *Abteilung Fernsehen und Forschung* (F), die Prof. Dr. Fritz Schröter (1886–1973) unterstand, befasste sich u.a. mit Bildaufnahme- und Bildwiedergaberöhren. Aus dieser Gruppe ging Rolf Rigo hervor, der sein Diplom als Elektroingenieur im Jahre 1939 an der TH Berlin erworben hatte und schließlich an der Gnom-Röhrenentwicklung in Erfurt maßgeblich beteiligt sein sollte. In den 1940er Jahren waren ca. 1500 akademisch gebildete Personen in der Elektronenröhrenforschung in Berlin beschäftigt, die mit Kriegsende an zahlreiche verschiedene Orte diffundierten.

Karl Steimel baute neue Röhrenlaboratorien für das „Labor-Konstruktionsbüro-Versuchswerk-Oberspree" (LKVO) – gegründet und geleitet vom Wissenschaftlich-Technischen Büro des sowjetischen Ministeriums für Elektroindustrie[5] – in Berlin-Oberschöneweide auf und ab Oktober 1946 mit von ihm ausgewählten Forschern entsprechende Laboratorien in Frjasino bei Moskau. Mehrere leitende Telefunken-Forscher, wie Rukop und Rothe, hatten sich kurz vor Kriegsende in Thüringen niedergelassen, gingen aber – mit der US-amerikanischen Besatzungsmacht – im Juli 1945 nach Ulm, wohin das Telefunken-Werk Litzmann-

---

2 Zur den Forschern und zur Struktur der Telefunken-Forschung siehe Renate Tobies, *„Morgen möchte ich wieder 100 herrliche Sachen ausrechnen". Iris Runge bei Osram und Telefunken.* Stuttgart 2010.

3 Günther Luxbacher, *Massenproduktion im globalen Kartell. Rationalisierung in der Glühlampen- und Radioröhrenindustrie bis 1945.* Berlin 2003.

4 Heinrich Barkhausen, *Lehrbuch der Elektronenröhren und ihre technischen Anwendungen*, 4 Bde. Leipzig [1]1928 (Vorläufer seit 1920), [10]1969; Horst Rothe und Werner Kleen, *Grundlagen und Kennlinien der Elektronenröhren*, Leipzig [1]1940, [3]1948; Ebd. *Elektronenröhren als Anfangsstufen-Verstärker.* Leipzig 1940, [2]1944; Ebd. *Elektronenröhren als End- und Senderverstärker.* Leipzig 1940, [2]1953; Ebd., *Elektronenröhren als Schwingungserzeuger und Gleichrichter*, Leipzig 1941, [2]1948; Ebd., *Hochvakuum-Elektronenröhren*, Frankfurt a.M., 1955.

5 Johannes Bähr, „Das Oberspreewerk – ein sowjetisches Zentrum für Röhren- und Hochfrequenztechnik in Berlin (1945-1952)", *Zeitschrift für Unternehmensgeschichte* 39, Nr. 3 (1994): S. 145-165.

stadt (Lodz) im Jahre 1944 verlagert worden war; es wurde erst unter ihrer Leitung 1945 voll funktionsfähig. Im britischen Sektor Berlins war ebenfalls ein Teil von Telefunken verblieben, wo zunächst der Physiker Dr. Max Weth (*1890) und der Chemiker Dr. Erich Wiegand (*1900) leitend agierten und ab 1947 mit Genehmigung der britischen Besatzungsmacht unter dem Physiker Dr. Carl Zickermann (*1908) die Elektronenröhrenforschung wieder stärker ausgebaut werden konnte.[6] Weitere ehemalige Telefunken-Forscher wechselten nach Frankreich (so z.B. Werner Kleen), nach Großbritannien und an andere Orte.[7]

Mit dem Abzug der amerikanischen Truppen im Juli 1945 aus Erfurt war dort Walter Heinze (1899–1987) als einziger Telefunken-Forscher geblieben, der früh auf dem Gebiet der Elektronenröhren gearbeitet hatte.[8] Er trat im Januar 1946 der SPD bei und wurde damit im April 1946 automatisch SED-Mitglied; er hatte sich wohl auch aus politischen Gründen für den Verbleib im Osten entschieden. Heinze, der Rolf Rigo 1949 nach Erfurt holte, leitete anfangs den Gesamtbetrieb und bestimmte die Forschungen zu neuen Empfängerröhren. Heinze, Schüler des Greifswalder Physikers Rudolf Seeliger (1886–1965), hatte seit 1921 im Versuchslaboratorium der Osram Fabrik A (ehemals AEG) geforscht und leitete mit Übertritt zu Telefunken (1.7.1939) die *Versuchsstelle Fernsehröhren.* Diese wurde 1943/44 nach Paris verlagert, da Fernsehforschung für zivile Zwecke in Deutschland untersagt worden war. Mit dem Rückzug der deutschen Truppen 1944 aus Frankreich gelangte Heinze, inzwischen in Berlin ausgebombt, nach Erfurt, wo er in dem einstigen nur auf Fertigung ausgerichteten Röhren-Werk Forschungsabteilungen etablieren konnte.[9]

---

6 Renate Tobies, *„Morgen möchte ich wieder 100 herrliche Sachen ausrechnen". Iris Runge bei Osram und Telefunken.* Stuttgart 2010, S. 345.

7 Schreiben von Dr. Carl Zickermann, Röhrenwerk Telefunken Berlin, an Military Government, British Troops Berlin, Disarmament Branch, Berlin, v. 4. Juli 1947, Archiv des Deutschen Technik-Museums Berlin, Firmenarchiv AEG-Telefunken, Bestand 1.2.060 C (im Folgenden: DTMB), Nr. 6734.

8 Heinze schrieb in einem Lebenslauf: „Nach dem Abzug der amerikanischen Besatzung aus Thüringen, der auch der gesamte nach Thüringen geflüchtete Führungsstab der Firma Telefunken folgte, und nachdem durch Verhandlungen mit der sowjetischen Militärverwaltung erreicht werden konnte, daß von einer Demontage der Maschinen für die Röhrenfertigung Abstand genommen wurde, wurde die Röhrenfertigung aufgenommen. Da alle technischen Führungskräfte mit Ausnahme einiger Meister, entweder freiwillig gegangen waren oder aber wegen ihrer Zugehörigkeit zur NSDAP entlassen worden waren, war ich allein in der Lage, die Röhrenfertigung zu leiten." Universitätsarchiv Jena, Mathematisch-Naturwissenschaftliche Fakultät, Habilitationen, 1945–1956, Bestand N, 51/3, Bl. 198.

9 Zu Heinze siehe Personalakte 984 im Archiv der TU Ilmenau; auch Wolfgang Scharschmidt, *Das Funkwerk Erfurt und seine Gnom-Entwicklung.* Erfurt 2000, S. 6 ff.; Dieter Hoffmann und Andreas Herbst „Walter Heinze", in: *Wer war wer in der DDR*, Band 1. Berlin 2006, S. 389.

8.2 Technische Bilanz und Neubeginn 1945

Mit Kriegsende sahen sich die deutschen Rundfunkröhrenentwickler vor die Aufgabe gestellt, trotz extremer Mangelwirtschaft und gebunden an Vorgaben der Besatzungsmächte, wenigstens teilweise an das Vorkriegsniveau anzuknüpfen. Die klassischen sog. Buchstabenröhren der frühen und mittleren 1930er Jahre (siehe Abb. 1) wurden technologisch gut beherrscht und mussten gefertigt werden, um vorhandene Geräte weiter betreiben zu können. Außerdem wurden für drahtgebundene Nachrichtendienste Spezialröhren benötigt, die als sog. Post-Röhren, auch Behörden-Röhren genannt, entwickelt worden waren. Im Mittelpunkt des Interesses standen die Stahlröhren mit ihrer berühmten „Harmonischen Serie“,[10] die bereits vor 1939 weitgehend fertig vorlag. Das Stahlgefäß schirmte elektrische und magnetische Felder ab. Stahlröhren zu verwenden, war seit Mitte

Abbildung 1:

Links: Klassische „Buchstabenröhre“ AF 7, eine Hochfrequenzpentode; Höhe (immer über alles gemessen) 10 cm. Die Steuerelektrode liegt oben. Der Anschluss wird i. d. Regel mit einer „Gitterkappe“, unter der die Koppelelemente – z.B. eine RC-Kombination – abgeschirmt angeordnet sind, realisiert.

Rechts: Skizze des Systemaufbaus mit „Quetschfuß“, eine Technik, die der Glühlampentechnologie entlehnt ist.

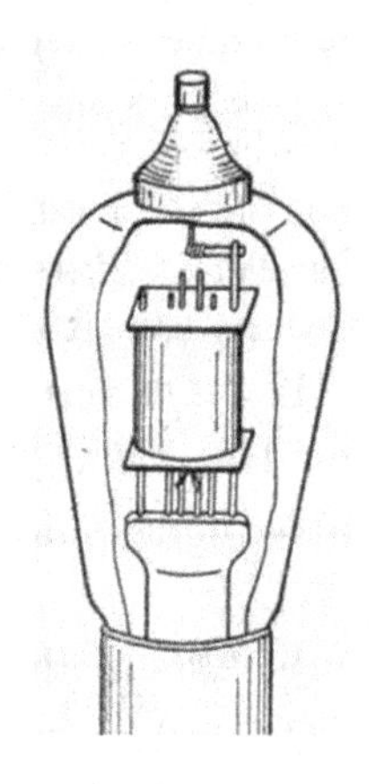

10 Die Mehrsystemröhren E/UCH11, E/UBF11 (Stahlröhren) und E/UCL11 (Quetschfußröhren) sowie die Einsystemröhren E/UF11, 12, 13, 14 (Stahlröhren) waren in ihren Eigenschaften optimal („harmonisch“) aufeinander abgestimmt.

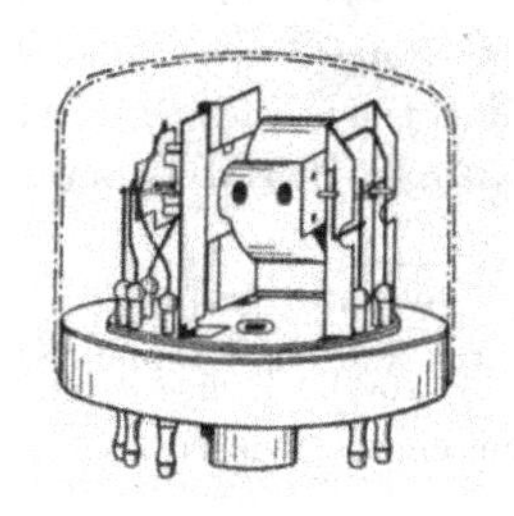

Abbildung 2:

Oben: Telefunken-Stahlröhre EF 11, eine Hochfrequenzpentode; Höhe 5,8 cm. Vermutlich 1943 hergestellt und als „Wehrmachtsröhre" gekennzeichnet. Auf der abgewandten Seite mit BAL („BauAbnahme Luftwaffe") gestempelt. (Foto mit frdl. Erlaubnis des Museums Geißlerhaus Neuhaus a. Rwg.)

Unten: Skizze des horizontal (!) angeordneten Röhrensystems

der 1930er Jahre ein internationaler Trend – von Telefunken-Konstrukteuren mitgeprägt –, der insbesondere auf militärtechnischen Einsatz gezielt hatte (siehe Abb. 2).[11]

Daneben war vor 1945 eine große Familie von „Wehrmachtsröhren" entstanden. Dazu gehörte die in hohen Stückzahlen gefertigte Hochfrequenz-Pentode RV 12 P 2000 (siehe Abb. 3), die als universell einsetzbare Empfängerröhre in der Nachkriegszeit besonders wichtig werden und unter Röhrenkennern Kultstatus erlangen sollte.[12]

---

11 Dass Stahlröhren auch in Raketenwaffen (V 2) eingesetzt worden waren, wurde nach dem Krieg besonders betont, siehe Jorg Bretting, „Die Telefunkenröhre – Schrittmacher der Telekommunikation", in: Erdmann Thiele (Hrsg.), *Telefunken nach 100 Jahren – Das Erbe einer deutschen Weltmarke*. Berlin ²2003.

12 Die Vielfalt der Wehrmachtsröhren beruhte auf einem Kompetenzgerangel der Waffengattungen, H. Lux, „Technische Entwicklung und Forschung bei Telefunken während des Krieges", *Telefunkenzeitung* 25, Nr. 87/88 (1950): S. 11–13. Das Konzept der Erfolgsröhre RV 12 P 2000 war Mitte der 1930er Jahre in einer Entwicklungsstelle des Heereswaffenamtes entstanden (nach Wolfgang Scharschmidt, *Röhrenhistorie*, Band 4, *Deutsche Wehrmachtsröhren*. Dessau 2010); diese Röhre wurde von Telefunken zur Produktionsreife gebracht und von weiteren Firmen übernommen. Zu Praxis und Problemen der Marktaufteilung und wechselseitigen Lizenzierung bei der Röhrenproduktion siehe auch Günther Luxbacher, *Massenproduktion im globalen Kartell. Rationalisierung in der Glühlampen- und Radioröhrenindustrie bis 1945*. Berlin, 2003 und, die gleichen Hersteller und sehr ähnliche Technologien betreffend, Günter Dörfel, *Julius Edgar*

Abbildung 3: Links: Die legendäre Wehrmachtsröhre RV 12 P 2000; Höhe 4,9 cm. Rechts: In ihre robuste Fassung eingesetzt und mit einem eingeschraubten Knopf zum Herausziehen versehen.

8.3 Spannungslinien entlang und quer zur Demarkationslinie – Frühe Frontlinien im heraufziehenden Kalten Krieg

Anfang Juni 1945 erfand sich Telefunken unter der Geschäftsleitung von Dr. Engels, ehemaliger Leiter der Rundfunk-Vertriebsabteilung, und Rukop neu. Das Unternehmen definierte sich als Betreiber von fünf Zentralabteilungen und drei Geschäftsbereichen (Anlagen- und Behördengeschäft, Geräte- und Einzelteilgeschäft, Röhrengeschäft) jeweils mit Entwicklung, Fertigung und Vertrieb, alle dem „bis auf weiteres" zum Stammsitz erklärten Werk Erfurt zugeordnet.[13] Neben Erfurt wurden nur die Röhrenwerke in Neuhaus a. Rennweg, dem in Per-

---

Lilienfeld und William David Coolidge – ihre Röntgenröhren und ihre Konflikte, MPI für Wissenschaftsgeschichte. Berlin, 2006. Zur Rolle der Wehrmachtsröhre RV 12 P 2000 in der Rundfunkgeräteentwicklung nach 1945 siehe H. Lange und H. Nowisch, *Empfängerschaltungen der Radio-Industrie* (9 Bände), Leipzig [2]1953; Hagen Pfau (Verf.) und Steffen Lieberwirth, (Hrsg.), *Radio-Geschichte(n). Mitteldeutscher Rundfunk*. Altenburg, 2000; und W. F. Ewald: „Die Entwicklung der Telefunken-Empfänger nach 1945," *Telefunken-Zeitung* 23, Nr. 87/88 (1950): S. 97–105.

13 Nach einer „Abschrift, Aufbau der Organisation Gesamt-Telefunken" vom. 6.6.1945, Thüringisches Hauptstaatsarchiv Weimar, VEB Mikroelektronik „Karl Marx" Erfurt, (im Folgenden: ThHStA), Nr. 48, Bl. 102.

sonalunion Rukop vorstehen sollte, und in Ulm genannt. Letztere sollten ausschließlich als „Fertigungsstätten" für Röhren dienen. Der bisherige Hauptsitz Telefunkens in Berlin blieb ungenannt. Berlin stand bis Ende Juni ausschließlich unter sowjetischer Besatzung, vor welcher die Telefunkenführung vor allem geflohen war. Zugleich herrschte offensichtlich panische Angst, dass die Alliierten die angekündigte Konzernentflechtung realisieren könnten, sodass die AEG als verbliebene Muttergesellschaft (Hauptsitz Berlin) im neuen Gründungsdokument nicht erwähnt wurde. Das Verfallsdatum des Dokuments lag sehr nahe, denn nahezu zeitgleich, am 5. Juni, verabschiedeten die Siegermächte ihre Berliner Erklärung mit den Konsequenzen aus dem Londoner Zonenprotokoll von 1944, womit ab 1. Juli 1945 die festgelegten Sektoren in Berlin und Zonen in Deutschland eingenommen wurden und Thüringen unter sowjetische Obhut geriet. Zweifellos begünstigte die zwischenzeitliche selbst verordnete Abwesenheit Telefunkens von Berlin die dortigen Initiativen Karl Steimels und der sowjetischen Seite.[14] Auch wenn in Westberlin verbliebene oder dorthin zurückgekehrte Telefunken-Manager um Direktor Martin Schwab (*1892) bald wieder die Initiative übernahmen, so blieb diese Episode nicht ohne Folgen. So führte die entstandene räumliche Trennung zwischen Management in Berlin und der durch Rothe und Rukop verkörperten wissenschaftlichen Kompetenz in Ulm[15] auch zu inhaltlichen Differenzen, wie noch gezeigt werden wird.

Die sowjetische Seite agierte zunächst pragmatisch. Sie war geneigt, der Westberliner Telefunkenzentrale eine koordinierende Rolle zu überlassen, um eigene Pläne, einschließlich Transfer technologischer Einrichtungen, zu realisieren. Dazu gehörten direkte Reparationsleistungen aus den thüringischen Röhrenwerken

---

14 Diese Episode wird, soweit wir sehen, in bisherigen Telefunken-Darstellungen verschwiegen z.B. in Horst Rothe, „Prof. Dr. Dr.-Ing. e. h. Hans Rukop 70 Jahre", *Die Telefunken-Röhre, Sonderheft zum 70. Geburtstag von Hans Rukop*. München 1953; Hans Rukop, „Persönlichkeiten und Ereignisse – Ein Querschnitt durch 50 Jahre Telefunken-Geschichte", in: Festschrift 50 Jahre Telefunken, *Telefunkenzeitung* 26, Nr. 100 (1953): S. 205–212; in: Ebd.: Hans Rukop, Karl Steimel und Horst Rothe, „Röhren, Rundfunk und kurze Wellen", S. 165–176; und M. Pohontsch und Erich Wiegand, „1945-1953 – Vom Chaos zur neuen Weltgeltung", S. 213–220; siehe auch Erdmann Thiele, „Die Telefunken-Chronik 1903–1963" in: Erdmann Thiele (Hrsg.), *Telefunken nach 100 Jahren – Das Erbe einer deutschen Weltmarke*. Berlin [2]2003; N. N.,"Wiederaufbau der Firma nach dem Zusammenbruch im Jahre 1945", *Telefunken-Zeitung* 23, Nr. 87/88 (1950): S. 27–28.

15 Rukop war im Zuge intensiver Befragungen leitender Persönlichkeiten durch die US-Streitkräfte interniert worden und kam über Umwege nach Ulm. Daraus ergab sich sein späteres Wirken in der heute vergessenen Vereinigung evakuierter Wissenschaftler, die Ansprüche aus den Umständen ihrer Verbringung in die Westzonen herleiteten; DTMB, Nr. 4687.

und auf Handelsbasis aus Westberlin zu liefernde Röhren. Nach einigen Vorgesprächen fand am 24. September 1945 im LKVO eine als abschließend gedachte Besprechung zum Thema „Zukünftige Beschäftigung des Röhrenwerkes Neuhaus, Erfurt und Berlin" [sic] statt. Chef der sowjetischen Seite war ein Oberst Katzmann. Der erwähnte Chemiker Wiegand fungierte als Sprecher der Westberliner Telefunkenzentrale. Als Vertreter des LKVO saß u.a. Steimel mit am Tisch.[16] Die Quintessenz der Zusammenkunft war:

- Das Röhrenwerk in Neuhaus wird nicht ausgeräumt, und die in Erfurt begonnene Demontage wird gestoppt.
- In den Werken Neuhaus, Erfurt und Berlin werden jährlich reichlich drei Millionen Röhren gefertigt, wovon ca. 700.000 bis 800.000 für den russischen Markt „abgezweigt" werden.
- Die beiden Seiten sind an der Wiederaufnahme der Stahlröhrenproduktion interessiert.
- Sowohl die Stahlröhren als auch die Wehrmachtsröhre RV 12 P 2000 sollen weiterentwickelt und mittelfristig auf einen schon in der Sowjetunion eingeführten modernen Pressglassockel umgestellt werden.

Für die weiteren Arbeiten in Erfurt sollte noch eine andere Entwicklungslinie entscheidend werden. Den LKVO-Forschern um Steimel wurde vorgegeben, sog. Octal-Röhren der Radio Corporation of America (RCA, siehe Abb. 4) nachzuentwickeln, diese selbst zu produzieren und auch in die sowjetische Fertigung überzuleiten. Die UdSSR hatte während des Krieges amerikanisches technisches Gerät in bemerkenswertem Umfang bekommen. Dieses musste erhalten und weiterentwickelt werden.

Dem starken Interesse der sowjetischen Seite an Stahl- und Wehrmachtsröhren begegnete die Telefunkenführung mit konditionierten Zusagen. Die Rückgabe von Pump- und Schweißautomaten, die während der kurzen sowjetischen Alleinherrschaft in Berlin „entnommen" worden waren, sei Voraussetzung für einen hinreichenden Produktionsausstoß. Die britische Militärregierung, zuständig für das Westberliner Telefunken-Röhrenwerk Sickingenstraße, griff in diesen Poker ein. Sie stellte sich hinter die Telefunken-Forderung nach den Automaten,

16 Aktennotiz vom 25.9.1945 von E. Wiegand verfasst über die Besprechung bei Oberst Katzmann in der LKVO am 24.9.45, ThHStA, Nr. 48, Bl. 11–14 sowie DTMB, Nr. 6738, Bl. 99–103.

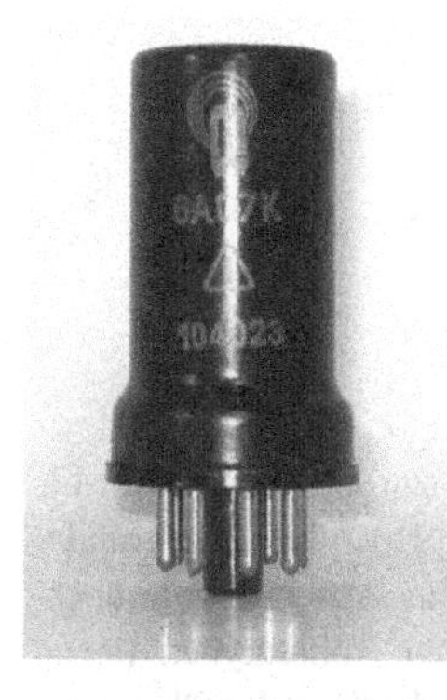

Abbildung 4:

Die Octal-Röhre 6 AC 7, eine Hochfrequenzpentode, Höhe 6,5 cm, in Berlin-Oberschöneweide (zunächst) für die UdSSR nach USA-Vorbild entwickelt und gefertigt.

untersagte aber die Produktion von Wehrmachtsröhren – dies gegen das Interesse der Telefunken-Führung.[17] Die sowjetische Seite kehrte den Spieß um und richtete ihre Reparationsforderungen nach Wehrmachts- und Stahlröhrentypen – die Letzteren ggf. in Allglastechnik – und anderen Typen nunmehr ausschließlich an die unter ihrem Einfluss stehenden Telefunken-Röhrenwerke in Thüringen. Dies geschah mit dem ausdrücklichen Hinweis, dass es gleichgültig sei, ob die thüringischen Werke die Reparationsleistungen durch bestehende Beziehungen zu anderen Telefunkenwerken oder aus eigener Kraft erbringen.[18]

Die letztgenannte Alternative hatte einen ernsthaften Hintergrund. Der Erfurter Forscher Heinze sah reale Chancen, Stahlröhren[19] durch (nahezu) bau- und da-

17 Aktenvermerke, Telefunken Berlin, v. 5. u. 9. Jan. 1946, DTMB, Nr. 6738, Bl. 24-25, 29. Vom Verbot ausgenommen blieben kleine Mengen der Wehrmachtsröhre RV 12 P 2000, soweit sie als Ersatz für zivile Röhren älteren Datums vorgesehen waren.

18 Aktenvermerk der Telefunkenführung v. 30.01.1946; DTMB, Nr. 6738, Bl. 14-17. Keines der Röhrenwerke konnte das gesamte Spektrum abdecken, sodass eine wechselseitige Abhängigkeit bestand. Ein starker Warenaustausch über die Demarkationslinie hinweg ist bis mindestens 1946 belegt.

19 Es ist die Ansicht überliefert worden – z.B. Wolfgang Scharschmidt, *Röhrenhistorie*, Band 4, *Deutsche Wehrmachtsröhren*. Dessau 2010, S. 13 und S. 339 –, in Erfurt seien vor Kriegsende Stahlröhren hergestellt worden. Das bestätigen die von uns eingesehenen Quellen nicht (u.a. nach Herstellern und Röhren-Typen geordnete Planungs- und Abrechnungsunterlagen von Telefunken bis 1944). Stahlröhren wurden in den Telefunken-Werken in Berlin und Liegnitz (Legnica) produziert sowie bei Lizenznehmern. Somit ist es auch eine Legende, dass in Erfurt eine Allglas-Variante deshalb entwickelt werden musste, weil technologische Einrichtungen für die Stahlröhren-Fertigung (z.B. Ringschweißmaschine zum vakuumdichten Verbinden von Haube („Dom") und Sockel) mit Rückzug der US-Streitkräfte aus Thüringen abtransportiert worden seien. Aber es gibt Anzeichen dafür, dass die Stahlröhrenproduktion noch vor Kriegsende in Neuhaus beginnen sollte: in gemieteten Lagerräumen im benachbarten Ernstthal war eine derartige Ringschweißmaschine eingelagert worden und stand noch dort, als die Rote Armee ein-

Abbildung 5:

Erfurter Allglas-Äquivalent zur Stahlröhre EF 14, einer sehr leistungsfähigen Hochfrequenzpentode, Höhe 6 cm. Die elektrische Abschirmung übernahm, wie schon bei älteren Röhrentypen (siehe Abb. 1), eine (hier leicht beschädigte) leitfähige Beschichtung.

tengleiche Allglasröhren abzulösen (siehe Abb. 5).[20] Die Tragfähigkeit dieses längerfristig angelegten Konzepts wurde indirekt dadurch bestätigt, dass die Ulmer Röhrenforscher ebenfalls nach einer Allglas-Alternative (siehe Abb. 6) strebten. Sie mussten sich gar gegen ihre Westberliner Telefunken-Zentrale wehren, die gefordert hatte, den Weg hin zu Allglasröhren zu verlassen.[21] Mit dem Argument, dass es sich um einen internationalen Trend handele, konnten sie sich vorübergehend durchsetzen. In diesem Kontext ist ein interessantes systeminvariantes Element der Forschungspolitik erkennbar. Die Entwickler versprachen hinsichtlich Lieferzeit und -kapazität mehr als zu erreichen war, damit ihre Unternehmensleitung den Projekten zustimmte.[22] Beide Werke hatten Röhren für 1946 geplant und kamen damit erst 1947/48 auf den Markt; Erfurt etwas früher als Ulm.[23]

---

rückte. Sowohl das Telefunken-Röhrenwerk in Westberlin als auch das LKVO in Ostberlin waren an dieser Maschine interessiert. Es ist nicht bekannt, wie die sowjetische Seite entschied. Wir wissen nur, dass im Westberliner Röhrenwerk sehr bald beachtliche Mengen Stahlröhren produziert wurden.

20 Kommuniziert von der Telefunken-Zentrale, Berlin-West, an die Sowjetische Militäradministration in Deutschland (SMAD), nach DTMB Nr. 6738, Bl. 14-17.

21 Niederschrift über eine Besprechung im Röhrenwerk Ulm vom 18.2.1946, gezeichnet von Rukop und Rothe, DTMB, Nr. 06792, Bl. 23-24.

22 Lieferpläne, DTMB, Nr. 06792, Bl. 4 (Erfurt), Bl. 25 (Ulm).

23 Erfurt stellte seine Röhren zur Leipziger Messe 1947 vor. Von Ulm wurde Mitte 1948 berichtet, dass die Produktion anlaufe, N. N., „U-Röhren in Glasausführung“, *Funktechnik* 12 (1948): S. 292.

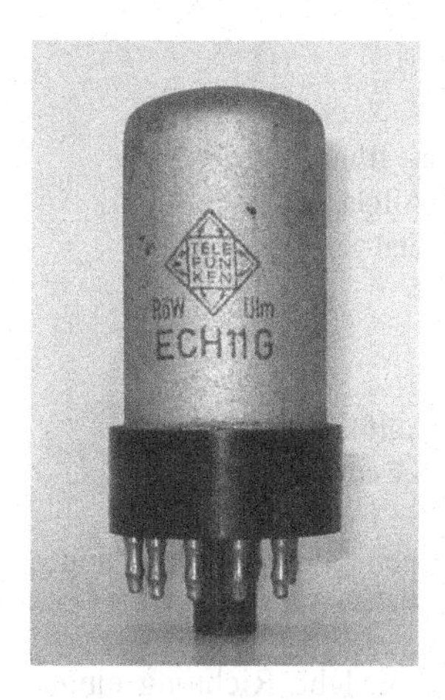

Abbildung 6:

Ulmer Allglas-Äquivalent zur Stahlröhre ECH 11, einer Verbundröhre (Oszillator-Triode und Misch-Hexode), Höhe 7,8 cm. Die Systeme der Ulmer Röhren sind im Gegensatz zu den Stahlröhren und den Erfurter Allglas-Äquivalenten in die Vertikale gebracht. Gründe und Auswirkungen sind umstritten. Das könnte ein Ausweichen vor den technologischen Schwierigkeiten des großflächigen Presstellers sein mit negativen Auswirkungen auf die mechanische Stabilität des Systems. Möglicherweise war aber auch eine (vorerst äußerliche) Annäherung an die amerikanischen Octal-Röhren (siehe Abb. 4) angestrebt.

8.4 Die Gnom-Röhren (1950–1953) – innovatives Konzept einer Miniaturröhre

Die Erfurter Allglas-Alternative zu den Stahlröhren entsprach dem Vorkriegsstand und übertraf diesen partiell, wenngleich aktueller Welthöchststand damit noch nicht erreicht worden war. International waren neben und aus den Octal-Röhren (ursprünglich Metallröhren, später Allglas-Röhren mit Metallhauben) über einige Zwischenschritte – z.B. Metall-Glas-Röhren von Sylvania, USA, („Loctal-Röhren“, siehe Abb. 7) und Allglas-Röhren von Mullard, GB,[24] und Philips, Niederlande, („Schlüsselröhren“[25]) – spezifische Miniatur-Röhren entstanden. Den US-amerikanischen Allglasröhren, zunächst mit sieben Stiften, später mit neun – diese wurden als „Noval-Röhren“ (siehe Abb. 8) standardprägend – standen die 8-poligen „Rimlock-Röhren“ (siehe Abb. 9) von Philips [26] als langjährige Konkurrenten gegenüber. An die Rimlock-Röhren hatte sich Tele-

24 F. C. Saic, „Allglas-Röhren“, *Radio Mentor* 8 (1939): S. 98 und 135.

25 Der Begriff bezieht sich auf einen Bart an der zentralen Metallhülse zur Abdeckung des sockelseitigen Pumpstutzens, welcher unverwechselbares Einsetzen in die Röhrenfassung sichert, vgl. Th. P. Tromp, „Technologische Fragen bei der Gestaltung von Radioröhren“, *Philips' Technische Rundschau* 6, Nr. 11 (1941): S. 321-328.

26 Der Name leitete sich von einer am äußeren Rand ("rim") angebrachten Nase her, welche trotz winkelgleicher Stiftanordnung auf dem Teilkreis verhindert, dass die Röhren falsch in die Fassung eingesetzt werden. Zu Rimlock-Röhren siehe G. Alma und F. Pranke, "A new series of small radio valves", *Philips Technical Review* 8, Nr. 10 (1946): S. 289-320.

Abbildung 7:

Universelle Pentode C 3 m (Siemens, frühe 1950er Jahre), eine sog. Poströhre in Allglas-Technologie mit Metallhaube und Loctal-Sockel, Höhe 6,7 cm.

Abbildung 8:

Hochfrequenzpentode EF 80, eine Novalröhre hier aus ungarischer Produktion, Höhe 6,7 cm.

funken vorübergehend, beginnend Mitte 1949, mit seinen „Piko-Röhren" angelehnt.[27]

Die Erfurter Röhrenentwickler standen vor der Frage, welche Richtung eingeschlagen werden sollte. Wie die Mess-Protokolle[28] belegen, orientierten sie sich hinsichtlich elektrischer Daten zunächst an den Rimlock-Röhren. Die Konstruktion basierte auf einem Pressteller mit acht Stiften; sie folgte dem Prinzip der Schlüsselröhren – Pumpstutzen, zentral im Pressteller angeordnet und mit einer mit Bart versehenen Metallabdeckung (siehe Abb. 10). Walter Heinze stellte davon im Januar 1951 zehn Typen vor.[29] Seine Forschergruppe blieb jedoch

Abbildung 9:

Rimlock-Röhre vom Typ EL 41 der deutschen Philips-Tochter Valvo, Höhe 6 cm. Diese Röhre ist eine Niederfrequenz-Pentode mit bis zu 4 Watt Ausgangsleistung. Das war der damalige Leistungsstandard für Empfänger der gehobenen Mittelklasse.

---

27 Pressglassockel und Glaslottechnologie entsprachen den Rimlock-Röhren; Typenspektrum und Kolben-Abmessungen waren geringfügig abweichend, vgl. Horst Rothe, „Die Röhrenentwicklung bei Telefunken seit Beendigung der Kampfhandlungen (1945)", *Telefunkenzeitung* 23, Nr. 87/88 (1950): S. 93-96.

28 ThHStA, Nr. 686, Bl. 11 ff.

29 Walter Heinze, Zusammenfassender Bericht über die Röhren der Gnomserie v. 9. Jan. 1951, ThHStA, Nr. 686, Bl. 81 ff.; und Walter Heinze, „Die neuen Empfängerröhren der RFT", *Elektrotechnik* 5, Nr. 1 (1951): S. 35-37. RFT (Radio- und Fernmeldetechnik) steht für den gleichnamigen Dachverband schwachstromtechnischer Betriebe mit Sitz in Leipzig. Zur damaligen Würdigung der Erfurter Entwicklungen in der BRD vgl. N. N.: „Verbesserte Qualität in Leipzig (red. Messebericht)," *Funktechnik*, Nr. 7 (1951): S. 174-180.

Abbildung 10:

8-stiftige Gnomröhre, hier EBF 171, eine Verbundröhre mit zwei Dioden- und einem Pentodensystem, letzteres „regelbar" und HF-tauglich, Erfurt 1951, Höhe 5,8 cm. „Regelbar" heißen Röhren, deren Steilheit – als ein Maß für die Verstärkerwirkung – über die Gitter-Vorspannung gleichmäßig veränderbar ist und insofern unterschiedlichen Signalstärken gut und selbsttätig angepasst werden kann. (Foto mit frdl. Erlaubnis des Thüringischen Museums für Elektrotechnik Erfurt.)

nicht dabei stehen, sondern präsentierte bereits zu Beginn des Jahres 1952 ein erweitertes Konzept, das als Reaktion auf den Druck gesehen werden muss, der sich durch den Ausbau von UKW-Rundfunk und Fernsehen ergeben hatte.[30] Das neue Konzept sollte es ermöglichen, komplexere Systeme bei gleichzeitig höheren Frequenzen zu realisieren. Kern des Konzepts war ein 11-poliger Sockel mit einem maximal zur Peripherie gelagerten Teilkreis der Stifte (17 mm im Vergleich zu 11,5 mm bei den Rimlock-Röhren und 12 mm bei den Noval-Röhren) (siehe Abb. 11). Trotz der hohen Stiftzahl waren die Abstände zwischen den Stiften vergleichsweise groß und damit die Abschirm- und parasitären Koppel-Kapazitäten entsprechend gering. Durch ggf. mehrere auf einen Systemanschluss geführte Stifte konnten die Zuleitungsinduktivitäten reduziert werden. Die Möglichkeit, das Röhrensystem an bis zu elf relativ weit auseinander liegenden Stiften zu fixieren, gewährleistete hohe mechanische Stabilität und damit geringe mechanische Störmodulation (= hohe „Klingfestigkeit"). Allerdings bereiteten die weit zum Rand verlegten Kontaktstifte temperaturbedingt erhebliche technologische Probleme. Diesen wurde begegnet, indem Pressteller und Kolben nicht

30 N. N., „Ein neuer Gnom-Röhren-Sockel," *Deutsche Funktechnik* 1, Nr. 1 (Juli) (1952): S. 11. Vom Kalten Krieg induzierte Spannungslinien kamen auch in Zeitschriftennamen zum Ausdruck: Im Sommer 1952 brachte der Leipziger Fachbuchverlag die *Deutsche Funktechnik* als Pendant zu der in Westberlin erscheinenden und auch in der DDR regulär erwerbbaren *Funktechnik* heraus. Ähnlich benannte der VEB Verlag Technik die Zeitschrift *Elektrotechnik* in *Deutsche Elektrotechnik* um; noch in den 1950er Jahren wurden diese Namen wieder aufgegeben. Die *Deutsche Funktechnik*, seit 1954 vom Verlag *Die Wirtschaft* betreut, hieß ab 1955 *rfe* (Zeitschrift für Rundfunk, Fernsehen, Elektroakustik u. Elektronik); die *Deutsche Elektrotechnik* wurde 1959 als *Elektrie* weitergeführt.

Abbildung 11:

Gnomröhre mit 11-stiftigem Pressglassockel, Erfurt 1952. Die gezeigte EF 175 ist eine regelbare Hochfrequenz-Pentode, Höhe 5,8 cm

verschmolzen, sondern mit einem niedrig schmelzenden Glaslot verbunden wurden. Noch im Jahre 1952 konnten davon ebenfalls zehn Typen[31] produziert und bevorzugt für neu entwickelte Geräte bereitgestellt werden.[32] Auf der Leipziger Frühjahrsmesse 1952 wurden erste Rundfunkempfänger, deren Schaltungstechnik auf die neuen Röhren ausgerichtet worden war, präsentiert, darunter als Spitzenmodell ein AM/FM-Empfänger mit acht Kreisen vom VEB Stern-Radio Rochlitz.[33]

31 De facto verdoppelte sich die Typenzahl, da fast jedes System für 6,3 Volt Heizspannung (E-Röhren) oder für 100 mA Heizstrom (U-Röhren) ausgelegt werden musste. Bei den letztgenannten Typen wurden die Heizfäden aller Röhren eines Gerätes in Reihe geschaltet und über einen Vorwiderstand aus dem Netz gespeist – mit nicht unproblematischer Spannungsdifferenz zwischen Kathode und Kathodenheizung. Damit wurde veralteten Gleichstromnetzen Rechnung getragen („Allstrom-Empfänger"); bei Wechselstromnetzen konnte der kupfer- und weicheisenintensive Netztransformator umgangen werden – ein in damaliger Zeit ebenfalls nicht unwichtiger Gesichtspunkt.

32 Vgl. Gesamt-Prospekt der „VEB-Röhrenwerke in der DDR" vom Spätherbst 1952, in dem die Röhrenwerke Erfurt, Neuhaus und Mühlhausen genannt wurden. Das Letztere war aus einer Produktionsstätte der Fa. Lorenz hervorgegangen. Das Oberspreewerk, dessen Octal-Röhren auch in DDR-Geräte eingingen (H. Lange und H. Nowisch, *Empfängerschaltungen der Radio-Industrie* (9 Bände), Leipzig [2]1953), wurde diesem Kreis nicht zugerechnet und von diesem auch nicht vertreten, obwohl es zu diesem Zeitpunkt nicht mehr unter sowjetischer Leitung stand.

33 N. N., „Leipziger Messe 1952", *Deutsche Funktechnik* 1, Nr. 4 (Oktober) (1952): S. 98-128, dort S. 102. Das Niveau in Rochlitz war vom ehemaligen Chef-Ingenieur Hans Frühauf (1904-1991) geprägt worden, der 1949 in der Zentrale der VVB RFT in Leipzig tätig war und 1950 in der Nachfolge von Barkhausen den Lehrstuhl und das Direktorat des Instituts für Hochfrequenztechnik und Elektronenröhren an der TH Dresden übernahm. Frühauf übte auch im Funkwerk Erfurt 1950/51 eine beratende Funktion für die Entwicklungsabteilungen aus, ThHStA, Nr. 48, Wiederaufnahme und Organisation der Produktion, der Forschung und Verwaltung in der Übergangszeit vom Telefunken-Konzern zum Zweigbetrieb VEB Funkwerk Erfurt, 1945–1951, und Nr. 51.

8.5 Walter Heinzes Position

Nach einem Organisationsplan vom 19. Mai 1947 fungierte Walter Heinze als Betriebsleiter des Telefunken-Röhrenwerkes in Erfurt, das zunächst von sowjetischer Seite im August 1945 als beschlagnahmt erklärt worden war, aber dann doch ab Oktober 1945 mit Hochdruck weiterarbeiten musste, um die angestrebten Produktionsziele zu erreichen (siehe oben). Die sowjetische Besatzungsmacht gab die Wirtschaftslenkung der Erfurter Firmen im Oktober 1945 in die Hand der Handelskammer der Thüringischen Landesregierung und übte seitdem über ihre Erfurter Stadtkommandantur nur noch eine Kontrolltätigkeit aus, wobei Heinze das Röhrenprogramm mit russischen Offizieren abstimmte.[34]

In der nachfolgenden Zeit wurde die Struktur des Erfurter Funkwerkes häufig geändert[35], für Heinze mit ambivalenten Konsequenzen. Einerseits erreichte er mit der 1949 gegründeten und dem Werkleiter (Grobe) direkt unterstellten Entwicklungsabteilung – später verbal aufgewertet als „Zentrallaboratorium für Empfängerröhren, ZLE“ – eine gewisse Selbständigkeit und Handlungsfreiheit in wissenschaftlich-technischer Hinsicht. Die Entwicklung der Gnom-Röhren ist als eine Konsequenz aus dieser Situation zu sehen. Andererseits verlor er seine starke Position als zwischenzeitlicher Technischer Leiter im Gesamtbetrieb (ab 1948).

Am 7. Oktober 1951 wurden Walter Heinze und seine engsten Mitarbeiter Rolf Rigo (verantwortlich für *Typ-Entwicklung und Nullserienfertigung*) und Georg North (Leiter der *Versuchsstelle Chemie*) mit dem Nationalpreis der DDR geehrt; vorgeschlagen von der Landesregierung Thüringen „auf Wunsch der Belegschaft“, wie die Gewerkschaftszeitung *Tribüne* am gleichen Tage berichtete (siehe Abb. 12). Die Auszeichnung wurde (indirekt) damit begründet, dass die Stahlröhren auf Allglastechnologie umgestellt und ein Glaslötverfahren entwickelt worden war. Letzteres war, wie beschrieben, eine Voraussetzung für die Schaffung der Gnom-Röhren.

Trotz der Ehrung mit dem Nationalpreis und seiner Verdienste um den Aufbau des Werkes insgesamt, war Walter Heinze unter seinen Kollegen im Funkwerk

34 Aktennotiz 4.2.1946, betr. Röhrenprogramm, ThHStA, Nr. 51.

35 Strukturpläne mit Erläuterungen und dazugehörigen Schreiben, 1946–1953, Funkwerk Erfurt, ThHStA, Nr. 51.

Zur Auszeichnung für den diesjährigen Nationalpreis hat die Landesregierung Thüringen auf Wunsch der Belegschaft des volkseigenen Funkwerkes Erfurt ein Techniker-Kollektiv dieses Spezialbetriebes der Deutschen Demokratischen Republik vorgeschlagen. Das Kollektiv, das unter der Leitung von Dr. Walter Heinze steht, hat mit der Schaffung von Glasröhren die Produktion elektronischer Geräte aus eigener Fertigung ermöglicht, bei der Entwicklung einer weiteren Spezialröhre wertvolle Buntmetalle eingespart und ein eigenes Glaslötverfahren entwickelt. Unser Bild zeigt Dr. Heinze (Mitte) bei der Beratung mit den Kollegen Georg North und Rolf Rigo vom Funkwerk-Kollektiv.

Abbildung 12: Ausschnitt aus der Zeitung *Tribüne*, Nr. 41 vom 7.10.1951. Quelle: Archiv der TU Ilmenau, Personalakte 984 (Walter Heinze), Bl: 33.

Erfurt nicht unumstritten. Wenn ihm sein Betriebsdirektor (Knobelsdorff[36]) auch regelmäßig praktische und theoretische Eignung als Forscher, Ideenreichtum, Auffassungsgabe, Urteilsvermögen, Redegewandtheit, Verhandlungsgeschick und Einsatzbereitschaft bescheinigte, so wurde doch bemängelt, dass er „sprunghaft, manchmal nicht gründlich genug“ sei und „zur Erreichung seiner Ziele nicht immer übliche und gerade Wege“ ginge.[37] Heinze war sich seines Wertes bewusst und agierte offensichtlich manchmal etwas selbstherrlich.[38] Bereits Iris

36 Knobelsdorff setzte sich 1953 in die Bundesrepublik Deutschland ab.

37 Vertrauliche Personalbeurteilungen v. 31.12.1949, 18.2.1951, 10.4.1951 und 21.2.1952, unterzeichnet von Knobelsdorff) und vom Vertreter der Betriebsgewerkschaftsleitung (Schmidt), Archiv der TU Ilmenau, Personalakte 984 (W. Heinze), Bl. 22, 25, 29f.

38 Als Heinze am 24.9.1954 sein Gesuch um Habilitation an der Friedrich-Schiller-Universität in Jena einreichte, schrieb er u.a.: „Diese ganze Entwicklung hat es mit sich gebracht, daß ich heute einer der wenigen Physiker bin, die die Entwicklung der Elektronenröhren seit ihrer Einführung für Rundfunkzwecke aktiv mitgemacht haben und über entsprechend große praktische Erfahrungen auf diesem Gebiet verfügen.“ Habilitationsakte Heinze, Universitätsarchiv Jena, Mathematisch-Naturwissenschaftliche Fakultät, Habilitationen, 1945–1956, Bestand N, 51/3, Bl. 197.

Runge (1888–1966) hatte ihn als „gent" beurteilt, als sie zum 1. März 1923 seine unmittelbare Arbeitskollegin im Osram-Versuchslaboratorium geworden war.[39] Wie Heinzes Personalakte über eine Zusammenkunft von 25. Januar 1952 zum Thema „Schlechte kollektive Zusammenarbeit im Zentrallaboratorium für Empfängerröhren" dokumentiert,[40] galt er als „zu optimistisch" beim Formulieren zu erreichender Ziele, hatte er Vertrauen unter den Mitarbeitern verloren, die z.T. wegen zu erwartender Repressalien Angst vor ihm ausdrückten. Sie kritisierten eine Art von „Vorzimmerabfertigung", den Einsatz des Nicht-Wissenschaftlers Wittig als Heinzes Stellvertreter für Planung und Fertigungsüberleitung, das Beschönigen von Berichten und den Einzug einer so genannten „Telefunken-Atmosphäre", welche „jede schöpferische und operative Arbeit untergraben" würde (Rigo).

In Bezug auf die Gnom-Serie urteilten die Kollegen, dass „viel zu spät die Erkenntnisse der Fertigung berücksichtigt" worden seien, „insbesondere die Umstellung von 8 auf 10polige Sockel (sic!)" sei zu spät erfolgt. Andererseits musste sich Heinze gegen öffentlich erhobene Vorwürfe aus den eigenen Produktionsabteilungen wehren, er würde immer neue Röhren überleiten, wo doch die Fertigung der alten Röhren schon genügend Probleme bereite.[41] Weiter wurde kritisiert, dass „die Vorschläge der Typenentwicklung von Koll. Rigo, usw. nicht berücksichtigt werden" und weitere Fehlentwicklungen erfolgt seien, sodass insgesamt besonders die kreativen Forscher verärgert waren, die unzureichend organisierten Austausch im Kollektiv bemängelten. Jüngere Forscher fühlten sich nicht hinreichend angeleitet und hätten gekündigt (Opitz). In der Niederschrift über die erwähnte Zusammenkunft wird Heinzes Reaktion wie folgt festgehalten:

> Koll. Dr. Heinze führt aus, daß nur Koll. Opitz persönliche Argumente vorgebracht habe und daß weiter der technische Direktor des Werkes bis vor 2 Monaten eindeutig keine Kritik an der bisherigen Entwicklung der Gnomserie geübt habe. Selbst die höchsten Stellen des Ministeriums und der Wirtschaft haben sich nicht gegen die ursprüngliche Entwicklung ausgesprochen, sondern seinem Ideengang zugestimmt.[42]

Heinze stellte aufgrund dieser Zusammenkunft schließlich den Antrag, dass eine übergeordnete Kommission die Arbeit seines Zentrallaboratoriums überprüfen

39 Renate Tobies, *„Morgen möchte ich wieder 100 herrliche Sachen ausrechnen". Iris Runge bei Osram und Telefunken*. Stuttgart 2010, S. 137.
40 Hier und im Folgenden: Archiv der TU Ilmenau, Personalakte 984 (W. Heinze), Bl. 50–51.
41 Protokoll einer überbetrieblichen Fachkommissionssitzung v. 22.1.1951, in: ThHStA, Nr. 594.
42 Archiv der TU Ilmenau, Personalakte 984 (W. Heinze), Bl. 51.

möge[43] und kündigte im Juni 1952 seinen seit 1. Februar 1951 bestehenden Einzelvertrag als Leiter des Zentrallaboratoriums für Empfängerröhren (2.000.- Mark Monatsgehalt) zum Jahresende:

> Ich halte es für erforderlich, eine Reihe von Fragen, in Bezug auf das mit dem Betrieb eingegangene Arbeitsverhältnis zu klären, die bei Abschluss meines Einzelvertrages nicht übersehen werden konnten. Um dabei beiden Teilen die notwendige Freiheit in ihren Entschlüssen zu lassen, kündige ich hiermit vorsorglich den mit mir abgeschlossenen Einzelvertrag zum 31.12.52 als dem nächstzulässigen Termin.[44]

Diese Kündigung nahm Heinze zwar am 29.12.1952 aufgrund erhaltener Zugeständnisse zurück, aber er sah jetzt kaum noch Chancen für innovative Industrieforschung und orientierte sich auf eine Hochschulkarriere.[45]

Es sei angemerkt, dass die Zitate mit Vorsicht zu werten sind. In jener Zeit hatte sich, getragen von einer zentralen These der staatstragenden Partei SED („Kritik und Selbstkritik – ein Entwicklungsgesetz unserer Partei!“), eine aufgesetzte, ideologisierte und oft unehrliche Streitkultur etabliert.

8.6 Vom Ende einer viel versprechenden Innovation

Noch am 4. Dezember 1952 war im Ministerium für Maschinenbau notiert worden: „Auf die Frage der Gnomröhren vertritt Herr Stolle den Standpunkt, dass das MfM für seine gerätebauenden Werke nach wie vor die Gnomröhre fordert. Von entscheidender Bedeutung hierbei ist auch die Preisfrage.“[46] Mit dem wissenschaftlich-technischen Erfolg war eine heftige Diskussion um die Sinnfälligkeit dieser eigenständigen Entwicklung einhergegangen. Die Erfurter Wissenschaftler und Ingenieure hatten zwar massiv die Vorzüge ihrer Kreationen betont,[47] aber Anfang 1953 wurde schließlich doch angewiesen, die Produktion der Gnom-Serie einzustellen. Zeitzeugen benannten unterschiedliche wirtschafts-

---

43 Schreiben des RFT Funkwerkes Erfurt an Staatliche Plankommission, Zentralamt für Forschung und Technik, Abt. Physik, v. 1.2.52, Archiv der TU Ilmenau, Personalakte 984 (W. Heinze), Bl. 48.

44 Ebd., Bl. 54, 76.

45 Nach einer Aktennotiz v. 4.12.1952, Ministerium für Maschinenbau, vertrat der technische Leiter Stolle den Standpunkt, dass man Heinze freistellen solle, um seiner Professur nicht im Wege zu stehen; Archiv der TU Ilmenau, Personalakte 984 (W. Heinze), Bl. 59.

46 Archiv der TU Ilmenau, Personalakte 984 (W. Heinze), Bl. 59.

47 ThHStA, Nr. 214, Abschlussbericht v. 22.10.1952; „Resümierender Aktenvermerk „Gnomröhrenserie“ des Erfurter Röhrenentwicklers Rolf Rigo v. 29.12.1952“ in: W. Scharschmidt, *Röhrenhistorie*, Bd. 2, *Firmenportraits*. Dessau 2010, S. 299.

leitende Organe als Emittent des Produktionsverbotes. Das Originaldokument konnte bisher nicht gefunden werden. Eine offizielle Stellungnahme, die vom Ministerium für Post- und Fernmeldewesen, Hauptverwaltung Funkwesen, in der Zeitschrift *Deutsche Funktechnik* [2, Nr. 3 (1953): S. 88] publiziert wurde, bediente sich der gleichen Argumente wie der unabhängige und in beiden Teilen Deutschlands publizierende Fachschriftsteller Fritz Kunze.[48] Kunze hatte auf die Inkompatibilität des 11-poligen Sockels mit international eingeführten Systemen und die technologischen Probleme des nach außen verlagerten Kontaktstiftteilkreises verwiesen. Letzteres war allerdings ungewöhnlich. Bisher hatte Kunze als Herausgeber von Röhrendaten-Sammlungen nur physikalische Eigenschaften von Röhren und die daraus für den Anwender folgenden Konsequenzen im Auge gehabt; er hatte sich nicht um interne technologische Probleme der Hersteller gesorgt. Kunzes ablehnende Stellungnahme gegenüber der Gnom-Serie kann nur mit seiner Nähe zu den bis April 1952 unter sowjetischer Leitung stehenden Röhrentechnikern in Oberschöneweide erklärt werden. Diese hatten die amerikanischen Octal-Röhren nachentwickelt, in die Fertigung überführt und nun einen natürlichen Nachfahren dieser Röhren herausgebracht, eine 7-polige Miniaturröhre, und zwar zeitgleich mit den neuen Gnom-Röhren.[49] Damit war der Weg zu den 9-poligen Miniaturröhren, den Noval-Röhren, vorgezeichnet.[50] Angesichts dieser Konstellation erzielte Heinzes Antwort auf Kunzes Artikel – als offizielle Stellungnahme des Erfurter Werkes noch einen Monat vor der oben genannten ministeriellen Erklärung verfasst –,[51] ungeachtet einer physikalisch überzeugenden Argumentation, keine Wirkung.

Die gesichteten Akten enthalten keinerlei Hinweis darauf, dass wirtschaftsleitende Organe der DDR Diskussionen über künftige Wege der Röhren-Entwicklung zwischen den mit Forschungskompetenz ausgestatteten Ost-Werken in Oberschöneweide und Erfurt initiierten. Der langjährige sowjetische Schirm verhalf dem Röhrenwerk in Oberschöneweide offensichtlich zu einer starken Eigenständigkeit und bevorzugten Position. Den Erfurter Forschern war – nun auch im Zuge des voll entbrannten kalten Krieges und der damit einhergehenden

48 Fritz Kunze, „Kritisches zum neuen Gnomröhrensockel", *Deutsche Funktechnik* 1, Nr. 3 (1952): S. 88.

49 N. N., „Leipziger Messe 1952", *Deutsche Funktechnik* 1, Nr. 4 (Oktober) (1952): S. 98-128, dort S. 119 und 121.

50 Z.B. F. Kunze, „Röhreninformation – ECH 81", *Deutsche Funktechnik* 3, Nr. 4 (1953): S. 119. Die dort beschriebene Noval-Röhre des nunmehrigen VEB Werk für Fernmeldewesen HF, Oberschöneweide, ist das Äquivalent zur amerikanischen Verbundröhre (Triode / Heptode) 6 AJ 7.

51 In: *Deutsche Funktechnik* 2, Nr. 2 (1953): S. 56.

(Selbst-) Isolation der DDR – jede Chance genommen, ihre Innovation international einzuführen. Insofern war das Scheitern des Gnom-Röhren-Konzepts zwangsläufig. Es konnten jedoch einige wesentliche Systemelemente dieses Konzepts vorteilhaft in die nunmehr auch in Erfurt aufgegriffene Noval-Röhren-Entwicklung eingebracht werden.[52]

8.7 Kooperationen zwischen Ost und West und Wege ehemaliger Telefunkenforscher

Nachdem die ostdeutschen Telefunken-Werke enteignet worden waren,[53] brach die Zusammenarbeit der Werke über die Zonengrenzen hinweg weitgehend ab. Sie beschränkte sich auf gemeinsame Arbeit in Gremien und Ausschüssen. Dabei arbeiteten ehemalige Telefunken-Forscher, aber auch Vertreter anderer Röhrenhersteller, vor allem in einem Gesamtdeutschen Fachnormenausschuss, dem FNE 336 Röhren, zusammen. Heinzes Mitwirkung ist von 1953 bis 1963 belegt.[54]

Zu Beginn des Jahres 1956 konnte Walter Heinze sein Habilitationsverfahren an der Friedrich-Schiller Universität in Jena für das Gebiet Experimentelle Physik abschließen. Aus seinem Antrag geht hervor, dass er sich wissenschaftlich vor allem mit Untersuchungen des Emissionsmechanismus von Oxydkatoden und damit zusammenhängenden Fragen befasst und auf diesem Gebiet auch schon bei Osram und Telefunken mehrere Forscher zu Dissertationen angeregt hatte.[55] Daneben hatte er seit Juli 1955 kommissarisch als Hauptkonstrukteur der Hauptverwaltung Radio- und Fernmeldetechnik im Ministerium für Allgemeinen Maschinenbau in Berlin gearbeitet, eine Position, die er zum 1. März 1956 hauptamtlich übernahm. Auch wenn sich in Heinzes Akte Notizen finden wie „Tritt gesellschaftlich nicht in Erscheinung und wirkt in gesellschaftl. Hinsicht nicht mit“ und „In seiner Art wirkt er manchmal überheblich“[56], so wollte das Ministerium doch auf dessen fachliche Kompetenz nicht verzichten. Heinze wurde am

52 Mehrere messtechnisch belegte Beispiele hierzu finden sich in ThHStA, Nr. 213.

53 Die Werke in Erfurt und Neuhaus wurden ab Dezember 1946 als SAG (Sowjetische Aktiengesellschaft) geführt und im Februar 1947 in Landeseigentum (Land Thüringen) überführt. Ab 1949 hatten die Betriebe den Status eines VEB (Volkseigener Betrieb).

54 Personalakte 984 (W. Heinze), Archiv der TU Ilmenau.

55 Habilitationsakte Heinze, Universitätsarchiv Jena, Mathematisch-Naturwissenschaftliche Fakultät, Habilitationen, 1945–1956, Bestand N, 51/3, Bl. 196–210.

56 Notiz des Kaderleiters Köhler v. 15.08.1956, Personalakte 984 (W. Heinze), Archiv der TU Ilmenau, Bl. 88.

1. November 1957 Professor mit Lehrauftrag für das Fachgebiet Vakuumtechnik der Elektronenröhren an der Fakultät für Feinmechanik und Optik der Hochschule für Elektrotechnik in Ilmenau, am 1. April 1958 Direktor des Instituts für Elektrotechnik und im Januar 1960 Professor mit vollem Lehrauftrag für das Gebiet Elektronik an der Fakultät für Schwachstromtechnik. Nachdem er nebenher als Technischer Leiter (ab 1.2.1960) bzw. Wissenschaftlicher Berater (ab 17.7.1961) des Halbleiterwerks Frankfurt (Oder) fungiert hatte, wurde er in Ilmenau am 17.4.1962 einstimmig zum Rektor gewählt und erhielt zum 1.9.1963 den höchsten Status eines Professors: eine Professur mit Lehrstuhl für das Fach Elektronik. Daneben gehörte er zahlreichen Gremien und Ausschüssen an und wurde mit staatlichen Ehrungen überhäuft.

So wie Heinze in Ilmenau Professor für Elektronik (Vakuumröhren und Halbleiter als Schwerpunkte) wurde, waren es im Westteil Deutschlands ebenfalls ehemalige Telefunken-Forscher, welche – die Industrieforschung verlassend –, Professuren für Elektronik an Technischen Hochschulen kreierten. So initiierte Horst Rothe, der am 1. April 1956 eine o. Professur für Elektrische Nachrichtentechnik an der TH Karlsruhe angenommen hatte, dort 1958 ein Institut und eine a.o. Professur für Hochfrequenztechnik und Elektronik, die Helmut Friedburg (*1913) übernahm, 1964 zur ordentlichen Professur erweitert. Werner Kleen wurde 1956 Honorarprofessor an der TH München. Es gibt weitere Beispiele dafür, die dies als typisches Karrieremuster ehemals leitender Industrieforscher erkennen lassen. Sie gaben ihr Wissen im Rahmen von Professuren weiter, in der Regel weiter eng an Unternehmensprojekte geknüpft, dies im Osten wie im Westen. Damit einher ging ein international erkennbarer Bedeutungsverlust von Industrieforschung.

8.8 Schlussbemerkungen

Die hier geschilderten Situationen waren, ungeachtet ihres rationalen physikalischen Kerns, weitgehend geprägt von den Unwägbarkeiten und Zwängen der Kriegs- und unmittelbaren Nachkriegszeit und den Spannungen des heraufziehenden kalten Krieges. Das aus heutiger Sicht zwangsläufige Scheitern des Gnom-Röhren-Konzeptes berechtigt nicht zu dem Urteil, dass das damalige Herangehen der Erfurter Röhrenentwickler a priori unsinnig gewesen sei. Auch die auf der anderen Seite agierenden Konkurrenten liefen wegen ebenso zeitbestimmter Umstände in Sackgassen: Telefunken reaktivierte die Produktion und Weiterentwicklung der Stahlröhren in Westberlin und betrieb gleichzeitig deren

Ablösung durch eine Allglas-Variante in Ulm. Nachdem das letztgenannte Vorhaben zugunsten der Stahlröhren abgebrochen und – wenig später – die Stahlröhren als nicht mehr zukunftsfähig gesehen werden mussten, wurden dort ebenfalls nicht breit und dauerhaft durchsetzbare Miniaturröhren, die Piko-Röhren, herausgebracht, bevor man sich den Novalröhren zuwandte.[57] Vergleichbare Elemente dieser Konstellationen wiederholten sich etwa fünfzehn Jahre später, als es um die Frage nach einer zukunftsfähigen Technologie der integrierten Festkörperschaltkreise ging.[58] Insofern ist die hier dargestellte physikhistorische Episode auch ein Lehrstück über die Ambivalenz von sehr spezifischen Umständen und Einflüssen einerseits und allgemeingültigen Entwicklungsgesetzen andererseits.

8.9 Danksagung

Es bereitete einige Mühe, gesicherte Aussagen zum hier verfolgten Thema aus eigener Erinnerung und mündlich weitergereichten Zeitzeugenberichten, aus publizistischen Äußerungen und bruchstückhaftem Archivmaterial herauszufiltern. Für die dabei erfahrene Unterstützung danken wir dem Archiv des Deutschen Technikmuseums Berlin (Herr Schmalfuß), dem Thüringischen Hauptstaatsarchiv Weimar (Frau Weiss), dem Thüringischen Staatsarchiv Meinigen / Außenstelle Suhl (Frau Hermann, Herr Holzwarth), den Archiven der TU Ilmenau (Frau Lindner) und der Friedrich-Schiller-Universität Jena (Herr PD Dr. Bauer, Frau Hartleb), dem Museum Geißlerhaus Neuhaus a. Rwg. (Frau Kastner, Herr Richter), dem Thüringischen Museum für Elektrotechnik Erfurt (Herr Lorenz) und auch den nicht genannten Helfern und Diskussionspartnern herzlich.

57 Die Piko-Serie lehnte sich eng an die Rimlock-Röhren an, behauptete aber ihre Eigenständigkeit. Zu frühen technische Angaben vgl. Karl Tetzner, „Telefunken-Piko-Serie“, *Funktechnik* Nr. 3 (1950): S. 72-75. Telefunken und Philips brachten 1951 Noval-Röhren gemeinsam auf den Markt, vgl. T. K.: „Röhren für Fernsehempfänger“, *Funktechnik* 17 (1951): S. 470-71.

58 Die Leistungsfähigen unter den Wettbewerbern boten gleichzeitig mehrere der damals gängigen Familien an: DTL (Dioden-Transistor-Logik), RTL (Widerstand-Transistor-Logik, TTL (Transistor-Transistor-Logik). Die Kürzel stehen für die Art der Verknüpfung der Bauelemente auf dem Schaltkreis und der Schaltkreise untereinander. Als standardprägend setzte sich die TTL-Technologie durch.

9 Matthias Falter und die frühe Halbleitertechnik in der DDR

Frank Dittmann

9.1 Einführung

Nach einer ganzen Reihe von Vorarbeiten weltweit[1] konnten im Dezember 1947 die amerikanischen Physiker Walter H. Brattain, John Bardeen und William Shockley in den Bell Laboratories den Transistoreffekt demonstrieren. Damit legten sie den Grundstein für die Mikroelektronik als Basistechnologie des Informationszeitalters. In den folgenden Jahren vollzog sich hier eine stürmische Entwicklung mit enormen Auswirkungen auf die Gesellschaft. Auch in der DDR reagierte man rasch. Bereits 1953 nahm ein Forschungsteam unter Leitung von Matthias Falter im Werk für Bauelemente der Nachrichtentechnik (WBN) in Teltow bei Berlin seine Arbeit auf.

Während die Bestrebungen der DDR, in den 1970er und 1980er Jahren im technologischen Wettlauf zwischen Ost und West in der Mikroelektronik mitzuhalten, gut untersucht sind,[2] ist über die Anstrengungen in der frühen Halbleitertechnik, die eng mit der Person von Matthias Falter verbunden sind, wenig bekannt.

9.2 Matthias Falter – ein Kurzbiografie

Matthias Falter wurde am 17.01.1908 als Sohn des Buchhalters Johann Falter in Aachen geboren.[3] Nach dem Abschluss des Realgymnasiums nahm er 1927 das

---

1 Zu den Arbeiten von Herbert F. Mataré und Heinrich Welker siehe: Kai Handel, *Anfänge der Entwicklung der Halbleiterforschung und -entwicklung*. Diss., RWTH Aachen 1999.

2 Vgl. u.a.: Kristie Macrakis, „Das Ringen um wissenschaftlich-technischen Höchststand: Spionage und Technologietransfer in der DDR“, in: Dieter Hoffmann und Kristie Macrakis (Hrsg.), *Naturwissenschaft und Technik in der DDR*. Berlin 1997, S. 59-88; Gerhard Barkleit, *Mikroelektronik in der DDR*. Dresden 2000; Reinhard Buthmann, *Hochtechnologien und Staatssicherheit*. Berlin 2000; Olaf Klenke, *Ist die DDR an der Globalisierung gescheitert?* Frankfurt 2001; Kristie Macrakis, *Seduced by secrets. Inside the Stasi's spy-tech world*. Cambridge 2008.

3 Bisher ist keine Biografie über Matthias Falter verfügbar. Die biografischen Angaben sind weit verstreut und zum Teil widersprüchlich. Der Autor verwendete: *Kürschners Deutscher Gelehrten-Kalender* 9 (1961); 10 (1966), 11 (1970); 12 (1976); *Wer ist wer?* 14. Ausgabe. Berlin 1965,

Studium der Physik, Mathematik und Chemie an den Universitäten Köln und Berlin auf, das er 1935 mit einer Promotion auf dem Gebiet Hochfrequenztechnik am Institut für Technische Physik in Köln bei Hans Rukop abschloss.[4] In diese Zeit fallen auch erste Kontakte mit der Festkörperphysik, die sein weiteres Leben prägen sollte. 1936 begann er seine Industrietätigkeit im Siemens-Zentrallabor in Berlin, das von Richard Feldtkeller[5] geleitet wurde. 1938 wechselte Falter in den Bauelementebereich und war bis zum Ende des 2. Weltkriegs bei der Hochohm GmbH (Hoges), die zur Draht- und Isolierfabrik Klasing gehörte, tätig – zum Schluss als technischer Leiter. 1945 war er Leiter der Abteilung Widerstände und Halbleiter im AEG-Kabelwerk Oberspree.

Nach dem 2. Weltkrieg arbeitete Matthias Falter von 1946 bis 1951 als Spezialist in der Sowjetunion auf dem Gebiet der Präzisionswiderstände.[6] Ein Angebot von Siemens schlug er aus und kehrte in die DDR zurück, um wieder das im Familienbesitz befindliche Haus in Schöneiche zu beziehen.[7] 1951 wurde er zum Technischen Direktor und Chefkonstrukteur im VEB Dralowid Teltow[8] berufen und hatte von 1952 bis 1959 die Leitung der F & E-Abteilung des daraus hervor-

---

Bd. 2, S. 67; *Biographisches Handbuch der SBZ/DDR* 1945-1990. München u. a. 1996/97, Bd. 1, S. 171; Dorit Petschel, *Die Professoren der TU Dresden. 1828-2003.* Köln 2003, S. 200; Würdigung in Fachzeitschriften: „Dr. Matthias Falter, Nationalpreisträger 1956“, *Nachrichtentechnik* 6 (1956): S. 568; Reinhold Paul, „Professor Dr. phil. Matthias Falter zum 65. Geburtstag“, *Nachrichtentechnik, Elektronik* 23 (1973): S. 116; Ein Eintrag zu Falter findet sich auch im DDR-Lexikon: *Meyers neues Lexikon in acht Bänden.* Leipzig 1961-1964, 3. Bd., S. 128. Sehr herzlich danke ich den Söhnen Bernd Falter, Cottbus (2006) und Gerd Falter (August 2011) für Ihre persönlichen Mitteilungen.

4 Matthias Falter, *Wellenlängen-, Dämpfungs- und Stromspannungsmessung am Paralleldrahtsystem geringer Eigendämpfung bei ultrakurzen Wellen.* Diss. Univers. Köln 1935. Zu Rukop vgl.: *NDB* 22 (2005): S. 243.

5 Siehe: Ernst Feldtkeller und Herbert Goetzeler (Hrsg.), *Pioniere der Wissenschaft bei Siemens.* Erlangen 1994, S. 108-112.

6 Näheres zur Tätigkeit ist nicht bekannt. Zum Überblick: Ulrich Albrecht u. a., *Die Spezialisten.* Berlin, 1992. Matthias Falter wird hier nicht erwähnt.

7 Persönliche Mitteilung von Gerd Falter, 20.08.2011. In der Familie, die Falter – wie damals bei Spezialisten üblich – in die Sowjetunion begleitet hatte, wurden der Tag der Abreise (31. Oktober 1946) und der Ankunftstermin in der DDR (3. Januar 1951) als einschneidende Lebensdaten tradiert.

8 Hermann Wandschneider, *Betriebsgeschichte des VEB Werk für Bauelemente der Nachrichtentechnik „Carl von Ossietzky“ Teltow.* Teil 1. Teltow 1968 sowie W. Becker, „Von der Porzellanfabrik Teltow zum Betrieb Elektronische Bauelemente“, in: *Elektrizität bedeutet Zukunft.* Berlin u. a. 2004, S. 133-140.

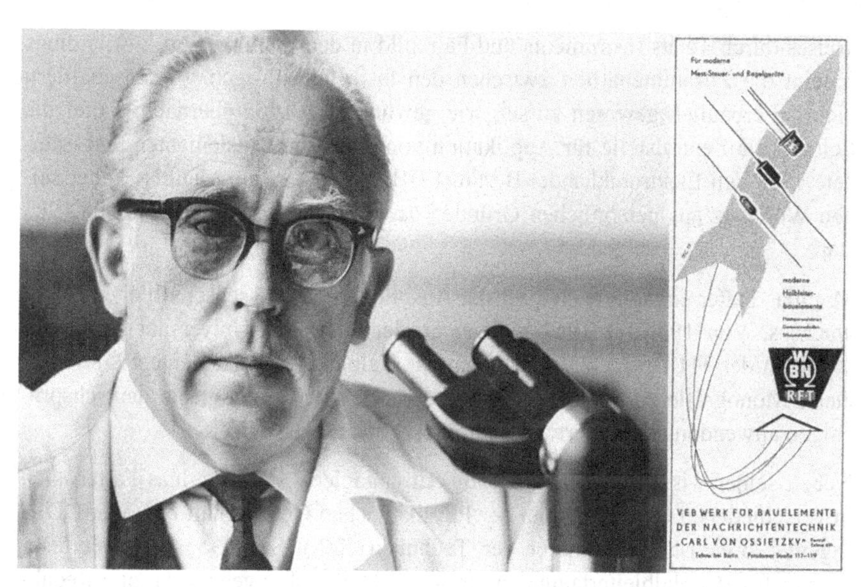

Abbildung 1: Links: Der DDR-Halbleiterpionier Matthias Falter (1908-1985). Rechts: Werbeanzeige des Werks für Bauelemente der Nachrichtentechnik (WBN), Teltow. Aus: Wissenschaft und Fortschritt, Sonderheft Weltraumflug 1956, S. 47. Fotos: Deutsches Museum.

gegangenen VEB Werk für Bauelemente der Nachrichtentechnik „Carl von Ossietzky" Teltow inne.[9]

Hier begann 1953 der inzwischen 45-jährige Falter mit der Entwicklung von Halbleiterbauelementen und übernahm ein Jahr später die Entwicklungsleitung für die gesamte DDR. Von 1959 bis 1964 war Falter Direktor des Instituts für Halbleitertechnik Teltow (IHT) und damit zuständig für Entwicklung und Überleitung von Halbleiterbauelementen in die Serienproduktion des VEB Halbleiterwerk Frankfurt/Oder (HFO). 1964 arbeitete er kurzzeitig an der Arbeitsstelle für Molekularelektronik Dresden. Mit dessen Gründung hatte Werner Hartmann[10] 1961 auf die Entwicklung des monolithisch integrierten Halbleiterschalt-

9 Zu den Hintergründen siehe Halbleiterbesprechung vom 01.11.1951 sowie Schreiben von den Prof. Hauffe, Möglich und Rompe an den Leiter des Zentralamts für Forschung und Technik Prof. Lange vom 08.11.1951, Bundesarchiv (im Folgenden BArch) DF 4 40701.

10 Hans W. Becker, „Prof. Werner Hartmann – Würdigung eines diskriminierten Wissenschaftlers", *radio fernsehen elektronik* 39 (1990): S. 648-650; Günter Dörfel, „Werner Hartmann. Industriephysiker, Hochschullehrer, Manager, Opfer", in: Dieter Hoffmann (Hrsg.), *Physik im Nach-*

kreises durch Texas Instruments und Fairchild in den USA reagiert.[11] Allerdings scheint die Zusammenarbeit zwischen den fast gleichaltrigen Wissenschaftlern nicht so erbaulich gewesen zu sei, wie gewünscht.[12] 1965 übernahm Falter die Leitung die Zentralstelle für Applikation von Halbleiterbauelementen und gründete 1968 den Elektronikhandel Berlin (EHB). 1971 verlegte Matthias Falter seinen Wohnsitz aus persönlichen Gründen nach Dresden,[13] wo er am 02.08.1985 starb.

Matthias Falter engagierte sich für die Ausbildung des wissenschaftlichen Nachwuchses. Von 1956 bis 1967 hielt er an der Humboldt-Universität zu Berlin, sowie an der TH Dresden Vorlesungen zur Halbleitertechnik. Seine 1958 publizierte Monografie zur Halbleitertechnik gehörte mit zu den ersten deutschsprachigen anwendungsorientierten Gesamtüberblicken.[14]

Neben seiner wissenschaftlichen Tätigkeit engagierte sich Matthias Falter auch in verschiedenen Gremien, so in der Physikalischen Gesellschaft bzw. der DDR-Ingenieurorganisation Kammer der Technik (KDT). Seit 1955 organisierte er regelmäßig die Halbleitertagungen der KDT. Viele Jahre gehörte er zum Redaktionsausschuss des Fachblattes *Nachrichtentechnik*. Für seine Verdienste um die frühe DDR-Halbleitertechnik erhielt er u. a. 1956 den Nationalpreis III. Klasse und 1959 den Vaterländischen Verdienstorden in Bronze sowie 1960 die Goldene Ehrennadel der Kammer der Technik.

---

kriegsdeutschland. Frankfurt/M. 2003, S. 221-230; Dolores L. Augustine, „Werner Hartmann und der Aufbau der Mikroelektronik in der DDR“, *Dresdener Beiträge zur Geschichte der Technikwissenschaften* 28 (2003): S. 3-32.

11 Michael Riordan, und Lillian Hoddeson, *Crystal Fire. The Birth of the Information Age*. New York, London 1997.

12 Persönliche Mitteilung von Gerd Falter, 20.08.2011.

13 Ebd.

14 Matthias Falter, *Dioden- und Transistortechnik*. Berlin 1958. Rezension in: *Nachrichtentechnik* 9 (1959): S. 95. Bereits 1954 hatte Strutt eine Vorlesung über Transistoren vom Wintersemester 1952/53 an der ETH Zürich herausgegeben: Maximilian J. O. Strutt, *Transistoren*. Zürich 1954. Deutlich praxisnäher war die Schrift von Rudolf Rost, Inhaber des Halbleiterunternehmens Dr.-Ing. Rudolf Rost, in Hannover-Herrenhausen: Rudolf Rost, *Kristalloden-Technik*. Berlin 1954. Ein Jahr später legte der Siemens-Mitarbeiter Joachim Dosse „eine leicht verständliche Einführung in die Technik des Transistor[s]“ vor: Joachim Dosse, *Der Transistor*. München 1955, Vorwort. Der Band von Werner Taeger enthielt, neben einem Überblick zur Transistortechnik, Daten der in Deutschland hergestellten Transistoren, so auch jene der pnp-Flächentransistoren OC 810 und OC 811 aus dem WBN in Teltow: Werner Taeger, *Transistoren-Taschenbuch*. Berlin 1957. 1959 schließlich legte der Dozent an der Berliner Gauss-Schule Josef Kammerloher einen Überblicksband für Praktiker vor, dem bis 1966 zwei weitere Teile folgten: Josef Kammerloher, *Transistoren*. 3 Teile. Füssen 1959-1966.

9.3 Die frühe Transistortechnik in der DDR

Die Ausgangsbedingungen für die Halbleitertechnik waren in der DDR nicht besonders günstig.[15] Zwar befanden sich ca. 62 % der Industrieproduktion des Bereiches Elektrotechnik – bezogen auf den Stand von 1936 – auf dem Gebiet der Sowjetischen Besatzungszone (SBZ) und späteren DDR, aber vieles war durch den Krieg zerstört. Hinzu kamen Verluste durch Demontage und nicht zuletzt betrachtete die Sowjetische Militäradministration in Deutschland (SMAD) Betriebe der Schwachstromtechnik nicht als unmittelbar wichtige Industrie. Auch der erste Fünfjahresplan der DDR (1951-1955) legte den Schwerpunkt für die Elektrotechnik eher auf Großmaschinen wie Generatoren, Transformatoren und Motoren fest. Traditionelle Halbleiterbauelemente wie Selen- und Kupferoxydul-Gleichrichter wurden im Gleichrichterwerk Großräschen und ab 1950 im VEB Elektrowärme Sörnewitz hergestellt. Im Vergleich dazu stellte die Produktion von Halbleiterdioden und -transistoren viel höhere Anforderungen an die Materialien. Dafür fehlte in der DDR eine entwickelte Grundstoffindustrie, die Reinstgermanium oder später Reinstsilizium zur Verfügung stellen konnte.

Da Anfang der 1950er Jahre Kenntnisse zur Festkörperphysik keineswegs selbstverständlich waren, trug Falter das Thema in die Fachwelt sowie die breitere Öffentlichkeit.[16] Defizite bestanden dagegen in technologischen Fragen. So wurden die 160 ausschließlich aus westlichen Ländern stammenden Teilnehmer des ersten Internationalen Transistor-Symposiums, das 1952 in den Bell-Laboratories stattfand und vor allem auf die Vergabe von Lizenzen zielte, zur strikten Geheimhaltung verpflichtet. Dafür erhielt jede Delegation einige Exemplare der raren Transistoren. Siemens & Halske entsandte – für eine Teilnehmergebühr von 25.000 US-Dollar – vier Fachleute: Prof. Günther, Karl Siebertz, Heinrich Welker und Paul Henninger.[17]

---

15 Dazu: Renate Schwärzel, „Die Entwicklung des Industriezweiges Bauelemente und Vakuumtechnik dargestellt anhand der Entwicklung der VVB Bauelemente und Vakuumtechnik in den Jahren 1958 bis 1978," *Jahrbuch für Wirtschaftsgeschichte*, Sonderband 1989, S. 157-182, hier S. 158-163.

16 Matthias Falter, „Transistoren, Neue Bauelemente für die Nachrichtentechnik," *Wissenschaft und Fortschritt* 4, Nr. 12 (1954): S. 8-11; ders. „Probleme der Transistortechnik," *Nachrichtentechnik* 5 (1955): S. 404-407; ders. „Besondere Probleme der Sperrschichthalbleiter," *Nachrichtentechnik* 7 (1957): S. 405-411.

17 „Transistor Symposium at Murray Hill", *Bell Laboratories Record* 29 (1951): S. 524-525; Jörg Berkner, „Transistor Nr. 9", *Scriptum, Historical Archive* (Dez. 2006). Über Prof. Günther ist nichts bekannt. Zu Siebertz siehe: Jörg Berkner, „Pioniere der Siemens-Halbleitergeschichte –

Wahrscheinlich konnte Falter nach Rückkehr aus der Sowjetunion seine Kontakte aus den 1930er Jahren wieder aufnehmen. So erinnert sich sein Sohn, dass der Vater mit dem Physiker Paul Henninger so manchen Nachmittag zusammensaß und physikalische bzw. technologische Probleme diskutierte.[18] Neben dem Verständnis der Halbleiterphysik mussten im Institut zugleich die notwendigen technologischen Ausrüstungen entwickelt werden. Die Halbleitertechnik war mit keiner klassischen Technologie vergleichbar – vor allem bestanden extreme Forderungen bezüglich des störungsfreien Kristallgitters der Halbleiterwerkstoffe und der Reinheit aller benutzten Materialien und Geräte. Die Bereitstellung dieser Materialien musste das Institut selbst leisten, denn erst 1960 ging im neugegründeten VEB Spurenmetalle Freiberg eine Anlage zur Produktion hochreiner Halbleitermaterialien in Betrieb.[19] Zur Herstellung von Einkristallen nutzte man im Wesentlichen zwei Verfahren. Einerseits war es jenes nach dem polnischen Chemiker Jan Czochralski benannte Tiegelziehverfahren, bei dem ein Einkristall aus der Schmelze gezogen wird,[20] und andererseits das Zonenschmelzverfahren, das Eberhard Spenke[21] bei Siemens in Pretzfeld entwickelt und zur industriellen Reife geführt hatte. Beide Verfahren wurden – wie auch andere technologische Fragen – in Teltow intensiv bearbeitet.[22] Im Ergebnis konnte das

---

Karl Siebertz“, *Scriptum, Historic Archive* (Nov. 2007). Zu Welker siehe: Ernst Feldtkeller und Herbert Goetzeler (Hrsg.), *Pioniere der Wissenschaft bei Siemens.* Erlangen 1994, S. 176-181; Paul Henninger (geb. 29.06.1907) war seit 1950 in leitender Stellung in den Zentralen Entwicklungslaboratorien von Siemens & Halske tätig und wurde 1954 zum Prokuristen des Siemens-Wernerwerk für Bauelemente ernannt. Seit 1959 war er Beiratsmitglied der Forschungslaboratorien von Siemens & Halske und seit 1960 Abteilungsdirektor im Wernerwerk für Bauelemente. 1972 schließlich erhielt er den Auftrag, ein Zentrallaboratorium für den Unternehmensbereich Bauelemente bei Siemens aufzubauen. Ich danke Frank Wittendorfer, Siemens-Archiv, München, für seine Auskünfte.

18 Persönliche Mitteilung von Gerd Falter, 20.08.2011

19 Hein, „Halbleiterwerkstoffe aus eigener Produktion“, *Die Wirtschaft* Nr. 11 vom 17.03.1960, S. 3.

20 Jan Czochralski, „Ein neues Verfahren zur Messung der Kristallisationsgeschwindigkeit der Metalle“, *Zeitschrift für physikalische Chemie* 92 (1918): S. 219-221. Siehe auch: Jürgen Evers, u. a., „Czochralskis schöpferischer Fehlgriff: ein Meilenstein auf dem Weg in die Gigabit-Ära“, *Angewandte Chemie* 115 (2003): S. 5862–5877.

21 Siehe: Ernst Feldtkeller und Herbert Goetzeler (Hrsg.), *Pioniere der Wissenschaft bei Siemens.* Erlangen 1994, S. 147-153.

22 Matthias Falter, „Der Transistor, ein Bauelement der Halbleitertechnik, seine Physik und Technik“, in: *Neuere Erkenntnisse der Elektrotechnik.* Berlin 1954, S. 810-830, hier S. 817-820; ders., „Halbleiter als technische Bauelemente,“ *Wissenschaftliche Annalen* 5, Nr. 5 (1956): S. 334-351, hier S. 334-337. Die dort gezeigten Abbildungen aus dem Labor auch in: E. Schöne, „Über die Herstellung von Germaniumkristallen für Dioden- und Transistorzwecke,“ *Nachrichtentechnik* 5 (1955): S. 373-374. Zu weiteren technologischen Fragen siehe: Matthias Falter und

WBN auf der Leipziger Messe 1954 erste Transistoren präsentieren und gehörte damit zu den ersten Institutionen im geteilten Deutschland, denen dies gelang.[23] Gab es 1953 vier deutsche Transistorhersteller, waren es 1957 bereits acht Produzenten.[24]

9.4 Die industrielle Halbleiterfertigung in der DDR

Bald reagierten die Parteistrategen in der DDR auf die neue technische Entwicklung. Ab Mitte der 1950er Jahre war die Erkenntnis gereift, dass Elektronik und Rechentechnik insbesondere als Mittel zur Mechanisierung und Automatisierung der Produktion eine große Rolle spielen werden.[25] Die umfangreichen Forschungs- und Entwicklungsarbeiten und die lediglich labormäßige Produktion führten jedoch dazu, dass Produktionsmuster erst ab etwa 1958 verfügbar waren. Um den Rückstand aufzuholen, wurde die Transistor- und Diodenproduktion in einer ehemaligen Zigarettenfabrik in Stahnsdorf nahe Teltow erweitert. 1957 folgte der Beschluss zum Aufbau eines Halbleiterwerks in Frankfurt/Oder (HFO).[26] Wichtige Argumente für diesen Standort waren verfügbare Arbeitskräfte sowie die Reinheit der Luft in einer ländlichen Gegend ohne nennenswerte Industrie. Bis zur Produktionsaufnahme sollten aber noch drei Jahre vergehen. Unter Anleitung der Entwicklungsabteilung des WBN in Teltow richtete man zunächst eine labormäßige Produktion in einer Frankfurter Berufsschule ein. Aber

---

G. Raabe, „Über Silizium und Germanium-Einkristall-Dioden," *Nachrichtentechnik* 4 (1954): S. 125-129.

23 Mähr, „Demonstration eines Transistors auf der Leipziger Messe," *Nachrichtentechnik* 5 (1953): S. 20.

24 1953 waren dies: Intermetall, Düsseldorf; Dr. Ing. Rudolf Rost, Hannover; Süddeutsche Apparatefabrik, Nürnberg sowie Siemens & Halske, Erlangen. Siehe: C. Möller, „Deutsche Transistoren", *Funk-Technik* 8, Nr. 21 (1953): S. 668-669. Bis 1957 kamen hinzu: TeKaDe, Nürnberg; Telefunken, Ulm; Valvo, Hamburg und das WBN, Teltow. Siehe: Werner Taeger, *Transistoren-Taschenbuch*. Berlin 1957; Siehe auch: Kai Handel, *Anfänge der Entwicklung der Halbleiterforschung und -entwicklung*. Diss., RWTH Aachen 1999, S. 148-205.

25 Wolfgang Mühlfriedel, und Klaus Wießner, *Die Geschichte der Industrie der DDR*. Berlin 1989, S. 291.

26 J. Albrecht, „Die Entwicklung des Halbleiterwerkes Frankfurt (Oder)", *Die Technik* 18 (1963): S. 661-663; Willi Derksen und Horst Trippler, *Menschen, Maschinen, Mikroelektronik. Zur Geschichte des VEB Halbleiterwerk Frankfurt (Oder)*. 3 Teile. Frankfurt (Oder) 1978-1984; Horst Kugler, u. a., *Von der Germaniumdiode zum Gigahertz-Schaltkreis und Solarmodul. Frankfurt (Oder) – 50 Jahre Standort für Innovation und Halbleitertechnologie*. Festschrift 1958 - 2008, Frankfurt (Oder) 2008; Jörg Berkner, *Halbleiter aus Frankfurt. Die Geschichte des Halbleiterwerkes Frankfurt (Oder) und der DDR-Halbleiterindustrie*. Dessau 2005; auch: Peter Salomon, *Die Geschichte der Mikroelektronik-Halbleiterindustrie in der DDR*. Dessau 2003.

es gab enorme Probleme; die Ausbeute lag weit unter jener im Erprobungsstadium.[27] Sowjetische Spezialisten wurden um Hilfe gebeten.[28] Ende 1959 beschäftigte sich der Sektor Wissenschaft und Technik der Staatlichen Plankommission und im Januar 1960 auch das Sekretariat des ZK der SED mit der Situation.[29]

Matthias Falter war zweifellos in einer schwierigen Situation. Ein Schreiben vom Februar 1958 belegt seine Hoffnung, die technische Leitung des neuen Halbleiterwerks zu übernehmen. Wenige Monate später musste er jedoch diese Hoffnung begraben. In einem Schreiben vom 08.08.1958 bat Falter, ihn von der Verantwortung für das Frankfurter Werks zu entbinden, „da … beschlossen wurde, die Technische Leitung für das Halbleiterwerk sowieso neu zu besetzen…“ Ein „Entwurf“ vom 02.10.1958 zeigt deutliche Zeichen von Desillusionierung, dass in der DDR genügend Ressourcen mobilisierbar waren. Andererseits wurde 1959 sein Gehalt von 4.000 auf 6.000 M erhöht und mit seinem großen Engagement für die „Planerfüllung der Abteilung Forschung und Entwicklung Halbleiter“ begründet. Vielleicht sollte dies aber auch seinen Verzicht „versüßen“.[30]

1960 wurde die Entwicklungsabteilung des WBN als Institut für Halbleitertechnik Stahnsdorf (IHT) unter Matthias Falter ausgegliedert, um dort Grundlagenforschung zu betreiben. Diese Trennung zwischen Entwicklung im IHT und Produktion im HFO in Frankfurt erwies sich als ungünstig. Deshalb erhielten das IHT und das HFO 1964 eine gemeinsame Leitung, was die Situation aber nicht

27 E. Beirau, „Halbleiter – Schlüssel zum Erfolg“, *Die Wirtschaft* Nr. 3 vom 21.01.1960, S. 3.

28 12-seitiger Bericht vom 22.12.1959, BArch DF 4 40751.

29 Matthias Judt, *Der Innovationsprozeß. Automatisierte Informationsverarbeitung in der DDR von Anfang der fünfziger Jahre bis Anfang der siebziger Jahre*. Diss. Humboldt-Universität Berlin 1989, S. 51-53.

30 Dr. M. Falter an Koll. Schmidt, Ministerium für Allgemeinen Maschinenbau vom 11.02.1958, sowie Prof. Dr. Falter an die Werkleitung, Koll. Bormann vom 08.08.1958. In einem „Entwurf“ vom 02.10.1958 warf Falter den leitenden Stellen mangelnde Kompetenz vor und konstatierte die Aussichtslosigkeit der Maßnahmen: „Wenn auch in letzter Zeit, insbesondere durch die Einschaltung des Forschungsrates, es zu einer konkreten Vorstellung über die zu treffenden Maßnahmen gekommen ist, so ist man sich an den mit diesen Aufgaben betrauten Stellen über den Umfang der zu bewältigenden Aufgabe nicht im klaren …“ Weiter: „Auch jetzt wie auch zu früheren Zeitpunkten verkennt man die Breite der durchzuführenden Maßnahmen. Pläne, deren es eine Vielzahl in der ‚Geschichte der Halbleiter in der DDR' gibt, sind nur dann brauchbar, wenn sie auch realisierbar sind bzw. die Voraussetzung zu ihrer Realisierung schaffen.“ Zur „Neufestlegung des Gehaltes“ siehe: Werkleiter und 1. Parteisekretär an die staatliche Plankommission vom 11.09.1959. Deutsches Museum, Archiv NL 238. Ich danke Jörg Berkner für die hilfreichen Hinweise.

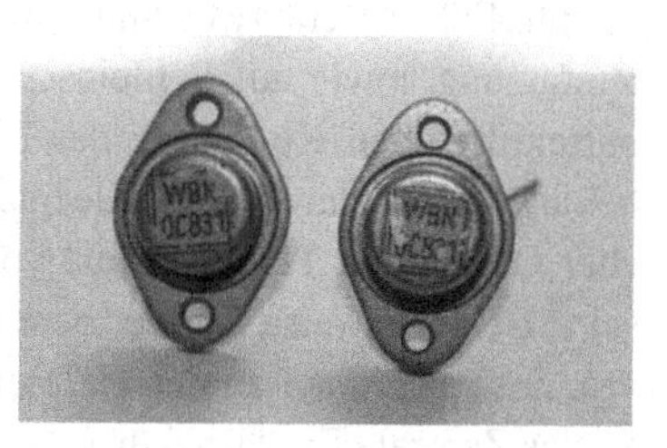

Abbildung 2: Germanium-Halbleiterbauelemente aus der Pilotproduktion des Werks für Bauelemente der Nachrichtentechnik (WBN), Teltow. Links: NF-Flächentransistor, Mitte: Leistungsdiode, Rechts: Leistungstransistoren. Fotos: Gerd Falter.

verbesserte.[31] Im Ergebnis baute das HFO eigene Entwicklungskapazitäten auf. Das Institut in Stahnsdorf wurde 1965 in das Gleichrichterwerk Stahnsdorf (GWS) umgewandelt und blieb noch bis 1969 ein Betriebsteil des HFO. Mit der Bildung des Kombinats Mikroelektronik wurde es ein selbstständiger Kombinatsbetrieb.[32]

9.5 Rauswurf und Rückzug

Als Schuldigen für das Debakel – die gemeinsame Technische Leitung von IHT und HFO funktionierte nicht, das HFO verwies Entwicklungen an das Institut zurück und in der Folge kam es zu erheblichen Produktionsausfällen – wurde Matthias Falter ausgemacht. Im Dezember 1963 eröffnete der Generaldirektor des VVB Bauelemente und Vakuumtechnik ein Disziplinarverfahren, in dem Falter „erhebliche Versäumnisse bei der Wahrnehmung … (der) Leitungsfunktion als Institutsleiter“ vorgeworfen wurden. Die vierjährige Entwicklungsarbeit an 1-A-Silizium-Dioden und der Einsatz von „Millionenbeträgen“ hätten nur „negative Ergebnisse in der Pilotproduktion“ gebracht. Besonders sei „die gemeinsame Arbeit zwischen dem Institut für Halbleitertechnik und dem VEB Halbleiterwerk Frankfurt/Oder … nicht wirksam geworden.“ Dabei seien die

31 Willi Derksen und Horst Trippler, *Menschen, Maschinen, Mikroelektronik. Zur Geschichte des VEB Halbleiterwerk Frankfurt (Oder)*. 3 Teile. Frankfurt (Oder) 1978-1984, Teil 2, S. 10-11.

32 Zum Gleichrichterwerk Stahnsdorf siehe: Helmut Kappelhoff, „Die Entwicklung der Halbleitertechnik in Stahnsdorf bei Potsdam seit 1959“, in: *Elektrizität bedeutet Zukunft*. Berlin 2004, S. 141-150.

„(a)ufgezeigten Mängel ... prinzipieller Natur." In seiner „Rechtfertigung" räumte Falter Verantwortung ein, verwies aber zugleich auf die mangelnde Unterstützung sowie auf Fehleinschätzungen von Mitarbeitern.[33] Bereits auf einer parteioffiziellen Konferenz der Elektroindustrie am 6. - 7. April 1960 hatte er beklagt, dass „durch die schlechte Arbeitsweise einiger verantwortlicher staatlicher Organe ein Tempoverlust von mindestens drei bis vier Jahren eingetreten" sei.[34] Beispielsweise hatte er bereits 1958 in einer „Aktennotiz" darauf hingewiesen, dass sich der Bau des Halbleiterwerkes in Frankfurt/Oder verzögern würde, da das Zentrale Entwurfsbüro für Hochbau aufgelöst und die 130 Baufachleute in neu zu gründende Bauämter auf der Bezirks- und Kreisebene zerstreut werden sollten.[35] Auch das MfS hatte sich eingeschaltet.[36] Während Matthias Falter mangelnde Ressourcen als Ursache ausmachte, war sich die politische Führung einig, dass der Rückstand der DDR-Halbleiterindustrie maßgeblich durch ihn verursacht war. Daran änderten auch Ergebenheitsadressen wie eine Wortmeldung im *Neuen Deutschland* nichts, in der Falter den Mauerbau rechtfertigte.[37] 1964 musste er die Institutsleitung abgeben.

Symptomatisch zeigen sich die Probleme im „Transistor-Taschenempfänger ‚Sternchen'". Zum einen wurde dessen spätes Erscheinen auf dem Markt auch in den sozialistischen „Bruderstaaten" kritisch betrachtet. Zum anderen war das Sternchen noch zur Hälfte mit importieren Transistoren bestückt, da in der DDR die benötigten HF-Transistoren nicht in Serie hergestellt werden konnten.[38] Daneben vermochte das WBN in Teltow – wie andere Betriebe auch – selbst die Versorgung der Elektronikindustrie mit klassischen Bauelementen wie Widerständen nicht zu sichern.[39]

---

33 Generaldirektor des VVB Bauelemente und Vakuumtechnik an Prof. Dr. Falter vom 12.12.1963 sowie seine Erwiderung vom 20.10.1963. Deutsches Museum, Archiv NL 238.

34 BArch DY 30 / IV 2/6.04 101, Bl. 49-54, Zitat Bl. 49.

35 Aktennotiz vom 22.4.1958, BArch DF 4 40751.

36 Dolores L. Augustine, *Red Prometheus. Engineering and Dictatorship in East Germany 1945-1990.* Cambridge/Mass., London 2007, S. 123-125.

37 Matthias Falter, „Ein offenes Wort an meine Herren Kollegen," *Neues Deutschland* Nr. 236 vom 27. August 1961, S. 3.

38 Klaus K. Streng, „Transistorempfänger ‚Sternchen'", *Die Wirtschaft* Nr. 36 vom 02.09.1959, S. 4.

39 „Den wunden Punkt überwunden", *Die Wirtschaft* Nr. 31 vom 29.07.1959, S. 5. Zum Bauelementemangel allgemein siehe: B. Golecki, „Kein Weltstand ohne Bauelemente", *Die Wirtschaft* Nr. 8 vom 03.02.1960, S. 5 und Guyenot, „Bauelemente – heißt die Forderung", *Die Wirtschaft* Nr. 20 vom 19.05.1960, S. 3.

1965 kam als Fertigungsstätte zum Halbleiterwerk Frankfurt/Oder das Funkwerk Erfurt hinzu. Ausgebaut wurde auch das Werk für Fernmeldewesen Berlin, später Werk für Fernsehelektronik (WF), welches bereits seit 1957 Dioden produzierte und ab 1970 zum Zentrum für Optoelektronik in der DDR avancierte. Aber die gesteckten Ziele wurden nicht annähernd erreicht und die politische Führung musste „sehr ernste Rückstände zum wissenschaftlich-technischen Höchststand" konstatieren.[40] Bis zur politischen Wende 1989 vermochte es die DDR nicht, den Rückstand gegenüber dem Westen im Bereich der Mikroelektronik aufzuholen – und das obwohl die Parteiführung wusste, dass dies die Voraussetzung war, um im Wettstreit der Systeme zu bestehen. 1989 schließlich brach sich die in politischen Schulungen strapazierte Erkenntnis Bahn, dass die wirtschaftliche Leistungsfähigkeit entscheidendes Kriterium im Systemwettstreit sei – oder mit Lenins Worten: „Die Arbeitsproduktivität ist in letzter Instanz das allerwichtigste, das ausschlaggebende für den Sieg der neuen Gesellschaftsordnung."[41]

---

40 Walter Ulbricht, „Die Durchführung der ökonomischen Politik im Planjahr 1964 unter besonderer Berücksichtigung der chemischen Industrie", Referat auf der 5. Tagung des ZK der SED, 03.-07.02.1964; Berlin 1964, S. 57.

41 Wladimir I. Lenin, „Die große Initiative", in: *Lenin Werke* Bd. 29, S. 399-424, hier S. 416.

10 Europäisches Organ der Festkörperforschung und DDR–Devisenbringer Die Zeitschrift Physica Status Solidi im Kalten Krieg

Dieter Hoffmann

> Mit dem Ziele, ein einheitliches internationales Organ der Festkörperphysik für den europäischen Raum zu schaffen, das eine rasche Publikation der für das Festkörpergebiet repräsentative Arbeiten ermöglicht, wird durch ein internationales Herausgebergremium eine neue wissenschaftliche Zeitschrift gegründet.[1]

Dies liest man in einem Expose aus dem Herbst 1960, das zum Gründungsdokument der Zeitschrift *physica status solidi* (*pss*) wurde.[2] Das erste Heft der neuen Zeitschrift wurde ein knappes Jahr später, am 1. Juli 1961 zur Auslieferung gebracht. Damit kamen die Bemühungen des Berliner Physikers Karl Wolfgang Böer zum Abschluss, eine neue Zeitschrift für das Gebiet der Festkörperphysik zu begründen. Die Festkörperphysik hatte seit dem zweiten Weltkrieg einen stürmischen Aufschwung erfahren und sich in den 1950er Jahren als eigenständige Subdisziplin innerhalb der Physik etabliert.[3] Die Entdeckung des Transistoreffekts mit seinen vielfältigen Folgen für Elektronik und Bauelementeindustrie wurde für diesen Institutionalisierungsprozess zum Katalysator. Es etablierten sich damals die ersten speziellen Lehrstühle[4] und Forschungsgruppen[5], es wurden eigene Lehrbücher herausgegeben[6] und fachspezifische Tagun-

---

1 3. Entwurf. Archiv der Berlin-Brandenburgischen Akademie der Wissenschaften, Akademieverlag, (im Folgenden BBAWA, AV) Nr. 898.

2 Ausführlich zur Geschichte der Zeitschrift: Dieter Hoffmann, „Fifty Years of physica status solidi in historical perspective,“ *physica status solidi b* 250 (2013): S. 1-17.

3 Vgl. Lillian Hoddeson, Ernst Braun, Jürgen Teichmann, Spencer Weart (Hrsg.), *Out of the Crystal Maze. Chapters from the History of Solid-State Physics.* New York, Oxford 1992; Horst Kant, „Zur Herausbildung der Festkörperphysik“, in: Martin Guntau und Hubert Laitko (Hrsg.), *Der Ursprung der modernen Wissenschaften.* Berlin 1987, S. 127-139.

4 Paul Görlich erhielt 1954 an der Universität Jena einen Lehrstuhl für Festkörperphysik und in der Bundesrepublik war wahrscheinlich 1957 der Lehrstuhl von Fritz Matossi an der Universität Freiburg der erste.

5 Am Leningrader Physikalisch-Technischen Institut gründete Abram Joffe 1935 eine spezielle Abteilung für Festkörperphysik.

gen[7] organisiert; auch separierten sich in den physikalischen Fachgesellschaften wie der American Physical Society[8] oder den Physikalischen Gesellschaften in beiden deutschen Staaten[9] spezielle Fachgruppen für Festkörper- bzw. Halbleiterphysik.

Zum sich etablierenden festkörperphysikalischen Forschungsnetzwerk gehörte auch die Gründung spezieller Fachzeitschriften. Nachdem es in der zweiten Hälfte der 1950er Jahre lediglich zur Gründung *Physical Review Letters,* aber nicht zu einer thematische Aufteilung der *Physical Review* gekommen war – das erfolgte erst ein Jahrzehnt später, als sich die *Physical Review B* auf festkörperphysikalische Arbeiten spezialisierte[10] –, entschloss sich Harvey Brooks von der Harvard University ab 1956 bei Pergamon Press das *Journal of the Physics and Chemistry of Solids* herauszugeben, damit „the coming age of solid-state science should be recognized by the publication of a journal devoted exclusively to this field."[11]

Den Bedürfnissen der sowjetischen Festkörperphysiker – damals sicherlich weltweit die zahlenmäßig größte Physikergruppe –, aber auch den ungeschriebenen Gesetzen des Kalten Krieges folgend, wurde im Jahre 1959 in Leningrad unter maßgeblicher Mitwirkung des Vaters der sowjetischen Halbleiterphysik Abram Joffe die russischsprachige Zeitschrift *Fizika Tverdogo Tela (FTT)* gegründet und von der sowjetischen Akademie der Wissenschaften herausgegeben.[12] Obwohl die Aufsätze der *FTT* ins Englische übersetzt und die Zeitschrift als *Soviet Physics – Solid State (SPSS)* durch das American Institute of Physics im Westen vertrieben wurde, handelte es sich dabei um ein exklusiv sowjetisches

6 Frederick Seitz, *The Modern Theory of Solid.* New York 1940. Charles Kittel, *Introduction to Solid State Physics*. New York 1956.

7 Die *International Conference on Physics of Metal,* Amsterdam 1948, war wahrscheinlich die erste spezielle Tagung auf diesem Gebiet.

8 Spencer Weart, "The Solid Community", in: Lillian Hoddeson, Ernst Braun, Jürgen Teichmann, Spencer Weart (Hrsg.), *Out of the Crystal Maze. Chapters from the History of Solid-State Physics*. New York, Oxford 1992, S. 638-9.

9 Die DPG richtete 1959 einen speziellen Fachausschuß für Festkörperprobleme ein; in der Physikalischen Gesellschaft der DDR wurde erst 1970 ein Fachverband für Festkörperphysik gegründet, doch gab es schon seit den 1950er Jahren spezielle festkörperphysikalische Tagungen und Konferenzen, so für die Festkörperphysik und Physik der Leuchtstoffe (Erfurt 1957).

10 Spencer Weart, "The Solid Community", in: Lillian Hoddeson, Ernst Braun, Jürgen Teichmann, Spencer Weart (Hrsg.), *Out of the Crystal Maze. Chapters from the History of Solid-State Physics*. New York, Oxford 1992, S. 643.

11 Ebd., S. 642.

12 V. J. Frenkel, „A.F. Joffe und sowjetische Physikzeitschriften," *Fizika Tverdogo Tela* 22 (1980): S. 2881-2885. (russisch)

Journal, denn die Liste der Autoren weist in den ersten Jahren ausschließlich sowjetische Physiker aus.

Anknüpfend an die Vorkriegstraditionen und dem internationalen Trend der Physikentwicklung folgend, hatte die Festkörperphysik auch im politisch geteilten Nachkriegsdeutschland einen starken Aufschwung erfahren. So gab es an der Deutschen Akademie der Wissenschaften in (Ost)Berlin nicht nur ein Institut für Kristallphysik, sondern auch eines für Festkörperforschung. Ebenfalls war das physikalische Forschungsprofil der Humboldt-Universität stark auf festkörperphysikalische Probleme ausgerichtet.[13] Zu den damaligen Leistungsträgern an Universität und Akademie gehörte Karl Wolfgang Böer, der in den fünfziger Jahren eine bemerkenswerte wissenschaftliche Karriere durchlaufen hatte, die ihn innerhalb eines Jahrzehnts vom Diplomanden zum Professor aufsteigen ließ.[14] Das von ihm in Personalunion geleitete IV. Physikalische Institut der Universität und der Bereich Elektrischer Durchschlag des Physikalisch-Technischen Instituts der Akademie hatten sich in der zweiten Hälfte der fünfziger Jahre zu einem leistungsfähigen Institutskomplex entwickelt, das weder in wissenschaftlicher Hinsicht und schon gar nicht hinsichtlich der Mitarbeiterzahl sowohl den gesamtdeutschen, als auch den internationalen Vergleich zu scheuen brauchte. Seine Forschungen konzentrierten sich auf das Cadmiumsulfid (CdS) als halbleiterphysikalische Modellsubstanz, wobei insbesondere dessen elektrische, optische und thermodynamische Eigenschaften untersucht wurden. Dabei erforschte man den Einfluss der Realstruktur auf die optische Absorption und auf fotoelektrische Effekte von CdS-Kristallen. Die in diesem Zusammenhang entdeckten Hoch-Feld-Phänomene mit dem sogenannten Keldysch-Franz-(Böer)-Effekt bilden heute ein wichtiges Feld festkörperphysikalischer Forschungen.[15]

Getragen von diesen wissenschaftlichen Erfolgen und seiner wachsenden nationalen wie internationalen Anerkennung regte Böer – wie eingangs bereits erwähnt – Ende der fünfziger Jahre die Gründung einer festkörperphysikalischen Zeitschrift von internationalem Rang an. Böers Initiative reflektierte sicherlich die oben kurz beschriebenen Entwicklungen auf diesem Gebiet, aber auch die

---

13 Vgl. Dieter Hoffmann, „Physikalische Forschung im Spannungsfeld von Wissenschaft und Politik“, in: Heinz-Elmar Tenorth (Hrsg.), *Geschichte der Universität Unter den Linden 1810-2010*, Bd. 6, *Selbstbehauptung einer Vision*. Berlin 2010, S. 551-581.

14 Zur Biographie Böers, siehe: Karl W. Böer und Esther Riehl, *The Life of the Solar Pioneer Karl Wolfgang Boer*. New York 2010.

15 Karl W. Böer, “High-field domains from dc to 60 GHz,” *physica status solidi* 50 (2011): S. 2775–2785.

Tatsache, dass es damals in Europa und namentlich im deutschsprachigen Raum kein spezifisches Publikationsorgan für festkörperphysikalische Arbeiten gab. In England hatte sich das *Philosophical Magazine* mit Nevill Mott als Editor-in-Chief zu einem bevorzugten Publikationsorgan für festkörperphysikalische Arbeiten entwickelt. In Deutschland gab es nicht einmal das, denn die traditionsreichen *Annalen der Physik* oder die *Zeitschrift für Physik* pflegten auch nach dem zweiten Weltkrieg ihr tradiert breites und unspezifisches Profil. Einzig die neu gegründete und maßgeblich von der Max-Planck-Gesellschaft getragene *Zeitschrift für Naturforschung* versuchte sich, mit der bevorzugten Aufnahme von Arbeiten aus neuen und aufstrebenden Wissenschaftsgebieten wie der Festkörper- oder Plasmaphysik zu profilieren. Darüber hinaus gab es natürlich auch noch die wissenschaftlichen Reihen und Periodica der einzelnen Universitäten und Akademien. Diese Fülle an Publikationsorganen stellt nicht nur für den heutigen Wissenschaftshistoriker, der sich mit der Geschichte der Festkörperphysik beschäftigt, ein großes Problem dar. Es erschwerte auch den damaligen Forschern die Orientierung und wurde als großer Mangel bzw. der stürmischen Entwicklung des Faches unangemessen empfunden. Böer stellte diesbezüglich pointiert fest:

> Es gibt auf diesem Gebiet eine Summe von etwa 5000 wesentlichen wissenschaftlichen Veröffentlichungen jährlich, die sich in etwa drei Jahren schon verdoppelt haben wird. Diese Arbeiten erscheinen bisher vornehmlich verstreut in allen möglichen Zeitschriften ... In Europa, außer UdSSR, herrscht hinsichtlich der Veröffentlichung von Beiträgen aus der Festkörperphysik zur Zeit eine unübersichtliche Situation, da in den verschiedenen physikalischen Zeitschriften entsprechenden Arbeiten dieses Gebietes erscheinen, die dem Fachwissenschaftler eine umfassende Information stark erschweren.[16]

Für einen dynamischen und ehrgeizigen Physiker wie Böer war aber nicht nur diese Unübersichtlichkeit ein Stein des Anstoßes, mehr noch waren ihm die langen Publikationsfristen – zuweilen lagen zwischen dem Einreichen einer Arbeit und dessen Publikation über ein Jahr – ein großes Ärgernis. All dies wurde für die aktuelle Forschung zunehmend kontraproduktiv und der stürmischen Entwicklung des Faches nicht gerecht, so dass bei Böer nicht zufällig in der zweiten Hälfte der fünfziger Jahre die Idee reifte, eine neue Zeitschrift zu gründen, die die eben kurz beschriebenen Probleme beheben sollte.

---

16 Protokoll der Gründungsversammlung der Zeitschrift „physica status solidi", Berlin 20.12.1960. BBAWA, AV, Nr. 898.

Nachdem sich Böer für seine Initiative bei seinem Mentor Robert Rompe, den wohl einflussreichsten Physiker der DDR,[17] und auch anderen maßgeblichen Fachkollegen Rückendeckung geholt hatte,[18] nahm er zum Jahreswechsel 1959/60 Kontakt zum Akademie-Verlag auf, der speziell die Publikationen der Deutschen Akademie der Wissenschaften betreute und zu den führenden Wissenschaftsverlagen in der DDR zählte. Wenn man den wenigen aus dieser Zeit überlieferten Dokumenten Glauben schenken darf, so hatte Böer zunächst bei den Verlagsverantwortlichen einige Bedenken auszuräumen,[19] doch waren die allgemeinen Rahmenbedingungen für die Gründung einer festkörperphysikalischen Zeitschrift nicht nur global günstig, sondern auch für die spezifische Situation in der DDR erfolgversprechend. Zwar waren auch im Verlagswesen die Mängeln der sozialistischen Planwirtschaft und die allgemeinen ökonomischen Beschränkungen allgegenwärtig und man hatte speziell mit den Defiziten bei Druckkapazitäten und Papierkontingenten zu kämpfen, doch war die DDR gerade in den fünfziger Jahren verstärkt darum bemüht, sich auf dem wissenschaftlichen Zeitschriftenmark, der in den Nachkriegsjahren zudem eine Neuordnung erfuhr, zu platzieren. Dieses Bestreben war damals vor allem politisch motiviert, wollte man sich doch in der deutsch-deutschen Konkurrenz auch auf wissenschaftlichem Gebiet behaupten und gegenüber der Bundesrepublik als der bessere deutsche Staat darstellen. Neben solch politischen bzw. kulturellen Motiven spielten natürlich auch ökonomische Fragen eine Rolle, denn eigene Zeitschriften u.ä.m. sollten die DDR nicht zuletzt gegenüber dem westlichen Ausland und speziell Westdeutschland „störfrei“ machen, d.h. die Abhängigkeit von den westlichen Märkten verringern und die Aufwendungen an Devisen minimieren oder vielleicht sogar selbst Einkünfte in harter Währung erwirtschaften, denn gerade auf dem Sektor wissenschaftlicher Literatur lag der Exportanteil teilweise bei über 50%.[20] So wurde in den fünfziger Jahren staatlicherseits das Schreiben von Lehrbüchern bzw. Übersetzungen aus dem Russischen angeregt[21] und auch die

17 Dieter Hoffmann, „Die Graue Eminenz der DDR-Physik. Zum 100. Geburtstag von Robert Rompe," *Physik Journal* 4, Nr.10 (2005): S. 56-58.

18 Aktennotiz, 19.3.1960. BBAWA, AV Nr. 898.

19 Aktennotiz, 6.5.1960. BBAWA, AV Nr. 898.

20 Agnes Tandler, „Devisenlieferanten des Akademieverlags“, in: Simone Barck, Martina Langermann und Siegfried Lokatis (Hrsg.), *Zwischen „Mosaik“ und „Einheit“. Zeitschriften in der DDR.* Berlin 1995, S. 488.

21 Prominent in diesem Zusammenhang für die Physik das Lehrbuch der theoretischen Physik von W. Macke (Leipzig 1960) und die Einführung in die spezielle Relativitätstheorie von A. Papapetrou (Berlin 1955) oder die Übersetzungen des zehnbändigen Lehrbuchs der theoretischen Physik

Neugründung von wissenschaftlichen Zeitschriften gehörte zum Kanon entsprechender Maßnahmen. Beim physikalischen Schrifttum kam es beispielsweise 1953 zur Gründung der *Fortschritte der Physik* und der *Experimentellen Technik der Physik*, die beide im Verlag der Wissenschaften in (Ost)Berlin herausgegeben wurden; 1960 wurden dann noch durch die Doyen der Plasmaphysik in der DDR, Robert Rompe und Max Steenbeck, die *Beiträge zur Plasmaphysik* gegründet und im Akademie-Verlag herausgegeben. Dass solche Neugründungen nicht nur politisch und ökonomisch eine Herausforderung darstellten, macht das Beispiel der *Experimentellen Technik der Physik* deutlich, dessen Gründer, der (Ost)Berliner Physiker Franz Xaver Eder, deswegen seinen akademischen Lehrer Walther Meißner in München stark verstimmt hatte. Dieser empfand die Gründung als Provokation, da sie ein Terrain betraf, das bereits von den etablierten Eliten beansprucht wurde.[22] Da letztere zum Großteil in der Bundesrepublik residierten, war dieses Problem nicht nur eines persönlicher Eitelkeit, sondern auch ein Ost-West-Problem bzw. eines des Kalten Kriegs.

Von ähnlichen Konflikten bei der Gründung der *physica status solidi* ist nichts bekannt, obwohl diese sehr schnell allen anderen damaligen Zeitschriften in der DDR hinsichtlich ihres ökonomischen Erfolgs und der wissenschaftlicher Akzeptanz den Rang ablaufen sollte. Nachdem Böer im März 1960 mit dem Akademie-Verlag Kontakt aufgenommen[23] und ein Konzept für die Gründung einer Zeitschrift für Festkörperphysik erarbeitet hatte[24], wurde bereits im Mai 1960 seitens des Akademie-Verlags für die Zeitschriftengründung grünes Licht gegeben und die Zeitschrift in das Verlagsprogramm aufgenommen.[25]

Wer alles in die Entscheidungsfindung des Verlags involviert war, lässt sich aus den überlieferten Archivalien nicht erschließen – auf jeden Fall die für solche Fragen zuständige Abteilung Literatur und Buchwesen im Ministerium für Kultur sowie das Presseamt beim Vorsitzenden des Ministerrats[26]; angesichts der

von L. Landau und E. Lifschitz (Berlin 1961ff) und der Grundlagen der Quantenmechanik von D. Blochinzew (Berlin 1953).

22 Vgl. Sigrid Lindner und Dieter Hoffmann, „Franz Xaver Eder (1914-2009) – Wanderer zwischen den Welten," Im vorliegenden Band, S. 163-174.

23 Aktenotiz vom 19.3.1960. BBAWA, AV Nr. 898.

24 K.W. Böer an Dr. Künzel, 21.3.1960. BBAWA, AV Nr. 898.

25 Akademie-Verlag an K.W. Böer, 4.5. 1960. BBAWA, AV Nr. 898.

26 Vgl. Akademie-Verlag an Ministerium für Kultur, Berlin 24.1.1961. BBAWA, AV Nr. 878.

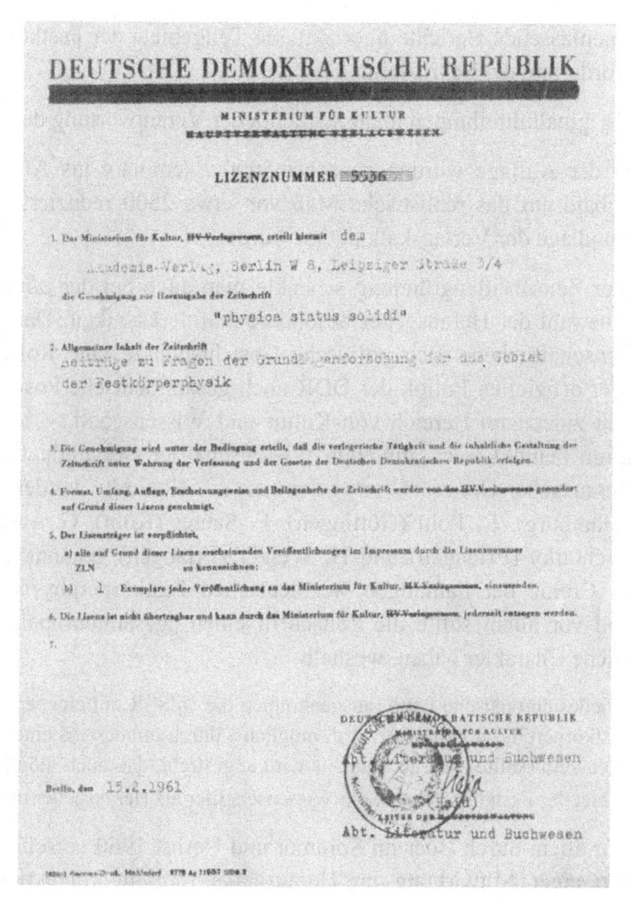

DEUTSCHE DEMOKRATISCHE REPUBLIK

MINISTERIUM FÜR KULTUR

~~HAUPTVERWALTUNG VERLAGSWESEN~~

LIZENZNUMMER 5536

1. Das Ministerium für Kultur, ~~HV Verlagswesen~~, erteilt hiermit dem

Akademie-Verlag, Berlin W 8, Leipziger Straße 3/4

die Genehmigung zur Herausgabe der Zeitschrift

"physica status solidi"

2. Allgemeiner Inhalt der Zeitschrift

Beiträge zu Fragen der Grundlagenforschung für das Gebiet der Festkörperphysik

3. Die Genehmigung wird unter der Bedingung erteilt, daß die verlegerische Tätigkeit und die inhaltliche Gestaltung der Zeitschrift unter Wahrung der Verfassung und der Gesetze der Deutschen Demokratischen Republik erfolgen.

4. Format, Umfang, Auflage, Erscheinungsweise und Beilagenhefte der Zeitschrift werden ~~von der HV Verlagswesen~~ gesondert auf Grund dieser Lizenz genehmigt.

5. Der Lizenzträger ist verpflichtet,

a) alle auf Grund dieser Lizenz erscheinenden Veröffentlichungen im Impressum durch die Lizenznummer ZLN zu kennzeichnen;

b) 1 Exemplare jeder Veröffentlichung an das Ministerium für Kultur, ~~HV Verlagswesen~~, einzusenden.

6. Die Lizenz ist nicht übertragbar und kann durch das Ministerium für Kultur, ~~HV Verlagswesen~~, jederzeit entzogen werden.

7.

DEUTSCHE DEMOKRATISCHE REPUBLIK
MINISTERIUM FÜR KULTUR
~~HAUPTVERWALTUNG~~
Abt. Literatur und Buchwesen

Berlin, den 15.2.1961

(Haid)
LEITER DER ~~HAUPTVERWALTUNG~~
Abt. Literatur und Buchwesen

Abbildung 1: Die Lizenz zur Gründung der *pss*

Tatsache, dass es sich um eine internationale und prestigeträchtige Angelegenheit handelte, waren vielleicht auch noch höhere Parteiinstanzen in die Entscheidungsfindung einbezogen.

Den Vorstellungen Böers entsprechend, sollte die Zeitschrift, „der Publikation von Ergebnissen der Grundlagenforschung des gesamten Gebietes der Festkörperphysik" dienen und aus drei Teile bestehen:

1) Originalarbeiten, die nicht an anderer Stelle publiziert wurden, nach Zustimmung der Schriftleitung

2) Zusammenfassende Berichte über aktuelle Teilgebiete der Festkörperphysik auf Anforderung der Schriftleitung

3) Kurze Originalmitteilungen in ausschließlicher Verantwortung des Autors.[27]

Hinsichtlich der Auflage wurden zunächst 5000 Exemplare ins Auge gefasst, doch schon bald auf das realistische Maß von etwa 2500 reduziert, was dann auch zur Grundlage der Verlagskalkulation wurde.

Wie bei jeder Zeitschriftengründung schenkte man auch bei der *physica status solidi* der Auswahl der Herausgeber besondere Aufmerksamkeit. Dabei spielten neben wissenschaftlichen, auch politische Gesichtspunkte eine Rolle. Damals wurden in der offiziellen Politik der DDR noch gesamtdeutsche Positionen vertreten – nicht zuletzt im Bereich von Kultur und Wissenschaft –, so dass man intensiv darum bemüht war, „führende Wissenschaftler Gesamtdeutschlands ... für das Herausgeber-Gremium zu gewinnen“.[28] Konkret wurden zunächst W. Franz (Hamburg), R. Pohl (Göttingen), F. Sauter (Köln), G. Schön (München), W. Schottky (Erlangen) und H. Welker (Erlangen) genannt[29], die ohne Zweifel zur Creme der damaligen westdeutschen Festkörperphysik gehörten. Daneben und vor allem sollte die Zeitschrift einen „gesamteuropäischen“ und hohen fachliche Charakter haben, weshalb

> möglichst jedes europäische Land (ausgenommen die UdSSR mit eigener Zeitschrift), in dem Festkörperphysik betrieben wird, möglichst durch mindestens einen Herausgeber vertreten sein (sollte). Darüber hinaus wird angestrebt, daß auch möglichst für jedes Teilgebiet der Festkörperphysik ein Wissenschaftler als Herausgeber mitwirkt.[30]

Nachdem vor allem durch Böer im Sommer und Herbst 1960 verschiedene Kollegen wegen einer Mitwirkung im Herausgebergremium kontaktiert worden waren, hatten sich folgende 16 Kollegen zur Mitwirkung bereit erklärt:

K.W. Böer (Berlin), G. Busch (Zürich), W. Franz (Hamburg), P. Görlich (Jena), E. Grillot (Paris), R. Kaischew (Sofia), M. Kersten (Aachen), P. T. Landsberg (Cardiff), A. Piekara (Poznan), N. Riehl (München), A. Seeger (Stuttgart), O. Stasiw (Berlin), M. Steenbeck (Jena), F. Stöckmann (Karlsruhe), G. Szigeti (Budapest), J. Tauc (Prag).

---

27 Entwurf vom 28.11.1960. BBAWA, AV Nr. 898.
28 Aktennotiz vom 19.3.1960. BBAWA, AV Nr. 898.
29 Karl W. Böer, Zur Schaffung einer neuen Zeitschrift für Festkörperforschung. Berlin 21.3.1960. BBAWA, AV Nr. 898.
30 Protokoll der Gründungsveranstaltung, Berlin 20.12.1960. BBAWA, AV Nr. 898.

Darüber hinaus hoffte man noch im Herbst 1960 auf eine positive Rückantwort von C. J. Gorter (Leiden), Fritz Sauter (Köln) und Bentsion M. Vul (Moskau), die jedoch ausblieb, da alle drei im späteren Herausgebergremium nicht erscheinen; ebenfalls zogen in den folgenden Wochen G. Busch und M. Kersten ihre Bereitschaftserklärung zurück. Dabei spielte sicherlich die damalige Verschärfung des Kalten Kriegs eine Rolle. Wie Zeitzeugen berichten, gab es nicht nur seitens politischer Kreise, sondern auch von westlichen Verlagen massiven Druck bzw. Abwerbungsversuche, sich von der Gründung dieser ostdeutschen Zeitschrift fern zu halten – wohl keineswegs zufällig wurde Busch schließlich verantwortlicher Herausgeber der *Physik der kondensierten Materie*, einer ab 1963 erscheinenden Konkurrenzzeitschrift des Springer-Verlags, die indes bereits nach einem Jahrzehnt ihr Erscheinen wieder einstellen musste bzw. im Rahmen der Neuorganisation der *Zeitschrift für Physik* mit dieser „vereinigt" wurde.

Im Herbst 1960 schritt die Gründung der Zeitschrift voran und nachdem auch die allgemeinen Rahmenbedingungen für die Zeitschrift wie Statut und Geschäftsordnung, ihre finanzielle Ausstattung, die Größe der Redaktion, die Verträge mit den Herausgebern und der Lizenzantrag unter „Dach und Fach" waren[31], fand am 12. Dezember 1960 in Berlin die Gründungsversammlung statt, auf der noch einmal das Konzept der Zeitschrift diskutiert und Böer zu ihrem Schriftleiter bestimmt wurde. Damit war „die Gründung der neuen Zeitschrift ... vollzogen", deren Erscheinen für das 3. Quartal 1961 geplant wurde.[32] Noch im Vorfeld war Einigung über den Namen der Zeitschrift erzielt worden, nachdem sowohl der ursprüngliche Arbeitstitel „Zeitschrift für Festkörperphysik", als auch Alternativen wie „Crystasiophysic", „materia solida" oder „status solidi" wieder verworfen wurden, hatte man sich unmittelbar vor der Gründungsversammlung auf den Vorschlag Böers geeinigt und taufte die neue Zeitschrift *physica status solidi.* Dieser brachte den internationalen Charakter der Neugründung zum Ausdruck, wollte wahrscheinlich aber auch mit bildungsbürgerlicher Attitüde auf ihren europäischen Charakter hinweisen.

Das erste Halbjahr 1961 war dann von Redaktion und Produktion des ersten Heftes ausgefüllt, das planmäßig im Juli 1961 erschien. Die neue Zeitschrift sollte nach dem Willen ihres Gründers nicht nur ein hohes wissenschaftliches Niveau und einen „gesamteuropäischen Charakter" haben, sondern sie sollte

31 Aktennotiz vom 5.11.1960. BBAWA, Nr. AV 898.
32 Protokoll der Gründungsversammlung. BBAWA, Nr. AV 898.

nicht zuletzt– wie es in einem Vermerk Böers heißt – „ein schnellstmögliches Erscheinen der eingegangenen Beiträge [sichern] ... vom Eingang der letzten Beiträge bis zu ihrer Veröffentlichung [sollten] nicht mehr als 4 Monate vergehen. Jeder längere Termin würde die wissenschaftliche Wirksamkeit dieses Publikationsorgans einschränken.“[33] Damit wurden nicht nur die ungewöhnlich langen Publikationszeiten von in der DDR erscheinenden Zeitschriften in den Schatten gestellt, sondern man forderte auch die internationale Konkurrenz heraus. Wie ernst man diese Forderung meinte, macht ein Positionspapier vom Herbst 1960 deutlich, das feststellte, dass „bei einer längeren Publikationsdauer das Herausgebergremium veranlassen [wird und], daß die Zeitschrift in einem anderen Verlag – außerhalb der DDR – erscheint.“[34]

Nachdem das erste Heft erschienen und die Nagelprobe erfolgreich bestanden war, wurde die Publikationsfrist sogar noch weiter, auf beispiellose zwei Monate verkürzt. Dennoch geriet die Zeitschrift gerade in dieser Zeit, im August 1961, durch den Bau der Berliner Mauer in eine existentielle Krise. Der Mauerbau hatte nicht nur für Politik und Alltag gravierende Konsequenzen, auch im Kultur- und Wissenschaftsbereich führte er zu einer Polarisierung der Meinungen und Haltungen, die in der Bundesrepublik beispielsweise den Boykott von Büchern und anderen Publikationen aus der DDR einschloss. Für die *physica status solidi* kam es zwar nicht ganz so schlimm, doch zeigte die Politik auch hier Wirkung. Böer, der seinen Wohnsitz in Westberlin hatte, musste sich beruflich neu orientieren, da er von Universität und Akademie mehr oder weniger ultimativ aufgefordert wurde, in den Ostteil überzusiedeln, was aber keineswegs zu seiner Lebensplanung gehörte; ebenfalls verwehrte ihm die Akademie die Annahme einer Einladung zu einem mehrmonatigen Forschungsaufenthalt in den USA. Daraufhin beendete er im Herbst 1961 seine Tätigkeit in Ost-Berlin und ging als Gastforscher an das Department of Physics der New York University.[35] Von dort aus versuchte Böer zwar noch, die Schriftleitung der Zeitschrift weiter zu führen, doch ließ sich dies nur sehr schwierig realisieren; Computer und Internet gab es damals natürlich nicht. Neben solch praktischen Schwierigkeiten gab es aber auch politische Irritationen, denn Böers neue Arbeitgeber sahen sein publizistisches Engagement in der kommunistischen Welt sehr skeptisch. Darüber hinaus

33 Aktennotiz vom 19.3.1960. BBAWA, Nr. AV 898.
34 Vermerk vom 10.10.1960. BBAWA Nr. AV 898.
35 Karl W. Boer und Esther Riehl, *The Life of the Solar Pioneer Karl Wolfgang Boer*. New York 2010, S. 134.

wurden seine Aktivitäten wohl auch vom amerikanischen Geheimdienst mit Argwohn beobachtet und politischer Druck ausgeübt.[36] Zum Ende des ersten Jahrgangs, d.h. im Dezember 1961, legte Böer deshalb seine Tätigkeit als Schriftleiter der Zeitschrift nieder und zog sich auch aus dem Herausgebergremium zurück. Seinen Rücktritt teilte er dem Verlag in einem Brief mit, in dem er seine Handlung nicht allein mit den organisatorischen Schwierigkeiten begründete, sondern auch an der Politik der DDR Kritik übte.[37] Von der Verlagsleitung und wohl auch von anderen DDR-Stellen wurde der Brief als „sehr unfreundlich" charakterisiert[38], was für Jahre die Beziehungen Böers zur Zeitschrift und insbesondere zu den DDR-Offiziellen belastete.

Dennoch hat Böer in der Folgezeit den Kontakt zur Redaktion in Berlin und seinen ehemaligen Institutskollegen, durch Briefe, aber auch Besuche an seiner einstigen Wirkungsstätte, quasi inoffiziell aufrecht erhalten und sich auch weiterhin für die Zukunft der Zeitschrift interessiert; seit den siebziger Jahren auch wieder als Mitherausgeber unmittelbaren Einfluss genommen.

In dieser politisch aufgeheizte Zeit geriet aber nicht nur Böer als Schriftleiter unter Druck, sondern ebenfalls die aus dem Westen stammenden Mitglieder des Herausgebergremiums wurden vom Springer-Verlag und wohl auch von staatlichen Stellen der Bundesrepublik kontaktiert und nachdrücklich aufgefordert, ihr Amt niederzulegen. Der Springer-Verlag lud sie in diesem Zusammenhang ein, eine eigene Zeitschrift zu gründen. Wirkung zeigte diese Aktionen allerdings nur bei Nikolaus Riehl (München), der zwischen 1945 und 1955 als „Spezialist" in der Sowjetunion gearbeitet hatte und so wohl in spezieller Weise politisch sensibilisiert war.[39] Er zog sich zunächst für die Hefte 4 bis 6 und ab 1962 endgültig als Mitherausgeber zurück.

Dass man die existentielle Krise der Zeitschrift vom Herbst 1961, als die Fortführung der Zeitschrift ohne Zweifel auf „des Messers Schneide" stand, überwinden konnte, hing sicherlich mit der Kultivierung eines „Jetzt erst Recht" seitens der Redaktion und der sich für die Zeitschrift engagierenden Wissenschaftlern zusammen. Hinzu kam, dass man sehr schnell im Jenaer Physiker Paul

---

36 Paul Görlich an W. Mussler, Berlin 18.1.1971; P. Görlich an W. Mussler, 28.10.1971. Archiv Wiley-VCH.

37 Persönliche Mitteilung von Karl W. Böer, Bonita Springs 18.3. 2007.

38 Paul Görlich an W. Mussler, Berlin 18.1.1971. Archiv Wiley-VCH.

39 Nikolaus Riehl, *Zehn Jahre im goldenen Käfig*. Stuttgart 1988.

Abbildung 2: Die Akteure der *pss*: K.W. Böer, S. Oberländer, E. Gutsche, April 1961.

Görlich einen überzeugenden Nachfolger als Schriftleiter bzw. Editor-in-Chief fand. Görlich, Jahrgang 1905, war ein anerkannter Festkörperphysiker und Optikspezialist, der nicht nur zu den renommiertesten und einflussreichsten Physikern in der DDR gehörte, sondern auch über ein ausgeprägtes Netzwerk von Kontakten zu Physikerkollegen des In- und Auslands verfügte; nicht zuletzt zu Kollegen in der Bundesrepublik. Görlichs wissenschaftliche Kompetenz und Akzeptanz, aber auch seine ausgeprägten wissenschaftsorganisatorischen Fähigkeiten sowie seine guten Beziehungen zum DDR-Staatsapparat, insbesondere zum Wissenschaftsminister Gerhard Weiz, haben wohl ganz entscheidend dazu beigetragen, dass sich die führerlos gewordene *physica status solidi* sehr schnell konsolidieren und in den sechziger Jahren am internationalen Markt der Physikzeitschriften endgültig etablieren konnte. Daneben half ein eingeschworenes Redaktionsteam die Kontinuität der Zeitschrift zu sichern und das Tagesgeschäft zu bewältigen. In diesem Team war Egon Gutsche, ab 1967 Professor an der Humboldt-Universität, der primus inter pares. Nach dem Tode Görlichs wurde er dann auch 1986 dessen Nachfolger als Editior-in-Chief.

Um die avancierten Redaktionstermine, insbesondere für die Fahnenkorrektur innerhalb Wochenfrist, einhalten zu können und die Korrespondenz mit den

Autoren im westlichen Ausland zu beschleunigen bzw. auf ein zeitliches Normalmaß zu reduzieren, wurde der Redaktion bzw. dem Verlag seitens staatlicher Stellen ein eigener Kurierdienst nach Westberlin und sogar die Einrichtung einer Außenredaktion bei der Firma Internationaler Buch-Versand in Westberlin gestattet. Allerdings handelte es sich hierbei mehr um eine „Briefkastenfirma", denn für die Außenredaktion veranschlagte man lediglich einen monatlichen Pauschalbetrag von 50 DM[40] und die eigentliche Arbeit wurde nach wie vor von der Hauptredaktion im Ostteil Berlins erledigt. Dennoch war dies für DDR-Verhältnisse höchst ungewöhnlich und für eine wissenschaftliche Zeitschrift präzedenzlos. Es war weniger dem wissenschaftlichen Rang der Zeitschrift geschuldet, als vielmehr der Tatsache, dass die für die DDR so wichtigen Deviseneinnahmen der *pss* ungewöhnlich hoch waren und die anderer DDR-Zeitschriften deutlich in den Schatten stellten. Die Devisenerlöse, die bereits Ende der sechziger Jahre bei über 400000 DM[41] und Mitte der achtziger Jahre, als es zwei Ausgaben gab, bei etwa zwei Millionen Valutamark lagen[42], leisteten einen wesentlichen Beitrag zu den Exporterlösen des Akademie-Verlags und subventionierten praktisch dessen gesamte Zeitschriftenproduktion.[43] Dies erklärt auch, dass die *pss* zu den wenigen Druckerzeugnissen der DDR gehörte, die den Heftpreis weitgehend ökonomisch kalkulierte und den Marktbedingungen anpassen konnte. Etwa 90% der Auflage, die sich von anfänglich 1000 Exemplaren über 1500 im Jahre 1965 auf etwa 1600 bis 1900 Exemplaren in den achtziger Jahren steigerte, ging in den Export und davon etwa zwei Drittel ins devisenträchtige westliche Ausland. Für den August 1968 lautete die Aufschlüsselung der Auflage nach Absatzgebieten: DDR: 143; BRD: 305; Kapitalistisches Ausland: 774; Sozialistisches Ausland: 474.[44]

Der hohe Devisenertrag und das internationales Renommee der Zeitschrift ließen im Übrigen alle Zugriffe der DDR-Planungsbehörden abprallen, als es insbesondere in den 1970er Jahren darum ging, wegen der allgemeinen ökonomischen Schwierigkeiten und der Engpässe bei der Papierbereitstellung das Papierkontin-

40 Vereinbarung zwischen dem Akademie-Verlag und der Firma Internationaler Buchversand vom 1.11.1964. Archiv Wiley-VCH.

41 Analyse der Zeitschrift "physica status solidi" vom 7.12.1967. BBAWA, AV Nr. 356.

42 Konzeption über die weitere Entwicklung der Zeitschrift „physica status solidi" vom 25.11. 1982. Archiv Wiley-VCH.

43 Agnes Tandler, „Devisenlieferanten des Akademieverlags", in: Simone Barck, Martina Langermann und Siegfried Lokatis (Hrsg.). *Zwischen „Mosaik" und „Einheit". Zeitschriften in der DDR*. Berlin 1995, S. 491.

44 Vertriebsabteilung an Görlich, 16.9.1968. BBAWA, Nr. AV Nr. 879.

gent im Verlagswesen drastisch und nach „Gießkannen-Prinzip“ zu kürzen bzw. keine weitere Umfangserweiterungen der Zeitschrift zuzulassen.[45] Bei der Lösung solcher und ähnlicher Probleme, die in der Folgezeit fast zyklisch auftraten, war besonders hilfreich, dass Görlich als Editor-in-Chief nicht nur den Akademie-Verlag hinter sich wusste, sondern auch über gute Kontakte in den Staatsapparat und einen direkten Draht zum DDR-Wissenschaftsminister und stellvertretenden Ministerpräsidenten Herbert Weiz verfügte. Dieser konnte diesbezüglich ein Machtwort sprechen, wie er auch die sofortige Bereitstellung von Papier anweisen konnte, wenn das termingerechte Erscheinen eines Heftes wegen ausbleibender Papierlieferungen in Gefahr war.

All dies trug dazu bei, dass die *pss* ihren Autoren eine hohe Qualität bei der Redaktion der eingereichten Beiträge und einen ungewöhnlich schnellen Erscheinungsmodus garantieren konnte. Letzterer lag für Originalarbeiten bei 50 Tagen und für Short Notes bei 16 Tagen – gerechnet von der Annahme der Arbeit bis zu ihrer Publikation. Dies machte die *pss* bis in die 1980er Jahre als Publikatiosorgan auch international sehr attraktiv und man kann sogar diesbezüglich von einem „Alleinstellungsmerkmal“ sprechen, denn die Herstellungszeiten von Konkurrenzzeitschriften wie der *Physical Review*, der *Physics and Chemistry of Solids* oder der *Fizika Tverdogo Tela* lag in den sechziger Jahren bei mindestens 125 Tagen für Originalmitteilungen bzw. bei 40 Tagen für Short Notes.[46] Zu den weiteren Vorzügen der *pss* gegenüber ihrer internationalen Konkurrenz gehörte, dass sie den Autoren 75 Sonderdrucke kostenlos zur Verfügung stellte und einen hochqualifizierten Service der Redaktion, insbesondere bei der Bearbeitung der Abbildungen und Grafiken; wichtig war zudem, dass die Zeitschrift auf Kunstdruckpapier gedruckt wurde, was z.B. für elektronenmikroskopische Aufnahmen einen großen Qualitätsgewinn darstellte. All dies waren Dinge, die bei anderen, insbesondere westlichen Zeitschriften unter den Rationalisierungszwängen der Verlage sukzessive abgebaut wurden bzw. in den sechziger Jahren schon waren. Die *pss* konnte diesen Service ermöglichen, weil eine devisenhungrige DDR-Planwirtschaft, aber auch die starke Motivation der Redaktion dies möglich machte.

Auffallend ist, dass für viele Jahre im Herausgebergremium der *pss* Vertreter der beiden Großmächte, USA und Sowjetunion, fehlen. Dies war eine gewollte Lü-

---

45 Vorlage für den Verlagsausschuß am 16.2.1977. Bundesarchiv Berlin, Presseamt (nachfolgend BA, DC) Nr. 9/1078.
46 Paul Görlich an Presseamt der DDR, 28.9.1964. BA DC Nr. 9/9102.

cke und Teil der Gründungsphilosophie der Zeitschrift, die sich explizit als ein europäisches Journal verstand und so wohl jegliche Dominanz der beiden Supermächte zu vermeiden suchte. So hatte beispielsweise Böer im Vorfeld der Gründung auch den damals in der Schweiz wirkenden katalanischen Physiker Manuel Cardona gefragt, ob er „would be intersted in collaborating im this enterprise in some way, as a member of an advisory board or the like." Als dann Cardona im Sommer 1961 an die RCA Labarotarien im amerikanischen Princeton ging, wurde ihm durch Böer mitgeteilt, „that under these conditions, the offer to participate in the editorial board ... no longer stood."[47] Cardonas Name findet man so erst 1972, nach seiner Rückkehr nach Europa, unter den Mitherausgebern der *pss (b)*.

Ging gegenüber amerikanischen Physikern ein solches Vorgehen mit der offiziellen DDR-Politik konform, so war der „Ausschluß" sowjetischer Physiker aus dem Herausgebergremium der *pss* ungewöhnlich und politisch ohne Zweifel eine delikate Angelegenheit. Gute Beziehungen zum „großen Bruder" gehörten zur Staatsdoktrin der DDR und wurden in der Physik wie in den anderen Wissenschaften offiziell gefordert. Keineswegs zufällig hatte es deshalb auch eine entsprechende Anfrage an den Moskauer Halbleiterphysiker Bentsion M. Vul (1903-1985) gegeben[48], doch blieb diese offenbar unbeantwortet, so dass weder Vul noch ein anderer sowjetischer Physiker in den erhaltenen Gründungsdokumenten erwähnt oder gar im ersten Herausgebergremium vertreten ist. Kompensiert wurde diese „Lücke" durch eine spezielle Kooperation mit der sowjetischen Festkörperzeitschrift *FTT*, deren Inhaltsverzeichnisse mit englischem abstract der Aufsätze im offset-Teil der *pss* abgedruckt wurden, was eine bedeutende Informationsbeschleunigung bedeutete und für die *pss* eine ausgezeichnete Werbemaßnahme war. Diese half, Abonnenten aus dem westlichen Ausland zu gewinnen und die *pss* relativ schnell und trotz aller Widrigkeiten am damals schon hart umkämpften Zeitschriftenmarkt zu platzieren. Die Vorabinformation der sowjetischen Kollegen war angesichts der damals herrschenden sowjetischen Praxis höchst ungewöhnlich und keineswegs trivial, da damals noch in Gestalt der sogenannten Glav. Lit. eine Art Zensurbehörde existierte, die auch wissenschaftliche Publikationen kontrollierte. Die Kooperation stellte daher eine kleine Revolution dar, denn trotz des politischen Tauwetters der späten 1950er Jahre

---

47 Manuel Cardona, "My half-century long relations with physica status solidi," *pss(b)* 248, Nr. 12 (2011): S. 2759.

48 Entwurf, 28.11.1960. BBAWA, AV Nr. 898.

schottete sich damals die sowjetischen Wissenschaftsbürokratie noch gegenüber internationalen Kontakten in hohem Maße ab.

In der weiteren Entwicklung der Zeitschrift spielte die Internationale Lumineszenztagung in Budapest, August 1966, eine wichtige Rolle. Die Anwesenheit zahlreicher Mitglieder des Editorial und Advisory Board wurde für intensive Gespräche genutzt, an denen sich auch der Zeitschriftengründer K.W. Böer engagiert beteiligte. So wurde dort eingeschätzt, dass sich die *pss* nach eigener Einschätzung „von einem europäischen zu einem interkontinentalen Organ der Festkörperphysik" entwickelt habe.[49] Eine Konsequenz war, dass man das Editorial Board nun auch um Vertreter der beiden – politischen wie wissenschaftlichen – Großmächte erweitern wollte. Aus der Sowjetunion konnte man den Moskauer Halbleitertheoretiker Viktor L. Bonch-Bruevich gewinnen und für die USA rückte ab Band 19 (1967) der amerikanische Pionier der Festkörperforschung Frederik Seitz in dieses Gremium ein. Bezüglich letzterem ist interessant, dass dessen Verpflichtung offenbar allein aufgrund fachlicher Gesichtspunkte erfolgte und eine autonome Entscheidung der verantwortlichen Physiker um Görlich war. Diesen wird Seitz' politischer Konservatismus, bisweilen sogar mit antikommunistischen Elementen gewürzt[50], sicherlich nicht entgangen sein, doch wurde dies von der Tatsache aufgewogen, dass Seitz nicht nur zu den renommiertesten zeitgenössischen Festkörperphysikern, sondern auch zu den damals einflussreichsten Physikern der USA gehörte, von dem man sich nicht nur einen Prestigegewinn in der internationalen community und namentlich unter amerikanischen Physikern, sondern vor allem auch einen Werbeeffekt für neue Abonnenten der Zeitschrift auf dem begehrten US-amerikanischen Markt versprach.

Obwohl es hinsichtlich der wissenschaftlichen Kompetenz sowohl bei Seitz' als auch bei Bonch-Bruevich keinerlei Zweifel gibt, macht ihre Aufnahme in das Editorial Board deutlich, dass dieses nicht nur nach fachlichen Kriterien besetzt wurde; auch die durch Böer formulierte Gründungsmaxime, dass „jedes europäische Land ... in dem Festkörperphysik betrieben wird, möglichst durch mindestens einen Herausgeber vertreten sein (sollte)"[51], scheint in einer sehr speziellen Weise umgesetzt worden zu sein. Unter den vierzehn Mitgliedern des Grün-

---

49 Bericht über die Verhandlungsergebnisse der Herren Dr. Oberländer und Dr. Borchardt vom 24.-31.8.1966 in Budapest. BBAWA, Nr. AV 879.

50 Frederick Seitz, "Physicists and the Cold War," *Bulletin of the Atomic Scientists* 6, Nr. 3 (1950): S. 83-89.

51 Protokoll der Gründungsveranstaltung, Berlin 20.12.1960. BBAWA, AV Nr. 898.

dungsboards waren neben jeweils vier Vertretern aus der DDR und der Bundesrepublik zwar bis auf Rumänien alle sozialistischen Länder vertreten, aber aus Westeuropa lediglich je ein Vertreter aus Großbritannien und Frankreich, wobei letztere sicherlich nicht ganz zufällig politisch links orientiert waren. In welchem Maße hier Absprachen mit politischen Stellen in der DDR erfolgten oder die verantwortlichen Wissenschaftler sich in dieser Frage „autonom" den politischen Wünschen bzw. Gegebenheiten anpassten, kann auf Grund der spärlichen Aktenüberlieferung heute nicht mehr zweifelsfrei beurteilt werden. Allerdings hatte das Herausgebergremium noch ein anderes Problem, war doch kein Mechanismus vorgesehen, inaktive Mitglieder ohne Gesichtsverlust abzulösen oder gar das gesamte Board zu reorganisieren. Dies hatte nicht nur zur Folge, dass das Durchschnittsalter der Mitglieder stetig zunahm, sondern auch ein wachsendes Ungleichgewicht zwischen traditionellen und neuen bzw. innovativen Forschungsgebieten in der Festkörperphysik entstand, da wichtige Forschungsgebiete, wie z.B. die Halbleiteroptik dort nicht vertreten waren. Dieser Geburtsfehler konnte erst in der Umbruchssituation der frühen neunziger Jahre behoben werden. Im Vergleich zum repräsentativen Editorial Board kam so dem Advisory Board eine sehr viel größere und wichtigere Rolle bei der Führung und fachlichen Profilierung der Zeitschrift zu, konnte man hier doch besser auf neue und innovative Forschungsentwicklungen reagieren.

Wurden bei der Gründung noch deutsch, englisch, französisch oder russisch als gleichberechtigte Publikationssprachen akzeptiert, wobei jeder Arbeit eine englische Zusammenfassung vorangestellt war, so ging man in den späten sechziger Jahren auch bei der *pss* zum englischen als bevorzugter Publikationssprache über, wobei diese Maßnahme im Verlag zunächst auf ein geteiltes Echo gestoßen war. Dieses konnte jedoch nicht verhindern, dass 1975 70% und 1982 99% aller Beiträge auf Englisch verfasst waren[52]; im Gründungsjahrgang waren es noch ganze 9%.[53]

In den sechziger Jahren stieg die Zahl der eingereichten Manuskripte kontinuierlich, so dass Kapazitätsgrenzen für die Aufnahme der Aufsätze deutlich wurden und man über eine „irgendwie gearteten Teilung der Zeitschrift (z.B. in Spezialgebiete)" nachzudenken begann. Das Nachdenken führte im Jahre 1970 zur

52 Konzeption über die weitere Entwicklung der Zeitschrift „physica status solidi", 25.11. Archiv Wiley-VCH.

53 W. Borchardt an Verlagsleitung, 20.9.1966. BBAWA, Av Nr. 879.

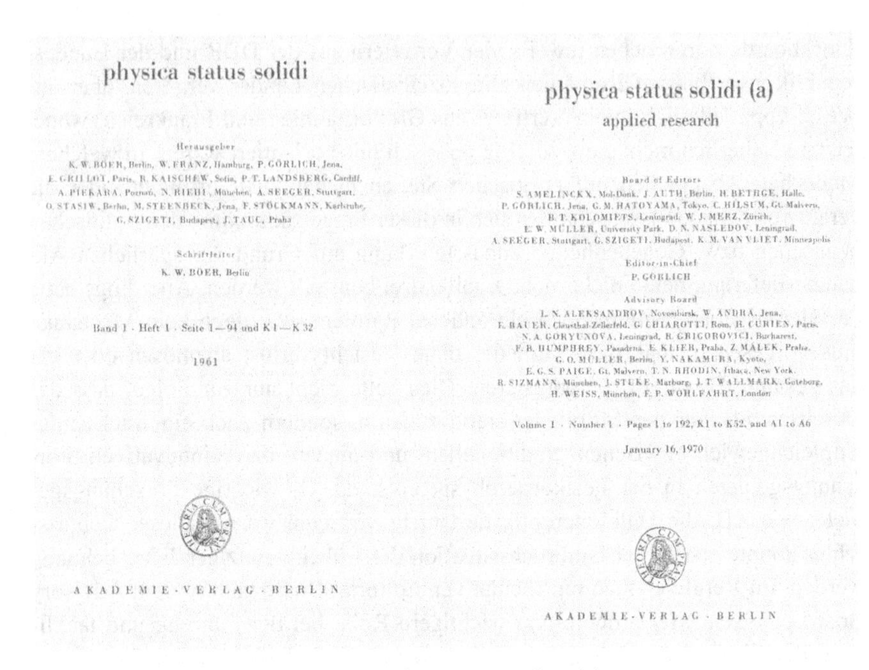

physica status solidi

Herausgeber

K. W. BÖER, Berlin, W. FRANZ, Hamburg, P. GÖRLICH, Jena,
E. GRILLOT, Paris, R. KAISCHEW, Sofia, P. T. LANDSBERG, Cardiff,
A. PIEKARA, Poznań, N. RIEHL, München, A. SEEGER, Stuttgart,
O. STASIW, Berlin, M. STEENBECK, Jena, F. STÖCKMANN, Karlsruhe,
G. SZIGETI, Budapest, J. TAUC, Praha

Schriftleiter

K. W. BÖER, Berlin

Band 1 · Heft 1 · Seite 1—94 und K 1—K 32

1961

AKADEMIE-VERLAG · BERLIN

physica status solidi (a)

applied research

Board of Editors

S. AMELINCKX, Mol-Donk, J. AUTH, Berlin, H. BETHGE, Halle,
P. GÖRLICH, Jena, G. M. HATOYAMA, Tokyo, C. HILSUM, Gt. Malvern,
B. T. KOLOMIETS, Leningrad, W. J. MERZ, Zürich,
E. W. MÜLLER, University Park, D. N. NASLEDOV, Leningrad,
A. SEEGER, Stuttgart, G. SZIGETI, Budapest, K. M. VAN VLIET, Minneapolis

Editor-in-Chief

P. GÖRLICH

Advisory Board

L. N. ALEKSANDROV, Novosibirsk, W. ANDRA, Jena,
E. BAUER, Clausthal-Zellerfeld, G. CHIAROTTI, Rom, R. CURIEN, Paris,
N. A. GORYUNOVA, Leningrad, R. GRIGOROVICI, Bucharest,
F. B. HUMPHREY, Pasadena, E. KLIER, Praha, Z. MALEK, Praha,
G. O. MÜLLER, Berlin, Y. NAKAMURA, Kyoto,
E. G. S. PAIGE, Gt. Malvern, T. N. RHODIN, Ithaca, New York,
R. SIZMANN, München, J. STUKE, Marburg, J. T. WALLMARK, Goteborg,
H. WEISS, München, E. P. WOHLFAHRT, London

Volume 1 · Number 1 · Pages 1 to 192, K1 to K52, and A1 to A6

January 16, 1970

AKADEMIE-VERLAG · BERLIN

Abbildung 3: Titelseiten der ersten Hefte von pss und pss(a).

Gründung der *physica status solidi (a) – applied research*; fortan gab es zwei Ausgaben der *pss*, wobei die „Mutterzeitschrift" erst im folgenden Jahr, ab Band 43 (1971) den Zusatz „basic research(b)" (*pss(b)*) erhielt.

Die Berufung der Mitglieder des Editorial Boards der neuen Reihe sollte laut Statut und wie auch bei der Mutterzeitschrift auf Vorschlag des Hauptschriftleiters und nach Information der anderen Mitherausgeber erfolgen. Aber auch diesmal war dies mehr ein frommer Wunsch, denn die DDR-Wirklichkeit. In den Jahren nach dem Mauerbau hatten Partei und Regierung der DDR eine forcierte Abgrenzungspolitik gegenüber dem Westen und insbesondere gegenüber der Bundesrepublik betrieben. Damit wurde den bisherigen Prinzipien einer gesamtdeutschen Politik abgeschworen und eine strikte Politik der Abgrenzung gegenüber dem zweiten deutschen Teilstaat und die Betonung der Eigenständigkeit und Unabhängigkeit der DDR propagiert. Dies betraf nicht nur den Bereich der Politik, sondern insbesondere auch Kultur und Wissenschaft, wo noch vielfältige Kooperationen und Kontakte gepflegt wurden. Keineswegs zufällig war bei Gründung der *pss* großen Wert darauf gelegt worden, dass westdeutsche Kollegen im Herausgebergremium prominent vertraten waren und es anfangs auch einen hohen Anteil von Aufsätzen aus der Bundesrepublik gab – dies sogar intensiv beworben worden war. Ein Jahrzehnt später legte man darauf keinerlei Wert mehr und der Verlags verfügte sogar, dass „keine Neuaufnahme von Wissenschaftlern WD/WB (Westdeutschland/Westberlin) in den Board, Ausländer nach Prüfung" erfolgen sollte. Dabei bezog man sich auf eine nicht näher genannte „Anordnung".[54] Das dies keine allein auf die *pss* bezogene Weisung war, macht die Tatsache deutlich, dass sich damals eine zentrale Kommission unter Leitung des stellvertretenden Ministerpräsidenten Alexander Abusch mit den „Problemen der in den DDR-Verlagen erscheinenden Schriftenreihen mit westdeutschen Herausgebern" beschäftigte. So kam es, dass im Board of Editors der neuen Serie neben A. Seeger, der ja einer der Gründungsmitglieder der *pss* war, kein weiterer westdeutscher Physiker zu finden ist; erst 1987, mit Band 103, wurde mit P. Haasen aus Göttingen wieder ein solcher aufgenommen. Im Übrigen war nicht nur die Aufnahme westdeutscher Kollegen von den zuständigen staatlichen Stellen abzusegnen, sondern die Zusammenstellung der Board-Mitglieder generell. So hatte Görlich die Vorstellungen des Vorbereitungskomitees über das neue Board sowohl mit den entsprechenden Gremien der Akademie bzw. dem Akademiepräsidenten, als auch mit dem für Forschung und Technik zuständigen stellvertretenden Ministerpräsidenten Herbert Weiz abgesprochen[55]; in besonders heiklen Fällen scheint man sich sogar mit dem Apparat des Zentralkomitees der SED abgestimmt zu haben.[56] Was das Ergebnis bzw. die Konfliktpunkte dieser Beratungen waren und welche Kompromisse man dabei eingehen musste, ist jedoch nicht dokumentiert. Schließlich bildeten den Board der neuen Zeitschrift:

S. Amelinckx (Mol-Donk), J. Auth (Berlin), H. Bethge (Halle), P. Görlich (Jena), G.M. Hatoyama (Tokyo), C. Hilsum (Gt. Malvern), B.T. Kolomiets (Leningrad), W.J. Merz (Zürich), E.W. Müller (University Park), D.N. Nasledov (Leningrad), A. Seeger (Stuttgart), G. Szigeti (Budapest), K.M. van Vliet (Minneapolis).

Im Rahmen der Bildung des Board of Editors der neuen Serie war ebenfalls versucht worden, den Gründer der *pss* Karl Wolfgang Böer in das Gremium zu be-

54 Handschriftliche Notiz zum Brief von P. Görlich an Mussler, Berlin 18.1.1971. Archiv Wiley-VCH.

55 P. Görlich an Mussler, Berlin 18.1.1971. Archiv Wiley-VCH.

56 Protokoll einer Beratung mit der Schriftleitung, 7.11.1970. BBAWA, AV Nr. 1929.

rufen und ihn damit auch offiziell wieder enger an die *pss* zu binden. Obwohl dies von Görlich und dem Redaktionskollegium mit großem Nachdruck betrieben wurde, war die sofortige Aufnahme gegenüber dem Verlag, der natürlich der Generallinie der SED folgte, nicht durchzusetzen. Formell wurde die Ablehnung damit begründet, dass Böer ja noch westdeutscher Staatsbürger sei und man damit der obigen Anordnung zuwider handeln würde.

Erst als Böer 1971 die amerikanische Staatsbürgerschaft besaß, Görlich gegenüber der Verlagsleitung weiterhin nachdrücklich auf seine Aufnahme bestanden hatte und es Anfang 1972 nochmals zu diesbezüglichen Gesprächen mit dem für Zeitschriften zuständigen Vizepräsidenten der Akademie kam[57], stand der Aufnahme von Böer im Editorial Board schließlich nichts mehr im Wege. Mit dem Jahrgang 9 (1972) war Karl Wolfgang Böer wieder Mitherausgeber der *pss* – allerdings der neuen Serie (a) applied research.

Für eine in der DDR herausgegebenen Zeitschrift waren nicht nur auf dem schwierigen deutsch-deutschen Terrain politische Rahmenbedingungen zu beachten. So wurde die Redaktion Mitte der siebziger Jahre mehrmals vom Presseamt wegen „ernster Verstöße gegen die Grundprinzipien" der DDR-Außenpolitik gerügt. Hintergrund der Rüge waren Danksagungen von Autoren, die bei ihren Forschungen von der NASA, dem Bundesverteidigungsministerium oder anderen für die DDR suspekten Institutionen finanziert worden waren. Ebenfalls wurde kritisiert, dass sich unter den *pss*-autoren auch Wissenschaftler aus Südafrika, Israel, Chile und solchen Ländern befanden, die UNO-Resolutionen nicht respektierten bzw. in denen antikommunistische Diktatoren regierten.[58] So vermerkte die Protokollnotiz einer Sitzung des Redaktionskollegiums vom 10.8.1986 explizit: „Beiträge aus Südafrika werden z.Zt. aufgrund der Politik der Apartheid entsprechend einer UNO-Empfehlung in *pss* nicht publiziert."[59] Solche „Fehltritte" wurden dann künftig tunlichst vermieden bzw. intern ausgeräumt – beispielsweise durch die Angabe anderer institutioneller Anbindungen der Autoren oder der Vermeidung missliebiger Danksagungen. Ein anderer Eingriff der Politik betraf Mitte der siebziger Jahre eine generelle Aufforderung des Presseamtes an die in der DDR herausgegebenen naturwissenschaftlichen Zeit-

57 Mussler an P. Görlich, Berlin 16.2.1972. Archiv Wiley-VCH.

58 Vgl. Agnes Tandler, „Devisenlieferanten des Akademieverlags", in: Simone Barck, Martina Langermann und Siegfried Lokatis (Hrsg.), *Zwischen „Mosaik" und „Einheit". Zeitschriften in der DDR.* Berlin 1995, S. 491.

59 Protokoll der Redaktionskollegiums-Sitzung, 10.6.1986. Archiv Wiley-VCH.

schriften, den Anteil westlicher Autoren zu senken und speziell die Publikationen von DDR-Wissenschaftlern zu fördern. Auch diese Direktive ging ins Leere, nicht zuletzt weil selbst parteinahe und staatstragende Physiker diese Weisung als weltfremd bzw. kontraproduktiv empfanden und die Redaktion darin bestärkten, wie gehabt weiterzumachen.[60] Damit blieben solche politischen Reglementierungsversuche für die *pss* praktisch folgenlos, was sowohl mit ihrer Rolle als Aushängeschild der DDR-Physik, die das internationale Ansehen der DDR mehren half, als auch mit der Tatsache zusammenhing, dass die Zeitschrift für die DDR „ein beachtlicher Devisenbringer" war.[61] Dies stärkte nicht nur den ökonomischen Erfolg der *pss*, sondern festigte generell ihre Position im Verlag und im Publikationswesen der DDR.

Dass der wissenschaftliche und ökonomische Erfolg der *pss* auch in den folgenden Jahrzehnten anhielt, dazu trug die Teilung der Zeitschrift in die Serien (a) und (b) maßgeblich bei. Im Übrigen entsprach die neue Serie applied research(a) nicht nur der Realität ständig steigender Manuskriptzugänge, sondern auch den forschungspolitischen Leitlinien der damaligen Zeit. An der Wende zu den siebziger Jahren versuchte die Partei- und Staatsführung der DDR mit einem Reformpaket, dessen Hauptbestandteile eine Wirtschafts-, Schul-, Hochschul- und Akademiereform waren, die angestauten gesellschaftlichen und ökonomischen Probleme der DDR zu lösen.[62] In diesem Zusammenhang wurden die bisherigen Vorstellungen zur Wissenschafts- und Forschungspolitik grundsätzlich neu bedacht, wobei die Institution Wissenschaft zunehmend als eine Produktionsstätte von Wissen bzw. als unmittelbare Produktivkraft begriffen wurde, die es wirtschaftlich und gesellschaftlich zu nutzen galt. Auf der Grundlage solcher ökonomischer Erfordernisse und ideologischer Vorgaben fand eine Aufwertung von angewandter und Zweckforschung statt. Damit bediente die neue Serie applied research auch sehr gut die Prämissen aktueller Forschungspolitik. In solche Kontexte und vor dem Hintergrund der angespannten Energiesituation in der DDR müssen wohl auch Bestrebungen eingeordnet werden, neben den Serien applied und basic science eine weitere Serie „Energie" zu begründen, doch scheiterten die entsprechenden Bemühungen an den ökonomischen Engpässen der DDR.

60 Persönlich Mitteilung von L. Rothkirch, Berlin 26.1.2011.

61 Denkschrift zur gegenwärtigen Lage der Zeitschriften auf dem Gebiet der Naturwissenschaften in der Deutschen Demokratischen Republik, 1965. BBAWA, Klassen Nr. 59.

62 Vgl. Hubert Laitko, „Das Reformpaket der sechziger Jahre – wissenschaftspolitisches Finale der Ulbricht-Ära," in: Dieter Hoffmann, Kristie Macrakis (Hrsg.), *Naturwissenschaft und Technik in der DDR*. Berlin 1997, S. 35-57.

Trotz solcher und anderer Probleme gestaltete sich die Herausgabe der Zeitschrift für DDR-Verhältnisse vergleichsweise problemlos – „sie lief", wie es ein Zeitgenosse auf den Punkt zu bringen versuchte. Allerdings wuchsen in den achtziger Jahren die Probleme, die Qualität der Zeitschrift und den exportorientierten Abonnentenbestand zu sichern. Dies lag nicht nur an der sich sukzessiv verschärfenden allgemeinen Krise in der DDR mit deren wachsenden Engpässen, u.a. bei der Papierbereitstellung, sondern nicht zuletzt auch am zunehmenden Verlust an internationaler Reputation der DDR-Wissenschaft. Dies trug dazu bei, dass westliche Autoren der *pss* verloren gingen. Parallel ging der Zeitschrift ein Teil ihres Alleinstellungsmerkmals verloren, denn mit der Einführung des Computers ließen sich nicht nur Verlagsabläufe umfassend rationalisieren, sondern auch das Erstellen von Graphiken und Zeichnungen konnte nun ebenfalls relativ einfach und im Laufe der Zeit auch immer besser und schneller am eigenen Computer erfolgen; spezielle redaktionelle Arbeiten bzw. eine gut eingespielte Redaktion waren dafür immer weniger erforderlich. All dies hatte zur Konsequenz, dass Autoren aus dem westlichen Ausland, die der *pss* bis dahin die Stange gehalten hatten, zunehmend abwanderten. Hinzu kam, dass inzwischen nicht nur die *pss* ein schnelles Erscheinen der eingereichten Beiträge sichern konnte, sondern auch andere Zeitschriften ihre Publikationszeiten – nicht zuletzt durch die Computertechnik – deutlich verkürzt hatten.

Trotz der zunehmenden Konkurrenz und wachsender Probleme bot die *pss* mit ihren beiden Serien (a) und (b) noch genügend Substanz[63], dass sie sich bis zur politischen Wende 1989/90 am internationalen Zeitschriftenmarkt behaupten und auch die politischen und ökonomischen Verwerfungen der folgenden Umbruchszeit erfolgreich meistern konnte. Im Gegensatz zu manch anderer Zeitschrift in der DDR – so musste z.B. die Leipziger Ausgabe der traditionsreichen *Zeitschrift für physikalische Chemie* Ende 1990 ihr Erscheinen einstellen – hat die *physica satus solidi* so nicht nur den Kalten Krieg, sondern auch dessen Ende mit seinen dramatischen politischen und ökonomischen Veränderungen erfolgreich überstanden. Sie wird heute sogar in erweiterter Form – neben den traditionellen Serien applied research (a) und basic research (b) wurden 1997 die neue Serie *Rapid Research Notes* eingeführt – vom Wiley-Verlag herausgegeben und kann so auf eine fünfzigjährige erfolgreiche Existenz zurückblicken.

63 Vgl. Werner Marx, Dieter Hoffmann, "Bibliometric Analysis of Fifty Years of physica status solidi," *pss(b)* 248, Nr. 12 (2011): S. 2762–2771.

Personen und Institutionen

11 „From Russia with Love“: Die Pontecorvo-Affäre

Stefano Salvia

Inmitten eines Urlaubs in Italien, am 30. August 1950, verließ der Physiker Bruno Pontecorvo plötzlich Rom und reiste mit seiner Ehefrau und seinen drei Söhnen nach Stockholm, anscheinend ohne jegliche Spur zu hinterlassen. Dabei wurde er wenige Wochen später zurück in England erwartet, wo er im Januar 1951 den Lehrstuhl für Experimentalphysik an der Universität Liverpool antreten sollte. Als Pontecorvo nicht wieder auftauchte, folgte in den nächsten Monaten eine Theorie auf die nächste: wurde er von den Sowjets aufgrund seiner Arbeit am britisch-kanadischen Atomprojekt entführt? War er freiwillig in die UdSSR übergelaufen? In jedem Fall gab es keinen Zweifel, dass sich Pontecorvo auf der anderen Seite des Eisernen Vorhangs aufhielt.[1]

Pontecorvo war das jüngste Mitglied der „Via-Panisperna-Jungen“, der 1926-38 von Enrico Fermi geleiteten Forschungsgruppe zur Atomphysik in Rom. Von 1934 an wirkte Pontecorvo an Fermis berühmtem Experiment zu den Eigenschaften langsamer Neutronen mit, welches zur Entdeckung der Kernspaltung führte. In mehreren Interviews nach 1990 berichtete Pontecorvo, dass er sich zunehmend vom faschistischen Regime unterdrückt fühlte und ihn die Vorstellung einer Allianz Italiens mit Nazi-Deutschland ängstigte.

Pontecorvo zog 1936 nach Paris, um dort mit Irène und Frédéric Joliot-Curie die Streueffekte von Neutronen und Protonen anhand der Untersuchung von radioaktiven Isotopen und Isomeren zu erforschen. Während dieser Zeit entwickelten sich seine linksgerichteten Ideen zu einem offenen Bekenntnis zum Kommunismus, auch aufgrund von Joliot-Curies einflussreicher Persönlichkeit als sozialistischer Physiker. 1938 lernte er Marianne Nordblom kennen, eine junge kommunistische Studentin, die er später heiratete. Aufgrund seiner jüdischen Abstammung konnte Pontecorvo im selben Jahr nicht mehr nach Italien zurückzukehren,

1 «BBC On This Day» (27.10.2005), 1950: *Hunt for missing atomic scientist* (http://news.bbc.co.uk/onthisday/hi/dates/stories/october/27/newsid_3091000/3091390.stm); “Ridda di ipotesi sul ‘caso Pontecorvo’” in: *La Stampa* vom 21.10.1950; “Il Prof. Pontecorvo rifugiato a Mosca per nascondere una complicità col Fuchs?” in: *La Stampa* vom 22.10.1950.

Abbildung 1: Links: Bruno Pontecorvo (1913-1993). Rechts: Von links nach rechts: Ettore Majorana, Emilio Segrè, Edoardo Amaldi, Franco Rasetti, Enrico Fermi. Foto von Bruno Pontecorvo.

da dort Rassengesetze ähnlich denen in NS-Deutschland verabschiedet worden waren. 1939 lernte er Luigi Longo und andere politische Flüchtlinge kennen und trat der geheimen italienischen kommunistischen Partei (PCI) bei. Pontecorvo blieb bis 1940 in Paris, als ihn die deutsche Besetzung und das Vichy-Regime ins Exil nach Spanien zwangen und kurz darauf in die Vereinigten Staaten.

Zu dieser Zeit waren die USA noch neutral und besaßen die größte italienische Gemeinde außerhalb Italiens, während Großbritannien der Bedrohung einer deutschen Invasion entgegen sah und das Problem der „feindlichen Ausländer“ auf seinem Territorium bewältigen musste. Für einen italienischen Flüchtling war es zweifellos einfacher sich in den USA niederzulassen. Zudem hatte der britische Geheimdienst bereits eine Akte zu Bruno Pontecorvo angelegt. Dieser frühe Bericht der MI5 betrachtete Pontecorvo als „mäßig unerwünscht“, weil er zum Umkreis von Joliot-Curie gehörte.

Dank Emilio Segrè, der 1938 nach Berkeley gezogen war, wurde Pontecorvo Alexander Scherbatskoy und Jacob Neufeld von Well Survey Incorporated

(WSI) in Tulsa, Oklahoma, empfohlen, einer Firma, die bahnbrechende Fortschritte in der Anwendung von Atom- und Geophysik bei der Prospektion von Mineralien und der Bohrlochvermessung vollzogen hatte. Seit Beginn seiner wissenschaftlichen Karriere interessierte sich Pontecorvo für die Wechselbeziehungen zwischen Nukleonen und atomaren/molekularen Strukturen. Die Idee, durch die Untersuchung von Absorption und Streuung langsamer Neutronen die physikalisch-chemischen Eigenschaften der unterschiedlichen geologischen Schichten einer Erdölbohrung aufzudecken, stammte direkt aus seiner vorhergehenden Arbeit in Rom und Paris. Die Kombination von Elektronen-, Gamma-Strahlen- und Neutronen-basierten Bohrlochmessungen ermöglichte eine wesentliche genauere Prospektion, auch für Radium- und Uranlagerstätten.[2]

Pontecorvo arbeitete zwei Jahre lang für WSI, bevor sich seine Aufmerksamkeit von den geophysikalischen Anwendungen von Strahlungsquellen hin zu den Quellen selbst und ihren Nachweisverfahren verschob. Er besuchte verschiedene Labore an der Ostküste und traf Fermi in Chicago. Trotz seiner engen Freundschaft mit Fermi wurde Pontecorvo nicht aufgefordert, am Manhattan-Projekt teilzunehmen, wahrscheinlich aufgrund seiner sozialistischen Überzeugung. Am 25. September 1942 wurde Pontecorvos Haus in Tulsa genauestens von zwei FBI Agenten durchsucht, da Pontecorvo nun auch in den USA als „feindlicher Ausländer" galt und er an kriegsrelevanten Themen arbeitete. Bei dieser Durchsuchung wurden marxistische Literatur und pro-kommunistische Flugblätter gefunden, die den Ausgangspunkt einer zweiten, weitaus bedeutenderen Akte über den italienischen Physiker waren. Dieses amerikanische „Pontecorvo-Dossier" wird nach wie vor unter Verschluss gehalten und alles, was darüber bekannt ist, stammt aus den freigegebenen Dokumenten des britischen Geheimdienstes.

1942 boten sich Fermi und Pontecorvo mehrere Gelegenheiten ihre Daten zur Ausbreitung von Neutronen in unterschiedlichen Materialien zu vergleichen. Allerdings nutze Fermi diese Gelegenheiten nicht, um Pontecorvo mitzuteilen, warum er an dieser Thematik so interessiert war. Es ist nicht bekannt, ob das FBI verhinderte, dass Fermi Pontecorvo ins amerikanische Atomprogramm mit einbezog. Fermi war aber sicherlich über den Besuch im Haus seines Freundes informiert und er war grundsätzlich sehr vorsichtig in diplomatischen Angelegenheiten. 1943 wurde Pontecorvo eine Anstellung bei Montreal und Chalk River

2 Luisa Bonolis, "Bruno Pontecorvo, from slow neutrons to oscillating neutrinos", *American Journal of Physics* 73 (2005): S. 487-499.

Laboratories in Kanada angeboten, wo er sich auf die Prospektion kriegsrelevanter Minerale, das Design von Schwerwasserreaktoren und Sicherheitsfragen im Zusammenhang mit Strahlenschutz konzentrierte. Er interessierte sich außerdem für theorietische Teilchenphysik, kosmische Strahlung, Neutrinos und den Zerfall von Myonen.

Pontecorvo wurde für diese Arbeit am britisch-kanadischen Atomprojekt „Tube Alloys“ durch das verantwortliche Sicherheitsbord sorgfältig überprüft. Dabei konnte allerdings nichts Verdächtiges gefunden werden. Im Gegenteil, es sah so aus, als wäre er der richtige Mann am richtigen Ort. Seine linken Ansichten waren sogar eine Garantie für seine aktive Mitarbeit gegen den Nazi-Faschismus.

Doch 1945 gestand Igor Gouzenko, ein ehemaliger Mitarbeiter der russischen Botschaft in Ottawa, den kanadischen Autoritäten, dass er Teil eines internationalen Spionagenetzwerkes war, das, zusammengesetzt aus Mitarbeitern des sowjetischen Innenministeriums (NKWD) und westlichen Naturwissenschaftlern, das Projekt „Tube Alloys“ infiltriert hatte. Es wurde jetzt schnell klar, dass die Atomspione keine „feindlichen Ausländer“, sondern britische und französische Physiker waren, wie im Fall Alan Nunn Mays, der 1946 festgenommen wurde.[3]

Was folgte war die kollektive Hysterie des „Red Scare“ der McCarthy-Ära und die Eindämmungspolitik Harry Trumans gegen die UdSSR und ihre neuen Verbündeten. Die Jagd auf die „fellow travellers“ beeinflusste Pontecorvo aufgrund seiner grundlegenden Beiträge zu „Tube Alloys“ noch nicht, aber er ärgerte sich mehr und mehr über die Sicherheitsbeschränkungen, die allen Physikern des Programms nach den Affären um Gouzenko und Nunn May auferlegt worden waren. 1948 erlangte Pontecorvo die britische Staatsbürgerschaft (eventuell mit Hilfe von Fermi) und wurde von John Cockcroft eingeladen, der Abteilung für Atomphysik (Nuclear Physics Devision) in Harwell beizutreten, um in den Geheimlaboren des Atomic Energy Research Establishment (AERE) am britischen Atomprojekt mitzuarbeiten.

Soweit aus in den 1990er Jahren deklassifizierten Dokumenten bekannt ist, waren Scotland Yard und der MI5 in der Zwischenzeit von ihren Kollegen beim FBI informiert worden, dass Pontecorvo vor 1940 ein Mitglied der PCI gewesen war, auch wenn er scheinbar nicht aktiv in kommunistische Propaganda involviert gewesen war. Trotz seines kommunistischen Engagements schien man

3 Leo Pestelli, “Storia segreta dei traditori. Alcune figure di spie atomiche“, in: *La Stampa* vom 20.03.1953, S. 3.

Pontecorvo für eine Anstellung bei der Royal Army ausreichend zu vertrauen, auch wenn er, wie viele andere Atomphysiker in Großbritannien zu dieser Zeit, fortwährend vom Geheimdienst überwacht wurde. Die Informationen des MI5 stammten anscheinend aus der 1942 angelegten FBI Akte, angereichert mit neuen Einzelheiten über die pro-kommunistischen Aktivitäten anderer, in Italien lebender, Mitglieder der Pontecorvo-Familie, wie Brunos jüngstem Bruder Gillo und seinem Cousin Emilio Sereni. Beide waren ehemalige kommunistische Partisanen während der Nazi-Okkupation und spielten eine wichtige Rolle in der Nachkriegs-PCI.

Pontecorvos Position wurde in einer Zeit der Angst, des Verdachts und der Paranoia sehr heikel, vor allem nachdem mit Klaus Fuchs ein weiterer Fall der Atomspionage bekannt wurde. Im Gegensatz zu Nunn May war Fuchs genau jene Art von „feindlichem Ausländer", die in den ersten Jahren des zweiten Weltkrieges von den alliierten Militärdiensten besonders gefürchtet war. Fuchs war in Chicago als offizieller Kollaborateur der NKWD rekrutiert worden und hatte 1942, beim Eintritt ins Manhattan-Projekt, begonnen als sowjetischer Spion zu dienen. Es gab keinerlei Zweifel, dass Fuchs' Spionage in seiner starken und bewussten Bekenntnis zum sowjetischen System begründet war, die auf seine KPD-Mitgliedschaft in der späten Weimarer Republik zurückging. Aus dieser Sicht war Fuchs der erste Atomspion des Kalten Krieges, der bewusst als solcher handelte. Die Fuchs-Affäre war der *casus belli* eines untergründigen Krieges zwischen offiziell verbündeten Geheimdiensten. Es war ein unsichtbarer Krieg zwischen den beiden NATO-Gründern mitsamt ihren abweichenden politischen Visionen.[4]

Im Gegensatz zu den USA hatte Großbritannien aufgrund der geopolitischen Nähe zu Europa eine wesentlich pragmatischere Einstellung gegenüber der Sowjetunion entwickelt. Diese Politik stieß auf Seiten der USA auf klare Ablehnung. Außerdem wurde der britische Anspruch auf strategische Unabhängigkeit von der amerikanischen Administration als Zeichen der Unzuverlässigkeit aufgefasst, wo Einheit, Loyalität und Transparenz im Kampf gegen die „rote Bedrohung"

4 Robert C. Williams, *Klaus Fuchs: Atom Spy*. Cambridge (MA) 1987; Paul Reynolds, "How atom spy slipped security net. Blunders that allowed Soviet spy Klaus Fuchs to give Moscow the secrets of the atomic bomb have been revealed in documents released from the security service MI5," *BBC News* vom 21.05.2003 (http://news.bbc.co.uk/2/hi/uk_news/3046255.stm); Ronald Friedmann, *Klaus Fuchs: der Mann, der kein Spion war. Das Leben des Kommunisten und Wissenschaftlers Klaus Fuchs*. Rostock 2006.

unverzichtbar waren.[5] Die hohe Durchlässigkeit des Projekts „Tube Alloys“ für sowjetische Spionage war ein ernsthaftes Versagen des britischen Geheimdienstes und hätte zu einem großen Skandal werden können. Scotland Yard konnte nach dem Fall von Klaus Fuchs keinen Pontecorvo-Fall riskieren. Was vor 1950 nur verdächtig gewesen war, war nun ausreichend, um einen Atomphysiker daran zu hindern an geheimen Projekten zu arbeiten.

Pontecorvo wurde somit von all seinen Pflichten in Harwell entbunden, sein Zugang zu klassifizierten Daten wurde gesperrt. John Cockcroft, der Direktor des Forschungszentrums für Atomenergie, wollte jedoch jegliche öffentliche Aufmerksamkeit vermeiden und so empfahl er Pontecorvo nachdrücklich für den Lehrstuhl der Experimentalphysik in Liverpool. Hier sollte ein hochrangiges Forschungszentrum für theoretische- und Teilchenphysik entstehen, allerdings ohne direkte Verbindung zum britischen Atomprojekt. Pontecorvo wurde im Juli 1950 zum ordentlichen Professor nach Liverpool berufen – gegen den Widerstand einiger Mitglieder des Berufungsausschusses, die einen britischen Physiker bevorzugt hätten und Cockcrofts persönliches Interesse an der Berufung nicht verstanden. Pontecorvo hätte es frei gestanden an seinen Lieblingsthemen zu arbeiten: Neutrinos und Mesons, kosmische Strahlung und Astroteilchenphysik – ohne Geheimhaltungsprobleme. Allerdings war Pontecorvo sehr unglücklich mit dieser Lösung. Ihm war klar, dass Liverpool eine feindliche Umgebung für einen jüdisch-italienischen Wissenschaftler wäre, von dem vermutet wurde, dass er ein kommunistischer Spion sei.

Zusätzlich war er 1948 der, seit 1946 laufenden, gemeinschaftlichen Klage Fermis, Amaldis, Segrès und Rasettis gegen die US-Regierung beigetreten, in der sie Rechte und eine angemessene finanzielle Entschädigung für in den USA patentierte Atomtechnologien einforderten, die auf den Eigenschaften langsamer Neutronen basierten. Der Klage wurde erst 1951 stattgegeben, mit einer Entschädigung von knapp 300.000 $ – wesentlich weniger als die ursprünglich von den „Via-Panisperna-Jungen“ geforderte Summe. Zwischenzeitlich nahm sie jedoch die Gestalt einer wissenschaftlichen, wirtschaftlichen und diplomatischen Kontroverse zwischen Italien und den Vereinigten Staaten an.

Am 24. Juli 1950 schrieb Pontecorvo James Mountford, dem Rektor der Universität Liverpool, dass er durch Italien reisen würde um Verwandte und Freunde zu

5 Micheal S.Goodman, *Spying on the Nuclear Bear. Anglo-American Intelligence and the Soviet Bomb*. Stanford 2007.

besuchen. Sein plötzlicher Flug nach Stockholm am 31. August konnte als unvorhergesehener Aufenthalt in der Heimatstadt seiner Frau erklärt werden, direkt vor seiner Rückkehr ins Vereinigte Königreich. Stattdessen begaben sich die Pontecorvos am nächsten Tag nach Helsinki und verschwanden dann. Ihr abruptes Verschwinden wurde in einer Zeit der zunehmenden Spannungen zwischen den beiden Blöcken schnell zu einer internationalen Angelegenheit, die den britischen und amerikanischen Geheimdiensten große Sorge bereitete, da sie um die Weitergabe atomarer Geheimnisse an die Sowjetunion fürchteten. Anfängliche Gerüchte, dass Pontecorvo vom KGB entführt worden war, wandelten sich schnell in den Verdacht, dass er, unterstützt von sowjetischen Agenten, freiwillig die finnisch-russische Grenze überquert hatte.[6] Konfrontiert mit der Möglichkeit, dass Pontecorvo in Wirklichkeit ein kommunistischer Spion war, der zur Sowjetunion übergelaufen war und dabei möglicherweise geheimes Material mitgebracht hatte, wiesen die britischen Autoritäten sofort darauf hin, dass Pontecorvo nur sehr begrenzten Zugang zu geheimen Arbeitsfeldern gehabt hatte. Auch später wurde er nicht offiziell beschuldigt, Militärgeheimnisse an die Sowjets weitergegeben zu haben.[7]

Es gibt zwei verschiedene Versionen von Pontecorvos Reiseverlaufs, die nach wie vor umstritten sind: 1) Er flog von Stockholm nach Helsinki und fuhr von dort mit dem Zug nach Leningrad, nachdem er von einem sowjetischen Diplomatenwagen vom Flughafen zu einer russischen Militärbasis in Finnland gefahren worden war. 2) Er begab sich direkt von Stockholm nach Leningrad an Bord des Schiffes *Belostrov.* Die Umstände seines hastigen Aufbruchs sind verworren, da Pontecorvo sie nie im Detail preisgeben wollte. Aus Registern des römischen Büros der Scandinavian Airlines ist allerdings bekannt, dass er 602 $ für die Tickets bezahlt hat – und zwar in bar mit sechs 100$-Banknoten. Zu jener Zeit waren diese jedoch nicht in jeder Bank erhältlich, sondern nur in Botschaften und Konsulaten verfügbar.

Kombiniert man diese Informationen mit jenen der geheimen Archive der ehemaligen PCI, die mittlerweile für Historiker zugänglich geworden sind, so ist man in der Lage eine plausible Rekonstruktion dieser Ereignisse zu liefern. Pon-

6 Enrico Altavilla, "Il Pontecorvo è già a Mosca? Inchiesta a Stoccolma e ad Helsinki" in: *La Stampa* vom 23.10.1950; "Tardive indagini finlandesi sulla scomparsa di Pontecorvo" in: *La Stampa* vom 24.10.1950.

7 "Perquisita la casa inglese di Pontecorvo" in: *La Stampa* vom 25.10.1950; "Tre rapporti a Attlee sulla fuga di Pontecorvo," in: *La Stampa* vom 25.10.1950; Simone Turchetti, *Il caso Pontecorvo. Fisica nucleare, politica e servizi di sicurezza nella guerra fredda.* Mailand 2007.

tecorvos Cousin, Senator Emilio Sereni, war eine wichtige Figur in der PCI unter Generalsekretär Palmiro Togliatti, vor der Entstalinisierung der Partei nach 1953.[8] Heute wissen wir, dass er Mitglied einer geheimen Sicherheitskommission unter der Führung von Togliatti gewesen ist, die dem Rest des Zentralkomitees unbekannt war.[9] Sie koordinierten die Aktivitäten eines geheimen Netzwerkes, in Italien als „Gladio Rossa“ bekannt, das direkt mit dem KGB verbunden war.[10] Diese paramilitärische Struktur hatte durch die Bereitstellung falscher Pässe und sicheren Geleits durch den Eisernen Vorhang bereits vielen italienischen Kommunisten die Ausreise in den Osten ermöglicht.[11]

Pontecorvos Hast legt nahe, dass sein Überlaufen nicht lange vorbereitet, sondern erst wenige Wochen zuvor entschieden worden war. Er traf seinen Cousin vor seiner Weiterreise nach Rom während eines kurzen Aufenthalts in den Dolomiten und diskutierte wahrscheinlich dort mit ihm die Möglichkeit, sowjetischer Staatsbürger zu werden. Pontecorvo und seine Familie standen außerdem den „Partisans for Peace“ nahe, einer Organisation, die als Teil des Weltfriedensrats unter sowjetischen Einfluss stand und von Sereni persönlich geleitet wurde.[12] Wie bereits Albert Einstein in seinen letzten Jahren bemerkte, waren die „Partisans for Peace“ „pazifistisch“ in einem sehr bestimmten Sinne: Sie kritisierten die westliche Atompolitik scharf, neigten aber dazu, das sowjetische Atomprogramm als unvermeidliche Antwort darauf zu rechtfertigen.

Historiker sind sich darin einig, dass Pontecorvo Hilfe von Emilio Sereni bekam, der die sowjetische Botschaft in Rom kontaktierte, die gesamte Operation organisierte und ihn mit dem nötigen Geld versorgte. Wahrscheinlich erwähnte Pontecorvo niemals die Rolle, die Sereni gespielt hatte, um seinen Cousin, seine Familie und die „Gladio Rossa“ vor einem politischen Skandal in Italien zu schützen. In der UdSSR wurde Pontecorvo mit Ehren empfangen. Ihm wurden viele Privilegien gewährt, die normalerweise der sowjetischen *nomenklatura* vor-

---

8 Massimo Caprara, *Quando le botteghe erano oscure. 1944-1969. Uomini e storie del comunismo italiano*. Mailand 1997.

9 Pierluigi Battista, “Gladio Rossa, Seniga racconta,” in: *La Stampa* vom 18.06.1992, S. 7; Massimo Caprara, *L'inchiostro verde di Togliatti*. Mailand 1996.

10 Miriam Mafai, *L'uomo che sognava la lotta armata. La storia di Pietro Secchia*. Mailand 1984; Gianni Donno, *La Gladio Rossa del PCI (1945-1967)*. Soveria 2001; Rocco Turi, *Gladio Rossa. Una catena di complotti e delitti, dal dopoguerra al caso Moro*. Venedig 2004.

11 Maurizio Caprara, *Lavoro riservato. I cassetti segreti del PCI*. Mailand 1997.

12 Ruggero Giacomini, *I Partigiani della Pace. Il movimento pacifista in Italia e nel mondo negli anni della prima guerra fredda*. Mailand 1984.

behalten waren. 1953 bekam er den Stalin Preis verliehen, 1958 die Mitgliedschaft der Akademie der Wissenschaften und zwei Lenin-Orden.[13]

Allerdings war er für viele Jahrzehnte vom Rest der Welt isoliert. Eine Ausnahme bildete eine offizielle Pressekonferenz am 1. März 1955, wo ihm gestattet wurde der Öffentlichkeit und westlichen Journalisten die Gründe seiner Wahl zu erklären. Demnach sei er nach Russland gezogen, weil er den Kapitalismus ablehne und in einem sozialistischen System habe leben wollen. Er habe diese Entscheidung getroffen, nachdem er Kanada verlassen hatte und habe die Vorstellung für den anglo-amerikanischen Imperialismus zu arbeiten verabscheut. Als einer der engsten Freunde Fuchs‘ in Harwell, habe er nicht als Renegat in einer paranoiden Gesellschaft leben wollen, die von der Existenz kommunistischer Verräter besessen sei.[14] Selbstverständlich muss man mit solchen Aussagen sehr vorsichtig sein, da sie in gewisser Weise „vorgegeben“ sein könnten.

Pontecorvo bestritt Zeit seines Lebens Spion des KGB gewesen zu sein, ebenso behauptete er immer, ausschließlich an hochenergetischen Teilchen und oszillierenden Neutrinos gearbeitet zu haben ohne jegliche direkte Mitwirkung am sowjetischen Atomprogramm.[15] Diese letzte Aussage scheint eine weitere Halbwahrheit zu sein. Wenn dem so sei, warum sperrten die Sowjets ihn und seine Familie dann mehrere Tage in einem Hotelzimmer in Leningrad ein, bevor sie ihn nach Moskau und dann nach Dubna überführten? Wollten sie sich seiner Zuverlässigkeit versichern? So waren sie in der Lage einen großen propagandistischen Vorteil daraus zu schlagen, Pontecorvo sofort als großen Physiker darzustellen, der sich entschlossen hatte, die „richtige“ Seite des Kalten Krieges zu unterstützen und ihn mit dem „sozialistischen Held“ Klaus Fuchs und mit anderen Opfern des westlichen Anti-Kommunismus zu vergleichen.

Arbeitete Pontecorvo wirklich nicht an kriegswichtigen Themen in Dubna, wo die meisten geheimen Atomlabore der UdSSR angesiedelt waren und wo die

---

13 „Pontecorvo costruisce la «Bomba C» per i russi?,“ in: *La Stampa* vom 31.12.1953, S. 5; Alberto Pupazzi, „Pontecorvo dirigerà in URSS una scuola di fisica spaziale,“ in: *La Stampa* vom 22.08.1967, S. 9.

14 Marco Ciriello, “Pontecorvo si è fatto vivo cinque anni dopo la sua fuga,” in: *La Stampa* vom 01.03. 1955; Alberto Pupazzi, “Bruno Pontecorvo per due ore parla della sua vita ai giornalisti stranieri,” in: *La Stampa* vom 05.03.1955.

15 Luigi Cortesi, “Il “Sol dell’Avvenire” tra antifascismo e guerra fredda” [Interview mit Bruno Pontecorvo], 1990, in: *Hiroshima in Italia*. Neapel 1995. (http://www.presentepassato.it/Dossier/900barbaro/hiroshima_it6_pontecorvo.htm).

Abbildung 2: Pontecorvo in Moskau, späte 1970er Jahre.

meisten deutschen Spezialisten, die von den Sowjets gleich nach Kriegsende rekrutiert worden waren, beschäftigt waren?[16] Falls dies der Fall sein sollte, warum verhinderten die Russen dann fast 30 Jahre lang jeglichen Kontakt mit der Außenwelt? Ausnahmsweise wurde es ihm im August 1978 gestattet, die Sowjetunion zu verlassen und für zwei Monate nach Italien zurückzukehren, um an einem Symposium in Rom anlässlich des 80. Geburtstages von Amaldi teilzunehmen. Danach durfte er relativ freizügig in den Westen reisen, jedoch nur für kurze Zeiträume.[17]

Es ist außerdem bekannt, dass Pontecorvo von einer Kommission aus Atomphysikern und Offizieren der Roten Armee im Akademie-Institut für Physikalische Probleme in Moskau vernommen wurde, bevor er nach Dubna zog. Es ist möglich, dass er über kein neues Wissen bezüglich Atombomben verfügte, aber seine Expertise im Reaktordesign und zu Neutronenbohrlochmessungen zur geologischen Prospektion war scheinbar sehr nützlich, da die Sowjets innerhalb weniger

---

16 David Holloway, *Stalin and the Bomb. The Soviet Union and Atomic Energy, 1939-1956*. New Haven 1996.

17 Marco Ciriello, “Pontecorvo ritorna con un nome russo. Il 7 settembre per un congresso a Roma (dopo 28 anni di assenza),” in: *La Stampa* vom 22.08.1978, S. 4; Umberto Oddone, „Pontecorvo ritorna, 28 anni dopo” in: *La Stampa* vom: 06.09.1978, S. 2; Bruno Ghibaudi, „Lo scienziato Pontecorvo a Roma ma non parla della fuga in URSS” in: *La Stampa* vom: 07.09.1978, S. 2; Bruno Ghibaudi, „Pontecorvo è costretto a rientrare nell’URSS?,” *La Stampa* vom: 12.09.1978, S. 10.

Jahre den technisch-wissenschaftlichen Rückstand, den sie noch 1950 zu den USA hatten, sowohl im Design von Schwerwasserreaktoren als auch in der Uran-Prospektion aufholen konnten.[18] Des Weiteren ist aus den Akten des britischen Geheimdienstes bekannt, dass Pontecorvo 1953-54 als Mitglied einer sowjetischen Delegation an der westlichen Grenze der UdSSR mit China gesichtet wurde. Womöglich hat er zur Entwicklung des chinesischen Atomprogramms beigetragen, bevor die sowjetisch-chinesische Kooperation 1958 beendet wurde.

Die Pontecorvo-Affäre war Gegenstand einer scharfen politischen Debatte in Italien. Das Land lag sehr nah am Eisernen Vorhang und besaß die stärkste kommunistische Partei im Westen. Diese Partei mit heterodoxem Charakter war zwar seit 1948 von jeglichen Aufgaben in der nationalen Regierung ausgeschlossen, konnte aber trotzdem ihre kulturelle Vormachtstellung bis 1990 erhalten. Hier stellte man sich die Fragen: Wer war Bruno Pontecorvo, abgesehen von seinen unbestrittenen wissenschaftlichen Leistungen? War er ein Modell der „sozialistischen Wissenschaft" oder ein utopisch denkender Wissenschaftler, Opfer einer totalitären Irreführung, so wie viele andere Intellektuelle des 20. Jahrhunderts? War er ein Mann der Wissenschaft, der immer für die friedvolle Anwendung von Atomenergie warb und nie etwas mit dem Militär zu tun haben wollte, wie Franco Rasetti oder Norbert Wiener? War er ein kommunistischer Spion, der dazu beitrug kriegsrelevante Informationen an den Osten weiterzugeben? War er ein Physiker, der früh erkannte, dass eine sowjetische Atombombe der einzige Weg war, die nukleare Macht der USA auszugleichen und so die globale Stabilität zu erhalten, wie Oppenheimer?

Die öffentliche Wahrnehmung von Pontecorvos Fall änderte sich zwischen 1950 und den frühen 1990er Jahren und spiegelte die lokalen und globalen Spannungen des Kalten Krieges wider. In Italien reflektierte sie außerdem die komplizierte Geschichte der Nachkriegs-PCI vom Stalinismus über einen anti-sowjetischen Euro-Kommunismus hin zur sozialdemokratischen Wende in den späten 1980er Jahren. Die enorme Menge an Primärquellen, die eine Untersuchung dieser veränderten öffentlichen Wahrnehmung benötigen würde, reichen von Zeitungsartikeln zu historischen Essays und populären Büchern, von Interviews und persönlichen Aufzeichnungen zu TV-Dokumentationen und ähnlichem Ma-

18 Alexei B.Kojevnikov, *Stalin's Great Science. The Times and Adventures of Soviet Physicists.* London 2004.

terial, das kürzlich im Internet veröffentlicht wurde.[19] Pontecorvos autobiographische Notizen und Aussagen, beginnend mit jenen, die die Entwicklung seiner wissenschaftlichen, sozialen und politischen Ansichten als jüdisch-italienisch-sowjetischer Physiker beschreiben, sollten den „Enthüllungen“, die Mitte der 90er Jahre von ehemaligen KGB Agenten wie Pavel Sudoplatov gemacht wurden, gegenübergestellt werden.

Gemäß ihrer „Indiskretionen“, die verworren und in vielen Punkten widersprüchlich sind, war Pontecorvo kein offizieller Agent wie Fuchs, sondern ein informeller Kollaborateur des sowjetischen Geheimdienstes seit 1940, als er der PCI beigetreten war. Er habe kritische Informationen über die sehr frühen Stadien des Manhattan-Projekts während seines kurzen Aufenthalts in den USA weitergereicht. Fermi habe dies vermutet, sei aber nicht in der Lage gewesen, es zu beweisen. Pontecorvo habe seine Geheimaktivitäten in Montreal fortgesetzt, wo er das anglo-kanadische Atomprojekt ausspionierte. Als Mitglied des AERE Projektes in Harwell habe er Zugang zu streng geheimen Dokumenten gehabt, die für die Sowjets überaus nützlich gewesen seien. Seine Entscheidung in den Osten zu fliehen, habe bereits bei Abschluss des Prozesses an Fuchs festgestanden.[20]

Wurde damit der „echte“ Pontecorvo endgültig enttarnt oder war es nur ein Versuch früherer sowjetischer Spionagemeister die (un)bequemste Wahrheit der westlichen Presse zu verkaufen, um somit Geld und Ansehen nach dem Sturz der UdSSR zu gewinnen? War es eine wichtige Konsequenz von Gorbatschows *glasnost* oder eher die letzte Version sowjetischer *disinformacija*? Wieder haben wir es mit Halbwahrheiten und echten Lügen zu tun: typisch für diese Art von Leuten und ihrer Epoche. Auf der einen Seite sind Wissenschaftshistoriker sehr skeptisch gegenüber der Verlässlichkeit solcher „Geständnisse“, auch wenn sie wichtige Quellen für die Kulturgeschichte sind. Auf der anderen Seite sollten wir

---

19 “Thank you, dear Bruno,” T. D. Blokhintseva about Bruno Pontecorvo (http://pontecorvo.jinr.ru/blokhintseva.html); “The genius of Bruno Pontecorvo,” V. P. Dzhelepov about Bruno Pontecorvo (http://pontecorvo.jinr.ru/dzhelepov.html); “Recollections and reflections about Bruno Pontecorvo,” S. S. Gershtein about Bruno Pontecorvo (http://pontecorvo.jinr.ru/gershtein.html); “From recollection about Bruno Maximovich,” I. G. Pokrovskaya about Bruno Pontecorvo (http://pontecorvo.jinr.ru/pokrovskaya.html).

20 Pavel Sudoplatov, und Anatolij Sudoplatov, *Special Tasks: The Memoirs of An Unwanted Witness. A Soviet Spymaster.* Boston 1994; Paolo Valentino, „Pontecorvo, uno scienziato per il KGB” in: *Il Corriere della Sera* vom: 09.05.1994, S. 9; Enzo Bettiza, “Sudoplatov. Io assassino di Trockij,” in: *La Stampa* vom: 10.07.1994, S. 17.

vorsichtig sein mit Rekonstruktionen, die von einer entschuldigenden Einstellung gegenüber zeitgenössischen Wissenschaftlern gefärbt ist.

Das gleiche könnte man über Pontecorvos spätere Reflektionen seines politischen Einsatzes sagen. Zwar verteidigte er regimekritische Kollegen wie Andreij Sacharov und bewunderte Gorbatschow als Reformer, aber er war definitiv vom sowjetischen System desillusioniert. Dies soll nicht andeuten, dass er den Sozialismus für den Kapitalismus aufgegeben habe: Wie im Fall von Lev Landau kam seine Frustration eher daher, dass er realisierte, dass die UdSSR alles andere als ein sozialistisches Land war. Dieses war wahrscheinlich der „Fehler“, den er meinte, als er über seine Entscheidung sprach, nach Russland zu gehen.[21]

In jedem Fall war Pontecorvo ein scharfer Gegner früher NATO-Versuche, direkt nach der Auflösung der UdSSR und dem darauf folgenden politischen Chaos, strategische Human- und wissenschaftlich-technische Ressourcen, durch massenhafte Immigration russischer Spezialisten in den Westen, auszunutzen. Stattdessen unterstützte er Carlo Rubbias internationale Anstrengungen, ehemalige sowjetische akademische Einrichtungen und Forschungslabore durch eine Art „Marshall Plan“ der weltweiten Wissenschaftsgemeinschaft zu retten.[22] Tatsache ist, dass die Pontecorvo-Affäre noch weit davon entfernt ist gelöst zu werden ... ebenso wie viele andere Geheimnisse des Kalten Krieges.

21 Piero Bianucci, „‘Che errore fuggire in URSS‘. Rinnega una scelta, salva solo Gorbaciov“ in: *La Stampa* vom 16.03.1990, S. 2; Miriam Mafai, *Il lungo freddo. Storia di Bruno Pontecorvo, lo scienziato che scelse l'URSS.* Mailand 1992; Alberto Pupazzi und Giulietto Chiesa, “Il lungo incubo di Pontecorvo. In un libro di Miriam Mafai rivelazioni sullo scienziato che scelse l'URSS,” *La Stampa* vom 04.05.1992, S. 7; Nello Ajello, “L'introvabile Pontecorvo,“ in: *La Repubblica* vom 06.05.1992 (http://www.sissco.it/index.php?id=1291&tx_wfqbe_pi1%5Bidrassegna%D=8008); Piero Bianucci und Giulietto Chiesa,“Pontecorvo. La grande illusione rossa. È morto lo scienziato che 40 anni fa scelse Mosca,” in: *La Stampa* vom 26.09.1993.

22 Piero Bianucci, “'I fisici ex sovietici non sono mendicanti'. Bruno Pontecorvo: no all'elemosina di Baker, sì al piano di Rubbia,” in: *La Stampa* vom 14.03.1992, S. 7.

12 Franz Xaver Eder (1914 – 2009) Wanderer zwischen den Welten

Sigrid Lindner und Dieter Hoffmann

Abbildung 1: Professor Franz Xaver Eder (Foto: R. Eder, München)

In seinem Essay „Die Struktur des historischen Universums" vergleicht Siegfried Kracauer die Mikrogeschichte mit den Großaufnahmen etwa von der Hand einer Figur, wie sie in Spielfilmen zwischengeschnitten werden.[1] Diese Metapher könnte auch für den nachfolgenden Beitrag gelten, der die Lebensgeschichte des Physikers Franz Xaver Eder als eine „Miniaturaufnahme" des Kalten Kriegs zeigt – als die eines „Wanderers" zwischen den akademischen Welten in Ost und West, dabei die jeweiligen Ressourcen für die eigene berufliche und private Lebensgestaltung optimal nutzend. Eders Lebensgeschichte kann so als eine „De-

1 In: Siegfried Kracauer, *Schriften. Geschichte – vor den letzten Dingen.* Frankfurt 1971, S. 104.

tailaufnahme" des Kalten Krieges gesehen werden, die zeigt wie dieser den Alltag der Menschen prägte – wie übergeordnete Strukturen der globalen Geschichte auf der Mikroebene wirksam werden.

Franz Xaver Eder wurde am Vorabend des Ersten Weltkriegs, am 1. Februar 1914, in München als Sohn eines Lokführers geboren. Nach dem Besuch der Volksschule und der Oberrealschule in seiner Heimatstadt nahm er zum Sommersemester 1933 an der Technischen Hochschule München ein Studium der technischen Physik auf, das er 1937 mit dem Diplom abschloss. Anschließend ging er an die Aerodynamische Versuchsanstalt (AVA) nach Göttingen, um sich dort mit thermodynamischen Problemen und experimentellen Untersuchungen im Rahmen der Luftfahrtforschung zu beschäftigen. Parallel dazu betrieb er seine Promotion zum Thema „Elektrische Höhenmesser für Flugzeuge". Sein Doktorvater war Walther Meißner, der auch schon seine Diplomarbeit betreut hatte.[2] Während des Zweiten Weltkrieges leitete Eder eine Forschungsstation in Finse im besetzten Norwegen, wo insbesondere Methoden zur Enteisung von Flugzeugen sowie die Funkübertragung bei vereisten Antennen entwickelt und getestet wurden.[3] Angesichts des bevorstehenden Rückzugs der Wehrmacht aus Mittelnorwegen wurde auch die Außenstelle in Finse im Januar 1945 evakuiert und nach Böckstein bei Bad Gastein verlagert, wo man bis zum Frühjahr 1945 die Forschungsarbeiten fortsetzte und wo Eder das Kriegsende erlebte.[4]

Nach der Auflösung der AVA im Sommer 1945 zog sich Eder nach Messdorf in die Altmark zurück, wo die Familie seiner zweiten Frau lebte. Von dort versuchte er seinen beruflichen Neuanfang zu organisieren und insbesondere seine Habilitation abzuschließen. Dazu wandte er sich an seinen akademischen Lehrer Walther Meißner in München, um die Labordaten seiner dort durchgeführten Versuche übermittelt zu bekommen[5]. Diese sollten die Grundlage seiner Habilitationsarbeit bilden, doch war das ursprüngliche Thema – die Enteisung von Flugzeugen – viel zu rüstungsrelevant und wohl auch zu speziell, um darauf eine

2 Archiv der Humboldt-Universität (im Folgenden: HUA): Personalakte Franz Xaver Eder.

3 HUA, Habilitationsakte Franz Xaver Eders: Lebenslauf vom 14.3.1947; vgl. auch Florian Schmaltz, „Luftfahrtforschung unter deutscher Besatzung: Die Aerodynamische Versuchsanstalt Göttingen und ihre Außenstellen in Frankreich im Zweiten Weltkrieg", in: Dieter Hoffmann und Mark Walker (Hrsg.), *„Fremde" Wissenschaftler im Dritten Reich. Die Deybe-Affäre im Kontext*. Göttingen, 2011, S. 387ff.

4 Protokoll eines Interviews, das Dr. Dietrich Einzel (Walther-Meißner-Institut Garching) mit Herrn Eder am 4.3.2004 führte; vgl. auch Meißner-Nachlass im Archiv des Deutschen Museums NL 045 – 038: Eder an Meißner aus Böckstein am 4.4.1945.

5 Meißner-Nachlass NL 045 – 031: Eder an Meißner am 11.12.1946.

Habilitationsarbeit im Fach Physik zu gründen. Erstmals stieß Franz Xaver Eder hier an Grenzen, die ihm durch die Zeitumstände, hier das alliierte Verbot der Rüstungsforschung, gesetzt wurden.

Ebenfalls scheint sein Versuch gescheitert zu sein, sich in München und bei seinem einstigen Doktorvater Walther Meißner zu habilitieren. Obwohl er offenbar die Unterstützung Meißners besaß, gelang es ihm nicht, in seine Heimatstadt zurückzukehren. Die Gründe sind wohl in den schwierigen Bedingungen der Nachkriegszeit zu suchen, die allgemein einen Wechsel von einer Besatzungszone in die andere schwierig machten, insbesondere von der sowjetischen Besatzungszone in das amerikanisch besetzte München.

In seinem altmärkischen Familienrefugium musste er so nicht nur seine Forschungsergebnisse in neue, weniger militärtechnisch relevante Kontexte stellen, sondern sich auch karrieretechnisch neu orientieren. Das erste Problem der „Konversion" löste er dadurch, dass er nun – wie der Titel seiner ersten Nachkriegspublikation ausweist[6] – „das elektrische Verhalten von Eis" behandelte. Karrieretechnisch entschied er sich für die Berliner Universität, die im Januar 1946 ihren Lehrbetrieb wieder aufgenommen hatte und gerade in der Physik nach wie vor von ihrer einstigen Weltgeltung zehrte. Durch den Weggang vieler Forscher boten sich dort zugleich im Rahmen des anstehenden Wiederaufbaus große Karrierechancen.[7]

Im Laufe des Jahres 1946 schien Eder Kontakt zu den Berliner Physikern aufgenommen zu haben – ob ihm hierbei sein Münchener Mentor Meißner, der ja bis 1934 in Berlin gewirkt hatte und nach wie vor über gute Kontakte nach Berlin verfügte, helfend zur Seite stand, ist ungeklärt bzw. konnte bisher nicht eindeutig verifiziert werden. Offensichtlich ist aber, dass Eder einerseits seine alten Kontakte nach München weiter pflegte[8] und andererseits aber auch intensiv um den Aufbau von Arbeitsbeziehungen zur Berliner Universität bemüht war. Letztere bot ihm schließlich zum 1. Januar 1947 eine berufliche Perspektive als wissenschaftlicher Assistent am II. Physikalischen Institut und bereits am 5. März 1947

6 F. X. Eder, „Das elektrische Verhalten von Eis (Anomale Dispersion und Absorption)," *Annalen der Physik* 1 (1947): S.381-398.

7 Vgl. Dieter Hoffmann, „Physikalische Forschung im Spannungsfeld von Wissenschaft und Politik", in: Heinz-Elmar Tenorth, Volker Hess und Dieter Hoffmann (Hrsg.), *Die Universität unter den Linden 1810 – 2010*. Berlin 2010, Band 6, S. 551-582.

8 Meißner-Nachlass NL 045 – 038 (Korrespondenz aus dem Jahr 1944) und ebd. NL 045 – 031 (Korrespondenz aus dem Jahr 1945).

meldete er sich zur Habilitation. Thema seiner Habilitationsschrift ist, wie schon erwähnt, „Das elektrische Verhalten von Eis (anomale Dispersion und Absorption)“.[9]

Nachdem die Gutachter, der Direktor des I. Physikalischen Instituts Christian Gerthsen und der Direktor des Instituts für theoretische Physik, Friedrich Möglich, Eder bescheinigten, seine Untersuchungen zum elektrischen Verhalten von Eis „sauber und gründlich ausgeführt“ und „die verwendeten Methoden mit grosser experimenteller Geschicklichkeit gehandhabt“ zu haben[10], wurde Eder im Spätsommer 1947 zur Habilitation zugelassen und ihm nach erfolgreicher Bestreitung des Habilitationskolloquiums und des öffentlichen Probevortrags zum 5. Februar 1948 die venia legendi für Physik erteilt. Damit war die Voraussetzung erfüllt, dass er in den folgenden Jahren Schritt für Schritt auf der Karriereleiter emporsteigen konnte: 1948 wurde er zum Dozenten, 1950 zum Professor mit Lehrauftrag ernannt; gleichzeitig erhielt er die Stelle eines Abteilungsleiters (Laboratorium für tiefe Temperaturen) am II. Physikalischen Institut[11], das von Robert Rompe, dem wohl einflussreichsten Physiker der DDR, geleitet wurde und der Eders Karriere nachhaltig förderte.

Wissenschaftlich hatte Eder in Berlin zunächst über elektrische Verluste in Festkörpern gearbeitet und diese Untersuchungen dann Anfang der fünfziger Jahre in Richtung Metallphysik und der Erschließung tiefer Temperaturen ausgeweitet. So baute er den ersten deutschen Luftverflüssiger nach dem Zweiten Weltkrieg, und 1950 konnte auch ein Wasserstoffverflüssiger in Betrieb genommen werden, dem später noch weitere folgen sollten. Damit entwickelte sich die Edersche Abteilung zum ersten Tieftemperaturlabor in der DDR und nicht zuletzt im geteilten Berlin – in West-Berlin wurde das erste Tieftemperaturlabor am Fritz-Haber-Institut erst Mitte der fünfziger Jahre in Betrieb genommen.[12] Neben den technischen Fragen der Erzeugung tiefer Temperaturen beschäftigte sich Eders Gruppe vor allem mit metallphysikalischen Untersuchungen in diesem Temperaturbereich. Mitte der fünfziger Jahre hatte sich die Forschungsgruppe um Eder so weit verselbständigt und ihre wissenschaftlichen Erfolge waren so bemerkens-

9 HUA, F.X. Eder Habilitationsakte Mathematisch-Naturwissenschaftliche Fakultät 1947.

10 Ebd., Gutachten vom 5.9.1947.

11 HUA, Personalakte Franz Xaver Eder, PA E 147.

12 Thomas Steinhauser, Jeremias James, Dieter Hoffmann und Bretislav Friedrich, *Hundert Jahre an der Schnittstelle von Chemie und Physik. Das Fritz-Haber-Institut der Max-Planck-Gesellschaft 1911 – 2011*. Berlin 2012, S. 164f.

wert,[13] dass Rompe an die Fakultät den Antrag stellen konnte, ein III. Physikalisches Institut unter der Leitung von Eder zu gründen.[14] Diesem Antrag wurde zum 1. Juni 1955 durch das zuständige Staatssekretariat für Hoch- und Fachschulwesen stattgegeben und Eder wurde im Herbst 1956 auch zum ordentlichen Professor für Physik bzw. „zum Professor mit Lehrstuhl" berufen.[15] Nun war Franz Xaver Eder Ordinarius und hatte damit die oberste Sprosse auf der Karriere-Leiter eines deutschen Hochschullehrers erreicht.

Auch als Tieftemperaturphysiker befand sich Eder in einer bevorzugten Stellung, da seine Gruppe lange Zeit die einzige in der DDR war, die auf diesem Gebiet arbeitete. Darüber hinaus konnte er 1957 im Zusammenhang mit dem Ausbau des naturwissenschaftlich-technischen Forschungspotentials der Deutschen Akademie der Wissenschaften am neugegründeten Physikalisch-Technischen Institut, das ebenfalls Rompe unterstand, eine Arbeitsstelle für Tieftemperaturphysik aufbauen.[16] Dieses wurde in einer Art Department-System zusammen mit dem III. Physikalischen Universitätsinstitut betrieben. Hier zeigt sich, dass Eder in der zweiten Hälfte der fünfziger Jahre systematisch sein wissenschaftliches Wirkungsfeld auszubauen vermag.

Mit der Berufung an die Akademie hatte Eder nicht nur das symbolische Kapital seiner akademischen und wissenschaftlichen Reputation vermehrt, sondern dies zahlte sich für ihn auch finanziell aus. Denn neben dem Akademiegehalt wurde er nach wie vor auch noch für seine Universitätstätigkeit vergütet, so dass sich seine Bezüge monatlich auf stattliche 3600 Mark summierten.[17] Damit gehörte er zu den Spitzenverdienern im Arbeiter- und Bauernstaat, in dem das damalige Durchschnittsgehalt eines gut verdienenden Fabrikarbeiters bei etwa 700 Mark lag; Angestellte verdienten in der Regel etwas weniger. Neben dem hohen Gehalt gab es für Angehörige der sogenannten wissenschaftlichen Intelligenz noch zahlreiche weitere Vergünstigungen, die ein Einzelvertrag regelte – diese reichten von der Zusage, dass Kindern der Studienzugang gesichert wurde, über bevorzugte medizinische Versorgung bis hin zur Möglichkeit, in speziellen Heimen den Urlaub verbringen zu können; zudem lebte er nach seiner dritten Heirat

13 Vgl. z.B. die auf die Arbeiten an der Humboldt-Universität ganz wesentlich fußenden Hochschulbücher von Franz Xaver Eder: *Moderne Meßmethoden der Physik*, Bd. 1 (Mechanik, Akustik), Berlin 1952; Bd. 2 (Thermodynamik) Berlin 1956; Bd. 3 (Elektrophysik) Berlin 1972.

14 HUA, Personalakte Franz Xaver Eder PA E 147, Bl. 52.

15 Ebd., Bl. 63.

16 Archiv der Berlin-Brandenburgischen Akademie der Wissenschaften, Personalakte Eder.

17 Ebd., Schreiben des Akademie-Präsidenten an Eder vom 18.4.56.

(1954) in Westberlin, was ihm zusätzliche Unabhängigkeit sicherte. Im Zusammenhang mit seiner Übersiedlung nach Westberlin hatte er gegenüber dem Rektor der Universität ausdrücklich darauf hingewiesen, dass dies allein wegen seiner Heirat und der Tatsache geschah, dass seine „Frau im Besitz einer eingerichteten Wohnung war"; auch betonte er „ausdrücklich, daß ich die Absicht habe, weiterhin meine Kenntnisse und Kräfte in den Dienst der Humboldt-Universität zu stellen".[18]

An der Humboldt-Universität zu arbeiten und im Westteil der Stadt zu wohnen, war damals, als Berlin zwar durch Sektorengrenzen, aber noch nicht durch eine Mauer geteilt wurde, noch möglich und gerade in akademischen Kreisen keineswegs unüblich, denn in der DDR herrschte ein großer Mangel an akademischen Fachkräften.[19]

Die Gründung von Eders Arbeitsstelle Tieftemperaturphysik und Thermodynamik im Berliner Physikalisch-Technischen Institut der Akademie muss wahrscheinlich als Reaktion auf die Gründung eines Instituts für Tieftemperaturphysik der Deutschen Akademie der Wissenschaften in Dresden gewertet werden, das 1955 für den aus der Sowjetunion zurückgekehrten Tieftemperaturphysiker Ludwig Bewilogua eingerichtet wurde, mit dem ihm ein ernsthafter Konkurrent auf diesem Gebiet in der DDR erwuchs. Bewilogua war es im Übrigen auch, dem es 1962 gelang, die erste Helium-Verflüssigung in der DDR zu realisieren – ein Projekt, mit dem sich auch Eder in den ausgehenden fünfziger Jahren in Berlin beschäftigte, das aber durch seinen Weggang erst mit mehrjähriger Verzögerung im Herbst 1962 durch seinen Nachfolger zum Erfolg geführt werden konnte.[20]

Neben Eders wissenschaftlicher Kompetenz spielte für seine bemerkenswerte Karriere natürlich auch die Tatsache eine Rolle, dass damals für junge Wissenschaftler die Karriere-Aussichten an einer östlichen Hochschule deutlich besser

---

18 HUA, Personalakte Eder PA 147, Bl. 51.

19 Vgl. Dieter Hoffmann, „Physikalische Forschung im Spannungsfeld von Wissenschaft und Politik", in: Heinz-Elmar Tenorth, Volker Hess und Dieter Hoffmann (Hrsg.), *Die Universität unter den Linden 1810 – 2010*. Berlin 2010, Band 6, S. 561.

20 Dieter Hoffmann, „Physikalische Forschung im Spannungsfeld von Wissenschaft und Politik", in: Heinz-Elmar Tenorth, Volker Hess und Dieter Hoffmann (Hrsg.), *Die Universität unter den Linden 1810 – 2010*. Berlin 2010, Band 6, S. 560.

Abbildung 2: Gebäude Mohrenstraße 40/41 mit dem 1957 bezogenen Neubau des Physikalisch-Technischen Instituts der Akademie. Eders Bereich Tieftemperaturphysik war im obersten Geschoss untergebracht (Foto: S. Lindner).

waren als im Westen. Verantwortlich dafür war nicht nur, dass die rigorose Entnazifizierung an den Hochschulen der DDR einen Elitenaustausch befördert hatte, sondern in den fünfziger Jahren unter dem Eindruck der wachsenden Ideologisierung des Hochschulbetriebs und zunehmender ökonomischer Engpässe eine verstärkte Fluchtbewegung gen Westen gerade von Wissenschaftlern und anderen Vertretern der Intelligenz einsetzte, die den Ausharrenden zusätzliche Karrierechancen eröffnete.

Trotz aller Privilegien und der Tatsache, dass Eder fast alles erreicht hatte, was ein akademisches Leben an Möglichkeiten bot, schien er sich in der DDR wie in einem "goldenen Käfig" gefühlt zu haben. Allerdings gibt seine überlieferte Korrespondenz kaum Aufschluss darüber, wie stark die Differenzen seiner weltanschaulichen und politischen Ansichten zum politischen System der DDR waren – auf keinen Fall gehörte er zu den dezidierten Anhängern des stalinistischen Sozialismus-Modells in der DDR, doch wie stark die Antipathien oder gar die Gegnerschaft des Technokraten waren, lässt sich nicht sagen. In einem Schreiben an den Dekan seiner Fakultät begründete er 1960 seine Annahme einer „Berufung an die Technische Hochschule München" damit, dass er an der Humboldt-Universität keine Aussicht mehr darauf sehe, „in einem weniger bescheidenen Rahmen" wissenschaftlich zu arbeiten.[21]

Obwohl Eder karrieretechnisch in Ostberlin seine Chancen erfolgreich genutzt hatte und auch seine Forschungsmöglichkeiten sich günstig entwickelt hatten, sah er sich in den fünfziger Jahren verstärkt nach Alternativen im Westen um. Dabei bediente er sich seines einstigen Doktorvaters Walther Meißner in München als Gewährs- bzw. Mittelsmann. Wiederholt bat Eder seinen akademischen Lehrer um Informationen über freie Stellen und um Empfehlungen; auch nutzte er die regelmäßigen Besuche bei seinen Eltern in München, den persönlichen Kontakt zu Meißner nicht abreißen zu lassen und sich im Herrschinger Tieftemperaturlabor wissenschaftlich auf dem Laufenden zu halten.[22] Es ist durchaus möglich, dass Eder damals schon eine untergeordnete Stelle im Herrschinger Institut der Kommission für Tieftemperaturforschung der Bayerischen Akademie der Wissenschaften in Betracht zog.

In welchem Maße eine Kontroverse mit seinem Lehrer seine westliche Karriereplanung eingeschränkt bzw. verzögert hat, kann ebenfalls wegen der schlechten Quellenlage nur Gegenstand von Mutmaßungen sein. Bei dieser Kontroverse ging es darum, dass Eder Anfang der fünfziger Jahre in der DDR die erfolgreiche Gründung einer *Zeitschrift für Experimentelle Physik* betrieb. Meißner empfand diese Gründung und namentlich die Verlagsankündigung, dass die neue Zeitschrift *Experimentelle Technik der Physik* – so ihr endgültiger Name – einen Ersatz für die 1943 eingestellte *Zeitschrift für technische Physik* darstelle, als Provokation,[23] denn für Meißner und seinen Münchener Kollegen Georg Joos war die von ihnen im Jahre 1949 gegründete *Zeitschrift für angewandte Physik* die legitime Nachfolgerin der *Zeitschrift für technische Physik*. Eders Gründung, zumal in der politisch diskreditierten „Ostzone", war für sie vor allem ein Kon-

21 HUA, Personalakte Eder PA 147, Bl. 83, Schreiben Eders an den Dekan der Mathematisch-Naturwissenschaftlichen Fakultät vom 5.7.1960.
22 Meißner-Nachlass NL 045 – 039: Korrespondenz aus den Jahren 1951 und 1952.
23 Ebd., NL 045 - 039: Meißner an Eder am 15.7.1953.

kurrenzunternehmen und ehrenrühriges Eindringen in ein von ihnen beanspruchtes „Revier“.

In einem langen Antwortschreiben auf die Anwürfe von Meißner versuchte sich Eder zu rechtfertigen und den Konflikt bzw. die Konkurrenz zwischen beiden Zeitschriften abzuschwächen. Er wies darauf hin, dass die Physiker aus der DDR – wie er mit einer Zusammenstellung zu dokumentieren versuchte – kaum in westlichen Zeitschriften publizierten, was nicht an der fehlenden Bereitschaft auf beiden Seiten liege, sondern daran, dass die Behörden im Osten die Publikation in westlichen Organen erschwerten oder gar untersagten. Die *Experimentelle Technik der Physik,* so Eder, stelle also keine Konkurrenz zur Gründung Meißners dar, sondern eröffne vielmehr den Physikern der DDR eine eigene Publikationsmöglichkeit.[24] Gerade in den fünfziger Jahren war die DDR verstärkt darum bemüht, sich auf dem wissenschaftlichen Zeitschriftenmarkt zu platzieren. Dieses Bestreben war damals vor allem politisch motiviert, wollte man sich doch in der deutsch-deutschen Konkurrenz auch auf wissenschaftlichem Gebiet behaupten und gegenüber der Bundesrepublik als der bessere deutsche Staat darstellen. Obwohl diese politischen bzw. kulturellen Motive damals noch dominierten, spielten natürlich auch ökonomische Fragen eine Rolle, denn solche Maßnahmen sollten die DDR gegenüber dem westlichen Ausland und speziell Westdeutschland „störfrei“ machen, d.h. die Abhängigkeit von den westlichen Märkten verringern und die Aufwendungen an Devisen minimieren oder vielleicht sogar selbst Einkünfte in harter Währung erwirtschaften; gerade auf dem Sektor wissenschaftlicher Literatur lag der Exportanteil teilweise bei über 50%.[25] So wurde in dieser Zeit staatlicherseits das Schreiben von Lehrbüchern bzw. Übersetzungen aus dem Russischen angeregt[26] und auch die Neugründung von wissenschaftlichen Zeitschriften gehörte zum Kanon entsprechender Maßnahmen.[27]

---

24 Meißner-Nachlass NL 045 – 039: Eder an Meißner am 24.7.1953.

25 Agnes Tandler, „Devisenlieferanten des Akademieverlags“, in: Simone Barck, Martina Langermann und Siegfried Lokatis (Hrsg.), *Zwischen „Mosaik“ und „Einheit“. Zeitschriften in der DDR*. Berlin 1995, S. 488.

26 Prominent in diesem Zusammenhang für die Physik das Lehrbuch der theoretischen Physik von W. Macke (Leipzig 1960) und die Einführung in die spezielle Relativitätstheorie von A. Papapetrou (Berlin 1955) oder die Übersetzungen des zehnbändigen Lehrbuchs der theoretischen Physik von L. Landau und E. Lifschitz (Berlin 1961ff) und der Grundlagen der Quantenmechanik von D. Blochinzew (Berlin 1953).

27 Vgl. Dieter Hoffmann, „Europäisches Organ der Festkörperforschung und DDR-Devisenbringer: Die Zeitschrift *physica status solidi* im Kalten Krieg.“ Im vorliegenden Band, S. 125-146.

Durch Meißner wurde der Konflikt mit seinem Schüler weiter aufgeladen, denn dieser brachte seine Korrespondenz auch anderen Kollegen zur Kenntnis. Bezeichnend erscheint Meißners Wortwahl in seinem Begleitschreiben, das über das übliche „Platzhirsch-Verhalten" hinausging: Indem Meißner darauf anspielte, ein Physiker müsse auch „Charakter" zeigen, griff er Eder persönlich an. Denn die Kernbegriffe „Charakter" und „Anstand" tauchten in Urteilen über Kollegen sehr oft auf, sowohl in den Partei-Gutachten während des „Dritten Reiches", als auch besonders in den Spruchkammerakten in der Phase der „Entnazifizierung". Indem Meißner den Briefwechsel mit diesem Kommentar kommunizierte, hat er wohl auch den Ruf Eders innerhalb eines Teils der Community beschädigt und dessen Bemühungen nach einer beruflichen Neuorientierung im Westen behindert.[28]

Die Tatsache, dass die Edersche Zeitschrift im Westen kaum Verbreitung fand und dass inzwischen einige Zeit verstrichen war, führte schließlich dazu, dass sich das Lehrer-Schüler-Verhältnis in den späten fünfziger Jahren wieder normalisierte und 1960 Meißner seinen Ost-Berliner Schüler sogar an sein Institut nach Herrsching bei München holte. Entscheidend für letzteres waren sicherlich die aktuellen Schwierigkeiten des Meißnerschen Kälte-Instituts in den ausgehenden 1950er Jahren. Das Institut war im Jahre 1950 aus der Technischen Hochschule ausgegliedert und der Bayerischen Akademie der Wissenschaften unterstellt worden – diesen Status eines Akademieinstituts hat das „Walther-Meißner-Institut", wie die „Kommission für Tieftemperaturforschung" dann heißen sollte, bis heute. Im Jahre 1959 stand Meißner plötzlich in der Institutsleitung allein da. Denn seine bisherige „rechte Hand", Fritz Schmeißner, hatte sich 1959 für einen längerfristigen Forschungsaufenthalt an das neugegründete europäische Kernforschungszentrum in Genf, CERN, beurlauben lassen[29] und Meißners Kollege und Freund Georg Joos, Direktor des Physikinstituts der T.H. und stellvertretender Leiter der obigen Kommission, war im Mai 1959 überraschend verstorben. Das Personaldilemma wurde dadurch gelöst, dass man Eder die Position eines geschäftsführenden Direktors „bei der Kommission für Tieftemperaturforschung" anbot mit der Aussicht auf Übernahme in das Beamtenverhältnis.[30]

28 Meißner-Nachlass NL 045 – 039 (Abschriften gehen am 20.8.53 an Robert W. Pohl, Rudolf Hilsch, Georg Joos und Georg Schubert).

29 Bayerisches Hauptstaatsarchiv (im Folgenden BayHStA), MK 71411 und Archiv der Bayerischen Akademie der Wissenschaften (im Folgenden: BAdW), Bestand Kommission für Tieftemperaturforschung.

30 BayHStA MK 71411 und BAdW, Bestand Kommission für Tieftemperaturforschung: Dienstvertrag Eders vom 1.10.1960.

Auch wenn Eder das Angebot seines Lehrers ohne erkennbares Zögern annahm und zum 1. Oktober 1960 seinen Dienst am Herrschinger Institut antrat, war der Wechsel von Berlin nach München alles andere als ein selbstverständlicher Schritt oder gar Karrieresprung. Eder gab in Berlin eine hochangesehene und materiell wie finanziell gut ausgestattete Position auf, die zudem noch über einiges Entwicklungspotential verfügte – auch wenn er bei seiner Kündigung als Grund für seine Übersiedelung nach München angab, dass er bessere Arbeitsmöglichkeiten im Bereich der Forschung nutzen wolle.

In Herrsching musste er zwar nicht auf seinen Professorentitel verzichten, doch war er dort kein Ordinarius mehr und in einer subalternen Position, die zunächst nicht einmal über den vielbegehrten Beamtenstatus verfügte – dieser sollte erst später Gegenstand von Haushaltsverhandlungen werden. In der Korrespondenz spiegelt sich diese Position dadurch, dass Eder zunächst „im Auftrag" unterzeichnete, bevor er den Rang eines Regierungsdirektors und damit Beamtenstatus erhielt. Seine Bezüge lagen weit unter dem Ost-Niveau, wobei natürlich zu berücksichtigen ist, dass diese nun in harter West-Mark gezahlt wurden und es Möglichkeiten der Gehaltsverbesserung durch Zulagen und Aufwandsentschädigungen gab.[31] Erst zum 1. Januar 1963 wurde Eder verbeamteter Instituts-Direktor, nachdem er zuvor schon die Kommission für Tieftemperaturforschung kommissarisch geleitet hatte.[32]

In diesen drei Jahren hat Meißner systematisch versucht, sein Netzwerk an Beziehungen für seinen Schüler zu nutzen. Eine Schlüsselrolle spielten dabei Heinz Maier-Leibnitz, Nachfolger Meißners auf dem TH-Lehrstuhl[33], und Friedrich Baethgen, Präsident der Bayerischen Akademie.[34] Außerdem richtete Meißner am 14.10.1960 einen Brief an den Bundesminister für Atomkernenergie und Wasserwirtschaft Siegfried Balke, um die Schaffung einer zweiten Direktorenstelle für sein Institut durchzusetzen.[35] Darüber hinaus war Meißner intensiv darum bemüht, Eder auch an der Münchener T.H. eine Stelle zu verschaffen, wenigstens ein Extra-Ordinariat, was jedoch scheiterte, denn Eder erhielt 1965 lediglich eine (unbezahlte) Honorar-Professur.

---

31 BAdW, Dienstvertrag.

32 Ebd., Bestand Kommission für Tieftemperaturforschung, hier: Eders Antrag auf Pauschalentschädigung für Dienstfahrten vom 11.6.63.

33 Ebd., Maier-Leibnitz an Friedrich Baethgen vom 30.3.1960, vgl. auch Meißner an Werner Heisenberg am 12.5.1960.

34 Ebd., Meißner an Baethgen am 31.5.1960.

35 Ebd., Meißner an Balke am 14.10.1960.

Eder hat bis zu seiner Pensionierung im Jahre 1979 diese Positionen mit Erfolg und Tatkraft ausgefüllt, wobei er neben seiner wissenschaftlichen Tätigkeit den Institutsneubau auf dem Wissenschaftscampus in Garching betrieb, der 1967 eingeweiht wurde. Dieser Bau ist heute noch Sitz des Walther-Meißner-Instituts für Tieftemperaturforschung, das auf diesem Gebiet zu den international führenden Laboratorien gehört. Franz Xaver Eder verstarb am 1. Februar 2009 in München, an dem Tag, an dem er 95 Jahre alt wurde.

Diese Studie liefert einen Mosaikstein zu einer deutsch-deutschen Alltagsgeschichte, indem sie Franz Xaver Eder als „Wanderer" zeigt, dessen Persönlichkeit in der Weimarer Republik und der akademisch im „Dritten Reich" sozialisiert wurde. Anschließend trug er zunächst zum Wiederaufbau im Osten bzw. in der DDR bei, ab 1960 dann in der BRD. Eder hatte die Wahl zwischen zwei Lebensentwürfen getroffen, als er den Entschluss zur Migration fasste. Einerseits lockte wohl die Aussicht, an einem in westlich-angelsächsische Netzwerke eingebundenen und über ein großes Entwicklungspotential verfügenden Institut zu forschen, wobei er durch Meißner regelrecht angeworben wurde. Nicht zuletzt spielte bei seinem Entschluss auch der Wunsch eine Rolle, am höheren Lebensstandard im Westen partizipieren zu können. Auf der anderen Seite fühlte sich Eder sicher von den politischen Rahmenbedingungen, in denen man auch als apolitischer und technokratischer Wissenschaftler in der DDR agieren musste, zunehmend eingeengt und bevormundet. Der Wechsel in seine Heimatstadt, wo er den Rest seines Lebens verbringen sollte, war aber nicht nur ein Schritt in die Freiheit, sondern auch eine Rückkehr in tradierte Bahnen.

13 Die Max-Planck-Gesellschaft (MPG) und das Centre National de la Recherche Scientifique (CNRS) (1948-1981)

Manfred Heinemann

Es soll hier die Frage beantwortet werden, warum die *Max-Planck-Gesellschaft* nach etwa drei Jahrzehnten des Zögerns erst in Zeiten des abflauenden Kalten Krieges mit dem *Centre Nationale de la Recherche Scientifique* (CNRS) 1981 eine Kooperationsvereinbarung eingegangen ist. Die Akten der MPG belegen, dass in diesem Trend die Einrichtung und Beteiligung am ersten deutsch-französischen Gemeinschaftsvorhaben in Grenoble 1967, dem „Höchstflussreaktor" des Instituts Laue-Langevin (ILL), – im Wettbewerb der neuen Großforschungseinrichtungen um die Neuordnung der Festkörperphysik – eine spezielle Ausnahme darstellt. Weitere Erwägungen der MPG zur Trägerschaft von größeren Forschungseinrichtungen wurden aus übergreifenden forschungspolitischen Überlegungen nicht realisiert. Eher unabhängig davon verlief die Nachkriegsgeschichte des auf UNESCO-Beschlüssen beruhenden Conseil Européen pour la Recherche Nucléaire (CERN) seit 1952, dessen Beziehungen zur MPG (u.a. Prof. Werner Heisenberg und Prof. Wolfgang Gentner)[1] hier nicht behandelt werden können.

Eine geordnete Forschungskooperation der MPG mit dem CNRS anzustoßen bedurfte nicht zuletzt des direkten Eingreifens der Politik in die deutsch-französischen Wissenschaftsbeziehungen. Die *Süddeutsche Zeitung* forderte parallel dazu am 18. Januar 1967[2] endlich das jahrelange Zögern mit den „Lippenbekenntnissen" aufzuhören: „Auch in der Forschung sind gute Ideen gar nicht so häufig. Da zwischen Frankreich und Deutschland erhebliche Unterschiede in der Ausbildung von Wissenschaftlern und deren Denkweise bestehen, ist die wechselseitige Bereicherung besonders groß. [...] man darf hoffen, dass solche Ver-

---

1 Als Übersicht für beider Aktivitäten siehe: Helmut Rechenberg, „Gentner und Heisenberg. Partner bei der Erneuerung der Kernphysik und Elementarteilchenforschung im Nachkriegsdeutschland (1946-1958)", in: Dieter Hoffmann und Ulrich Schmidt-Rohr (Hrsg.), *Wolfgang Gentner. Festschrift zum 100. Geburtstag*. Berlin, Heidelberg 2006, S. 63-94.

2 Ebd.

bindungen von der Ebene der Fachleute im Laufe des Jahres auch in den politischen Bereich durchschlagen." Es war Bundeskanzler Kurt Georg Kiesinger, der 1966 beim Bundesministerium für wissenschaftliche Forschung anfragte, welche Möglichkeiten die MPG für die wissenschaftliche Zusammenarbeit mit Frankreich sehe. Im Januar 1967 stand ein Treffen mit dem französischen Staatspräsidenten an.[3] Die interne Umfrage dazu in der MPG ergab – hier vorweggenommen – nur wenige Möglichkeiten, insbesondere in der Radioastronomie, „ferner auf dem Gebiet der Kernphysik und der Festkörperphysik sowie der extraterrestrischen Physik und Plasmaphysik." Die Möglichkeiten der Zusammenarbeit lägen weniger darin, dass gemeinsame Einrichtungen errichtet würden, sondern darin, dass die einzelnen Forschungsprogramme besser abgesprochen und deren Ergebnisse ausgetauscht werden. Aber: Ein Gastaufenthalt für französische Wissenschaftler sei „ganz allgemein anzustreben". Bei „großen Anlagen wie Beschleunigern" sollten „eng begrenzte Forschungsthemen" durchgeführt werden.[4]

13.1 Ressentiments und fortwirkende Sicherheitsfrage

Adolphe Lutz, Astronom, seit 1945 Forschungskontrolloffizier der französischen Besatzungsverwaltung und von 1954 bis 1969 französischer Wissenschaftsattaché in der Kulturabteilung der französischen Botschaft Bonn/Mainz, schrieb am 11. Dez. 1972 an Butenandt (1903–1995), Professor für Biochemie, Nobelpreisträger von 1939 und von 1960 bis 1972 Präsident der Max-Planck-Gesellschaft:

> Es war wohl nicht immer leicht, besonders am Anfang: einerseits gab es ›Ressentiments‹ und die ständige Angst vor einer neuen Übermacht, andererseits die Gewissheit, dass die angelsächsische Wissenschaft doch viel mehr zu bieten hatte.[5]

Die deutsch-französische „Erbfeindschaft" zeigte auch im Bereich des von den Besatzungsmächten kontrollierten Wiederaufbaus der deutschen Wissenschaft

3 Vermerk Dr. Marsch Generalverwaltung der MPG (GV) vom 19. Dez. 1966, in: Archiv zur Geschichte der Max-Planck-Gesellschaft (im Folgenden: A-MPG), Berlin: IM2/3.

4 Ebd.

5 A-MPG: Nachlass Butenandt III-84/2-7316. Vgl. Angelika Ebbinghaus und Karl-Heinz Roth: „Von der Rockefeller Foundation zur Kaiser Wilhelm/Max-Planck-Gesellschaft: Adolf Butenandt als Biochemiker und Wissenschaftspolitiker des 20. Jahrhunderts," *Zeitschrift für Geschichtswissenschaft* 50, Nr. 5 (2002), S. 389–419.

Abbildung 1: Adolphe Lutz, undatiert, Copyright: Archiv der Max-Planck-Gesellschaft.

und Wirtschaft deutliche Spuren bzw. Ressentiments.[6] Die Dauer-Opposition Frankreichs im Alliierten Kontrollrat in Berlin, wie dessen Zustimmung zur Auflösung der Kaiser Wilhelm Gesellschaft als Einrichtung der Reichs, die Beteiligung Frankreichs an der Ausplünderung einzelner Institute, wie der hinhaltende Widerstand in Paris bei der Neugründung der MPG wurden in der MPG über lange Jahre nicht vergessen.[7] Otto Hahn hatte Mühe und kein „offizielles“ Verständnis, seit 1950 den Wechsel von Frédéric Joliot-Curie[8] aus seinen Ämtern in die Friedensbewegung nachzuvollziehen. Joliots Weg von der Leitung des

6 Manfred Heinemann, „Überwachung und „Inventur“ der deutschen Forschung. Das Kontrollratsgesetz Nr. 25 und die alliierte Forschungskontrolle im Bereich der Kaiser Wilhelm- und Max-Planck-Gesellschaft (KWG/MPG) 1945-1955“, in: Lothar Mertens (Hrsg.), *Politischer Systemumbruch als irreversibler Faktor von Modernisierung in der Wissenschaft?* (Schriftenreihe der Gesellschaft für Deutschlandforschung, Bd. 76). Berlin 2001, S. 167-199.

7 Otto Hahn am 10. Aug. 1946 an J. Mattauch: „Ich habe selbst jetzt eine schwere Zeit vor mir. Durch Beschluß des Interalliierten Kontrollrats wird die Kaiser Wilhelm-Gesellschaft [Schreibweise: sic!] aufgelöst, und ich bemühe mich jetzt, unterstützt von den britischen Behörden eine neue Wissenschaftsgesellschaft, zunächst in der britischen Zone, aufzuziehen. Das macht natürlich viel Mühe.“ In: A-MPG: Nachlass Hahn III-14A-1877.

8 Otto Hahn an Joliot im August 1946, um für den an TBC erkrankten Kollegen Josef Mattauch eine Ausreise aus der französischen Zone in die Schweiz zu erhalten. Hahn durfte sein Institut in Tailfingen nicht besuchen. A-MPG: Nachlass Hahn III-14A-1877. Joliot lud ihn 1948 ein, Mitglied einer internationalen Kommission für Standards des Radiums zu werden. Hahn war bereit, wusste aber nicht, ob ein Deutscher schon Mitglied werden konnte. A-MPG: Nachlass Hahn III/14A/1875.

CNRS und der Position des Hochkommissars für Atomenergie im 1946 neu gegründeten Commissariat à l'énergie atomique (CEA) erschien Hahn zu „politisch"; dessen Werbeversuche lehnte er mehrfach ab.[9] Nach dem Krieg war Joliot-Curie durchaus ein Unterstützer des Neuaufbaus des Hahn'schen KWI für Chemie in Mainz gewesen, er leitete seit 1948 den Bau des ersten französischen Atomreaktors. – Andererseits bekam Lutz später höchste Anerkennung in der MPG: Lutz hatte die starre Haltung Paris' mit der nicht abgestimmten Genehmigung der Besatzungsbehörde zur Neuerrichtung der MPG in Göttingen durchbrochen. Die MPG dankte es ihm wie dem britischen Forschungskontrolloffizier Bertie K. Blount Jahre später mit der Wahl zum Ehrensenator. „Sie gehören nun wirklich schon zu unseren altbewährten Freunden", schrieb Adolf Butenandt am 1. April 1972 anlässlich der Hauptversammlung in Bremen, auf der er die Präsidentschaft der MPG an seinen Nachfolger Reimar Lüst übergab.[10]

Die persönliche Ein- und Ansicht der Forschungskontrolleure spielte auch auf russischer Seite bei der Bewahrung einer deutschen Forschungsbasis in der Person von Pjotr I. Nikitin eine nicht zu unterschätzende Rolle.[11] Alle drei trafen sich mit ihrem amerikanischen Kollegen bis zur Auflösung der gemeinsamen Arbeit bei Sitzungen der zuständigen Abteilungen im Kontrollrat und suchten individuell auch nach dessen Abbruch nach „positiven" Wegen zur Erneuerung der von ihnen hoch geschätzten deutschen Wissenschaft.

Die Sicherheitsfrage befasste und belastete beide Seiten. Konrad Adenauer bemerkte 1949 in Frankreich „some of the people are especially worried about security and the question of reparations".[12] Die Rolle der Entscheidungen des

9 A-MPG: Nachlass Hahn III/14A/1875.

10 A-MPG: Az 142201 10 I-L. Paul J. Weindling bezeichnet die freundlichen Beziehungen Lutz-Butenandt als ein „Schlüsselelement" für dessen Position in Tübingen. Auch habe das CNRS 1946 empfohlen, dass Butenandt „in Anbetracht seiner wissenschaftlichen Qualität" auf seiner Stelle verbleiben könne. Paul J. Weindling, „Verdacht, Kontrolle, Aussöhnung. Adolf Butenandts Platz in der Wissenschaftspolitik der Westalliierten (1945-1955)", in: Wolfgang Schieder und Achim Trunk (Hrsg.), *Adolf Butenandt und die Kaiser-Wilhelm-Gesellschaft*. Göttingen 2004, S. 331.

11 Pjotr I. Nikitin, *Zwischen Dogma und gesundem Menschenverstand. Wie ich die Universitäten der deutschen Besatzungszone "sowjetisierte". Erinnerungen des Sektorleiters Hochschulen und Wissenschaft in der Sowjetischen Militäradministration in Deutschland.* Hrsg. und eingeleitet von Manfred Heinemann (Edition Bildung und Wissenschaft, Bd. 6). Berlin 1997.

12 Aus dem Protokoll in engl. Sprache, in: Hans-Peter Schwarz et al. (Hrsg), *Adenauer und die Hohen Kommissare*. München 1989, S. 433. (Akten zur Auswärtigen Politik der Bundesrepublik Deutschland, Bd. 1).

Abbildung 2: Adolphe Lutz zusammen mit Otto Hahn, im Hintergrund: Richard Kuhn, Ernst Telschow und Max von Laue am 8. März 1959, Copyright: Archiv der Max-Planck-Gesellschaft

Military Security Boards und des Gesetzes Nr. 25 der Westalliierten gilt es hierbei zu beachten und im Fall Frankreich noch zu untersuchen.

Ging die französische Seite den Weg Richtung industrieller Anwendung der naturwissenschaftlichen Forschung, wollte die MPG ihre auf Druck der Briten und Amerikaner aufgrund der Erfahrungen in der NS-Zeit eingegangene Nachkriegs-Orientierung (industriefreier) Grundlagenforschung konsequent fortsetzen. Diese Situation änderte erst die Wahl von Butenandt zum Präsidenten der MPG 1960. Die Zeit um 1968, in der auf beiden Seiten neue Universitäten gegründet wurden und ein gewaltiger Aufbruch in den beiden Gesellschaften folgte, forderte zugleich neue Prioritäten der Wissenschaftsförderung mit einer neu akzentuierten deutsch-französischen Wissenschaftspolitik.

13.2 Die Geringschätzung der französischen Forschungsleistungen oder: Gab es Besseres als die Forschung in den USA?

Im Vergleich zu den USA und auch zu Großbritannien hielten viele deutsche Wissenschaftler die Forschung in Frankreich für eine *quantité négligeable*. Dies war eines der Hindernisse bei der deutsch-französischen Kontaktaufnahme nach dem Krieg. Dieser für die erste Hälfte des 20. Jahrhunderts so typischen Haltung entsprach zunächst das geringere Gewicht der französischen Besatzungszone im Bereich der Nachkriegsforschung, die über die nach Tübingen verlagerten Institute durch die „Tübinger Herren“[13] als Gegenpol für die Göttinger Institute für den Aufbau der MPG Bedeutung gewannen.[14] Die Besonderheit in der Zone war die Verlagerung des schon genannten KWI für Chemie von Tailfingen (vorher Berlin) statt nach Tübingen auf das Gelände einer Kaserne in Mainz. Es wurde mit der Erweiterung 1949 der MPG auf die Westzonen Teil der in Göttingen neu gründeten MPG, seit 1956 Otto-Hahn-Institut. Die Kontrolle und Begrenzung der Naturwissenschaften und Technik kennzeichnete nur kurz die französische Hochschul- und Wissenschaftspolitik in der Besatzungszeit. Ihre freundliche Seite wurde von Germanisten bestimmt, die Universität Mainz als Volluniversität ausgebaut.[15] Erst 1958 begann das Otto-Hahn-Institut eine Zusammenarbeit mit französischen Laboratorien.[16]

Bis weit in die 1960er Jahre verweigerten sich etliche der Max-Planck-Institute deutlich der Zusammenarbeit, da sie die französischen Forschungsleistungen

---

13 Erläutert in: Manfred Heinemann, „Der Wiederaufbau der Kaiser Wilhelm-Gesellschaft und die Neugründungen der Max-Planck-Gesellschaft (1945-1949)“, in: Rudolf Vierhaus und Bernhard vom Brocke (Hrsg.), *Forschung im Spannungsfeld von Politik und Gesellschaft. Geschichte und Struktur der Kaiser Wilhelm-/Max-Planck-Gesellschaft. Aus Anlaß ihres 75jährigen Bestehens.* Stuttgart 1990, S. 407-470.

14 Butenandt 19. Nov. 1974 an René Cheva (frz. Hochschuloffizier in Tübingen während der Besatzungszeit) im Zusammenhang einer Absage des zweiten Konvents der Ehrensenatoren mit Vortrag Chevals in der Universität: „Alle meine Gedanken sind bei Ihnen in Tübingen und gelten jenen Zeiten, die sie schildern werden und die mir ganz unvergesslich sind. Mit stets gleichbleibender Dankbarkeit gedenke ich Ihre großen Hilfe beim Wiederaufbau der Universität Tübingen und der nach dort verlagerten Kaiser Wilhelm-Institute, Ihrer in die Zukunft gerichteten Art Ihres Wirkens und Ihrer vielen Beweise für persönliche und freundschaftliche Verbundenheit.“

15 Vgl. Corine Defrance, „Le rôle des germanistes dans la politique universitaire de la France en Allemagne pendant la période d'occupation (1945–1949)“, *Lendemains*, 103/104 (2001): S. 56-67.

16 *Berichte und Mitteilungen der Max-Planck-Gesellschaft* (*Mimax)* Nr. 3 (Juni 1965): S. 166.

nicht interessierten bzw. diese im Vergleich als zu gering einschätzten. Und selbst bei den späteren Besuchen der Direktoren von MPG und CNRS hatten diese sich nur sehr wenig zu sagen. England und mehr noch die USA waren in der Forschungsorientierung der Institute dominant und maßgebend. In der 5. ordentlichen Hauptversammlung der MPG am 11. Juni 1954 symbolisierte der Besuch von James Bryant Conant die Vorrangstellung der USA in der MPG überdeutlich. Conant, Chemiker, früher Präsident der Harvard-Universität, im Zweiten Weltkrieg Vorsitzender des *National Defence Research Committee* (NDRC) und Direktor des *Office of Scientific Research and Development* (OSRD), von 1953-1955 Hoher Kommissar in Deutschland und erster US-Botschafter von 1955-1957 hätte man als US-Wissenschaftspräsidenten bezeichnen können.

Die jüngeren Naturwissenschaftler in der MPG lernten Englisch oder „Amerikanisch". In der Generalverwaltung der MPG wie in den MPI gab es zu wenig Personal mit entwickelten französischen Sprachkenntnissen. Dass es auch anders ging und in direkter Kooperation gemeinsame Forschungen zustande kamen, verdeutlichte Erich Regener in seinem Artikel „Deutsch-Französische Zusammenarbeit bei der Erforschung der hohen Atmosphäre mit Hilfe von Raketen" 1954.[17] Es ging um Höhenforschung: „Es ist deshalb sehr zu begrüßen", schrieb Regener, „dass französische Stellen den Bau von relativ kleinen und einfachen Raketen begonnen [...] haben. So betreibt zur Zeit die Entwicklungsstelle Vernon der DEFA (*Direction des Études et Fabrication d'Armement*) den Bau von Raketen, die die Höhe von etwa 100 km erreichen sollen und in der Sahara erprobt werden."[18] Noch waren deutschen Wissenschaftlern Bau und Nutzung von Raketen (und anderen Materialien mit militärischer Nutzanwendung) untersagt. Lüst, Direktor des Instituts für extraterrestrische Physik (Teilinstitut des MPI für Physik und Astrophysik) in Garching bei München, teilte 1963 in der überhaupt ersten Befragung zu den beiderseitigen Wissenschaftsbeziehungen als wissenswert mit, sein Institut sei durch französische Unterstützung an vier Raketenaufstiegen beteiligt worden. Es ging voran, wenn beide Seiten wollten.

---

17 *Mimax*, Nr. 3 (August 1954): S. 145–148. Regeners Forschungsstelle für Physik der Stratosphäre in der KWG lag seit 1944 in Weissenau (heute Ravensburg) in der Frz. Zone. Sie wurde 1949 von der MPG übernommen und später nach Niedersachsen verlegt.

18 Ebd., S. 147.

13.3 Forschungsinformation als Teil französischer Kulturpolitik in Deutschland

1954, nach Beendigung des Besatzungsregimes und der Reduzierung der Vorbehaltsrechte im Zweiten Deutschlandvertrag, gründete die französische Botschaft die *Abteilung für Wissenschaft und Technik.* Sie wurde hochrangig mit H. Forestier, „Professeur à la Faculté des Sciences et Directeur de l'École Nationale Supérieure de Chimie de Strasbourg" besetzt. Lutz wurde ihm weiterhin zur Seite gestellt.

Der Leiter der Kulturabteilung des Hochkommissariats, Henry Spitzmuller[19], versprach Hahn am 18. Oktober 1954 ausdrücklich Kontinuität der seit der Besatzungszeit entwickelten Bemühungen des französischen Außenministeriums, die Wissenschafts-, Technik- und Hochschulbeziehungen mit Deutschland als Teil der Kulturbeziehungen aufzufassen.[20] Am 7. Januar 1955 übergaben Forestier und Lutz einen am 22. Dezember 1954 mit hohen Erwartungen verbundenen Katalog von Vorschlägen. Der Austausch sollte nicht nur Studierenden dienen, sondern über Kongresse, Kolloquien, Aufenthalte in Forschungseinrichtungen und Laboratorien vor allem jüngere Wissenschaftler beeinflussen. Publikationen und die „Formation des jeunes" insbesondere auch im Hinblick „pour la concrétisation de l'idée européenne" sollten auch im wissenschaftlichen und technischen Bereich zu einem neuen Verhältnis zu Frankreich führen.[21] Die Broschüre *Services Culturels Français en Allemagne* gab im Umfang von XXVII Seiten Informationen über neue Bücher, Rundfunksendungen usw. in Deutschland und informierte auf weiteren 43 Seiten über die Struktur der Abteilung in Mainz.[22]

Seit März 1955 folgten fortlaufend Mitteilungen Lutz' an die MPG mit einem Kalender zu den internationalen wissenschaftlichen Veranstaltungen in Frankreich. Am 3. Mai 1955 schickte er eine ausführliche Darstellung über den „Aufbau der technischen Forschung in Frankreich"[23] mit dem Ziel: „L'essentiel pour

---

19 In: A-MPG: IM2/1-1 Frankreich. Siehe die Gesamtübersicht der Direktion, *Les Services Culturels Français en Allemagne*. Mainz 1954.

20 Schreiben in A-MGP: IM2/1-Frankreich, abgezeichnet von Hahn und dem Generalsekretär der MPG, Telschow. Hahn bedankt sich am 25. Oktober 1954.

21 Ebd. Am 14.01.1955 abgezeichnet von Telschow.

22 Exemplar in: A-MPG: IM2/1-1 Frankreich.

23 Der Autor war Prof. Jean-Jacques Trillat, überreicht von Lutz am 3. Mai 1955. Ebd. Lutz schlug vor, den Beitrag in die Mitteilungen der Max-Planck-Gesellschaft [abgekürzt: *Mimax*] zu über-

nous est de développer les relations scientifiques franco-allemandes". Der „Maßstab für die Macht eines Landes wird das Interesse sein, das es der Forschung und ihrer Entwicklung entgegenbringt." Frankreich habe „insbesondere die technische Forschung" seit Kriegsende gefördert. Auch die Schaffung eines *Staatssekretariats für wissenschaftliche Forschung* unterstreiche dies. „Das Hauptproblem, das jetzt angegangen werden muss, ist in weit größerem Maße das, Nachwuchs zu finden und ihn auszubilden".[24]

Die Reaktion der Generalversammlung der MPG (GV) auf diese Informationen war gemischt positiv. Sie lud den Direktor des CNRS Gaston Dupouy ein, an der nächsten Mitgliederversammlung teilzunehmen. Am 6. Juni 1955 teilte Dupouy mit, dass er aus dienstlichen Gründen nicht kommen könne, doch gern zu einem Zusammentreffen bereit sei. Er wünsche auch einige Laboratorien der MPG zu besuchen. Die Kulturabteilung der Botschaft habe ihm mitgeteilt, dass die MPG zwei Jahresstipendien für das CNRS verfügbar mache, für die er gerne bald Kandidaten benennen wolle.[25] Auf seine Frage nach einem Termin vermerkte Ernst Telschow (1889–1988), Chemiker und Geschäftsführendes Mitglied des Verwaltungsrats der MPG, wiederum am Rande: „Wird geschehen wenn Zeit, jetzt nicht." Telschow nahm dann auf Vorschlag der Kulturabteilung der Botschaft im Juni 1955 eine Einladung nach Paris für September (zwei Tage Atom-Energie-Kommissariat und ein Tag CNRS) an.[26] Dies ließ immerhin hoffen.

Die Gegeneinladung der Generalverwaltung nahm Madame M. Cordier von der Kulturabteilung des französischen Außenministeriums wahr. Sie bedankte sich am 21. Juni 1955 für die Möglichkeit eines persönlichen Kennenlernens von Hahn und Telschow.[27] Lutz übersandte dann am 29. Juni 1955 weitere Schreiben und fügte für den MPG-Präsidenten Berichte des „Commissariat à l'Énergie atomique" bei. Gesondert bestätigte er, dass diese Berichte demnächst regelmäßig übersandt würden. Hahn übergab sie dem 70jährigen Chemiker Friedrich Adolf Paneth zur Auswertung und Rückgabe.[28] Hahn nahm solche Informationen

---

nehmen. Trillat war Autor von: *Organisation et principes de l'enseignement en U.R.S.S. Les relations entre la science et l'industrie*. Paris 1933.

24 Ebd. Ms. Trillat, S. 21.f. A-MPG: IM2/1 Frankreich

25 Schreiben des Präsidenten der MPG dazu vom 22. März 1955 in: A-MPG: IE20/1-1.

26 Telschow bedankte sich am 23. September 1955 bei Lutz.

27 Ebd.

28 Nachlass von Friedrich Adolf Paneth im A-MPG: Siehe dort das Findmittel: *Schriftlicher Nachlass von Friedrich Adolf Paneth (1887-1958)*. Berlin 1982.

zur Kenntnis, auch die seit 1957 erscheinenden und weit verteilten Broschüren *Wissenschaft und Technik aus Frankreich.* Weiterhin geschah wohl wenig.[29]

Wer sich in der MPG über Frankreich, die Grundstrukturen des CNRS, einzelne Tagungen und Kongresse hätte informieren wollen, hätte dies seit Mitte der 1950er Jahre tun können. Doch agierte die GV nicht als Informationsbüro für die Institute. Man schickte dann und wann eine Broschüre hin und her. Mehr geschah nicht. Kopierer waren in der GV in dieser Zeit noch unbekannt.

Mit zwei Stipendien für französische Nachwuchswissenschaftler engagierte sich die GV der MPG im Rahmen ihrer Möglichkeiten. Telschow ging am 23. September 1955 auf eine Mitgliedschaft der Kulturabteilung der französischen Botschaft als „förderndes Mitglied" der MPG ein. Er schlug Lutz vor, der dieses für einen Beitrag von 100,00 DM werden könne.[30] Zugleich bestätigte er die Aufnahme von Dr. Balkanski als ersten französischen Stipendiaten in das Fritz-Haber-Institut und stellte dafür 5000 DM zur Verfügung.[31] An einem Abonnement der Journals *La Revue Scientifique* war man in der GV nicht interessiert: Die „Anlage kann in den Papierkorb".[32]

13.4 Die französische Offensive in der Atomforschung

Die Kulturabteilung der Botschaft eröffnete in dieser Zeit eine weitere Offensive für ihre Atompolitik z.B. beim *Stifterverband für die Deutsche Wissenschaft.* Dieser ließ den am 1. Juni 1959 in Dortmund zum Thema „Der wissenschaftliche Aufschwung Frankreichs"[33] gehaltenen Vortrag von Professor Pierre Piganiol, dem Generalbeauftragten der französischen Regierung für die wissenschaftliche und technische Forschung, übersetzen und in der SV-Schriftenreihe zur Förderung der Wissenschaft 1959/V drucken.[34] „Wie der Staat sich in die Lenkung der Forschung einschalten soll, ist sehr vorsichtig behandelt", meinte Herr Seeliger

29 Einzelne Exemplare in: A-MPG: IM2; einzelne Hefte sind in der TIB Hannover bzw. der Leibniz-Bibliothek Hannover unter Zs 3184 und weiteren Bibliotheken vorhanden.

30 Vollzogen in der Sitzung des Senats am 11. Okt.1955, Auszug aus der Niederschrift in: A-MPG:IM2/1.

31 A-MPG: IM2/Frankreich, Abschrift.

32 A-MPG: IM2/1.

33 Zugeschickt von Lutz am 7. Juli 1959.

34 Pierre Piganiol, „Der wissenschaftliche Aufschwung in Frankreich," SV-Schritenreihe zur Förderung der Wissenschaft (1959/V): S. 3-12. Dort auch: Henri Longchambon: „Die wissenschaftliche und technische Forschung in Frankreich", S. 13-21.

in der GV an Lutz am 15. Juli 1959. Erfahrungen bei der „verwaltungsmäßigen Lenkung der Forschung" würden ihn interessieren.

In diesen offensiveren Kontext gehört die Einladung des DFG-Präsidenten Prof. Dr. Gerhard Hess an den Präsidenten von 1957-1962 des CNRS Jean Coulomb (1904–1999) vom April 1959.[35] Hess wollte die MPG in seine Initiativen der Förderung der Hochschulbeziehungen einbeziehen und hatte die Zustimmung Coulombs für einen Besuch in Göttingen, damals noch Sitz der Generalverwaltung der MPG, erhalten.[36] Lutz übersetzte. Er hoffte auf eine Intensivierung des Verhältnisses zwischen DFG und CNRS.[37] Es war eine Geste der MPG, dass sie Coulombs Beitrag „Die Forschung in Frankreich und das Centre National de la Recherche Scientifique" in ihren *Mitteilungen* veröffentlichte.[38] Auch auf der Ausstellung „Atom und Wasser", September bis Oktober 1959 in Essen, war Frankreich mit Vorträgen vertreten.[39] Die Atombombenexplosionen Frankreichs im Februar 1960 aber störten wiederum deutsche Wissenschaftler, die sich schon 1957 in der „Göttinger Erklärung" ausdrücklich gegen die Atombewaffnung sich ausgesprochen hatten. „Der Atomphysiker und Nobelpreisträger Prof. Max Born bezeichnete in Bad Pyrmont den Versuch als reine Prestigefrage. Er glaube nicht, dass der Westen durch die französische Bombe materiell gestärkt werde."[40]

Auch die unterschiedliche Nutzung der Kernenergie in Frankreich und Westdeutschland erwies sich als hemmend. Zwar hatten die Alliierten die Verbote zur Eindämmung des deutschen *Military Warfare Potentials* nach der Aufhebung der Besatzungsautorität 1954/55 wieder gelockert, doch blieb der Bundesrepublik die Entwicklung von ABC-Waffen untersagt. Interessant zu beobachten ist das Verhältnis zwischen Hahn und seinem französischen Kollegen Joliot-Curie (1900–1958). Dieser hatte 1935 den Nobelpreis für Chemie für die Synthese eines Radionuklids erhalten. In der friedlichen Nutzung der Atomenergie hätten beide durchaus einen Kompromiss finden können, wie ihn Gentner – während

35 Vgl. dessen Schrift: *Les relations internationales du Commissariat à l'énergie atomique*. Paris 1965.

36 Präsident Hess, DFG, an Hahn 7. April 1959, in: A-MPG: IM2/1-2.

37 Lutz am 28. April 1959 an Seeliger in der GV der MPG. In: A-MPG: IM2/1-2.

38 *Mimax*, Nr. 3 (Juli 1959).

39 Schrb. der Botschaft vom 14. Dez. 1959, in der Anlage: Fleury, Georges: „Die französische Industrie und die Kernenergie", Baissas, Henry: „Richtlinien der französischen Atomforschung", Perrot, François: „Die Europäische Atomgemeinschaft und die Deutsch-Französische Zusammenarbeit auf dem Gebiet der Kernenergie", Pascal, Maurice: „Atom und Energie in Frankreich" und Teste, Ph.: „Das Kernenergieprogramm der Electricité de France".

40 *Göttinger Presse* vom 15.02.1960, in: A-MPG: IM2/2-1.

der Besatzungszeit im Institut von Joliot-Curie in Paris tätig – auf seine Weise mit ihm fand.[41] Gentner stieg seit 1952 durch Heisenberg auf zu einer der Schlüsselfiguren bei der Europäisierung der Kernphysik im UNESCO-Projekt des CERN. Hier wiederum nahm Frankreich als größter Beitragszahler eine Schlüsselrolle wahr. Enge Verbindungen entstanden zwischen Hahn und Joliot-Curie nicht.[42]

Die deutsch-französischen Spannungen in der Kernphysik wurden durch das Bemühen des seit 1958 amtierenden Staatspräsidenten Charles de Gaulle geschürt, Frankreich zur „vierten Atommacht" zu machen.[43] Sie erschwerten eine Intensivierung der Beziehungen zwischen MPG und CNRS. Daher rührte auch das Interesse von Hahn und Telschow, auf der Reise zum CNRS ausdrücklich auch Wissen zu diesen Bereichen zu gewinnen. Ein beruhigender Satz stand zwar am Anfang der Informationen *Wissenschaft und Technik aus Frankreich* Heft1/Januar 1957: „Frankreich schickt sich an, die Atomenergie weitgehend zur Erzeugung von Elektrizität zu verwenden." Doch blieb die MPG hier im Vergleich zu anderen Forschungseinrichtungen in Deutschland resistent. In der *Arbeitsgemeinschaft für Forschung* des Landes Nordrhein-Westfalen dagegen berichtete der hohe Kommissar für Atomenergie in Frankreich, François Perrin, über das Ziel wirtschaftlich tragbarer Energiegewinnung.[44] Der erste Fünfjahresplan zur Entwicklung der Anwendung der Kernenergie in Frankreich mit dem Ziel des Baus von acht Atomreaktoren und je einer Anlage zur Trennung des Plutoniums und Uranaufbereitung ging zu Ende, die Ziele des nächsten waren bereits diskutiert.[45] 1967 war man bei der vierten Isotopen-Trennanlage angelangt.[46]

Wie weit entfernt davon war die 1957 vom Paneth entworfene und von Lutz übersetzte höchst traditionelle Grußadresse der MPG zum 100. Jubiläum der

---

41 Vgl. Wolfgang Gentner, *Gespräche mit Frédéric Joliot-Curie im besetzten Paris 1940–1942*. Heidelberg 1980; Dieter Hoffmannn und Ulrich Schmidt-Rohr (Hrsg.), *Wolfgang Gentner. Festschrift zum 100. Geburtstag*. Berlin 2006.

42 Gentner wurde in der GV der MPG wie auch von Lutz als „franzosenfreundlich" und als der geeignetste Kandidat für eine französische Ordensverleihung angesehen. Notiz vom 15. November 1962, in: A-MPG: IA2/1-3.

43 Siehe den Kommentar in der *Frankfurter Allgemeine* Nr. 249 vom 27. Oktober 1958.

44 Zusammenfassung des Vortrags in: A-MPG: IM2/1-1.

45 Vortragsmanuskript über die Fünfjahrespläne des Direktors des „Centre Nucléaire de Fontenay" in Aachen, Bonn, Heidelberg und München vom 20.-24. Mai 1957 in: A-MPG: IM2/1-1.

46 „Uran für Frankreichs Wasserstoff-Bombe vom nächsten Jahr an". *FAZ* vom 12. Juli 1966. In: A-MPG: IM2/1-3: Frankreich.

„Societé Chimique de France“ mit Respekt vor den Leistungen der „modernen“ französischen Chemie und der erneuten Hervorhebung der Beschränkung auf „eine rein friedliche Verwendung“ der Erkenntnisse.[47]

13.5 Anschubversuche durch die deutsche Forschungspolitik

Die Welt titelte am 25. Febr. 1958: „Man kann von Frankreich lernen“, gemeint war jedoch nur das Universitätsfach „politische Wissenschaft“. Für die II. Plenarsitzung der „Gemischten Deutsch-Französischen Kulturkommission“ im Juni 1958 sah die GV der MPG auf Anfrage der DFG von einer Befragung der MPI hinsichtlich vorhandenem Austausch, Zusammenarbeit, Gastprofessoren und sonstigen Kontakten ab. Herr Seeliger in der GV meinte kurz und knapp: „Die Intensität der Beziehungen ist völlig verschieden je nach Fachgebiet“, „verhältnismäßig eng in der Physik“, auch bei der AVA („Flatteruntersuchungen von Prof. Küssner“) und beim Gmelin-Institut, bei der Atomdokumentation und beim Schriftentausch. Die Metallforschung und die physikalische Chemie hätten „nur geringe Kontakte“; hier sei Frankreich „offenbar ziemlich zurück, so dass unsere Wissenschaftler nicht viel lernen können“.[48]

Die Vorbereitungen[49] zu dem Besuch des französischen Forschungsministers vom 8. -10. Dez. 1963 änderten diese Position. Es gab die erste Umfrage bei den Instituten überhaupt! Aber: Der Präsident der MPG musste auf die nachfolgende negative Reaktion aus den Instituten am 9. Juni 1964 im Wissenschaftlichen Rat der MPG ausführlich darum bitten, dass die Umfrage bei den Direktoren nicht gleich im „Papierkorb“ landen solle.[50] Der Rücklauf ergab erstmals präzisere Informationen, auch die Namen beteiligter Wissenschaftler. Etwa 80% aller Institute hätten „gute Beziehungen zu französischen Forschungsinstituten“, hieß es in einem Schreiben vom 13. November 1964 an die Redaktion der „Nachrichten aus Chemie und Technik“.[51]

Erhebliche Zweifel an diesem hohen Wert der „Zusammenarbeitsverhältnisse“[52] waren schon damals angebracht. Nicht wenige MPI trugen nur vor, dass sie Be-

47 Entwurf vom 4. Juli 1957 in: A-MPG: IM2/1-2. Abdruck; *Mimax* Nr. 5 (Dez. 1957).
48 Schr. der DFG vom 14. Mai 1959 und Notiz in:A-MPG: IM2.
49 A-MPG: IM2.
50 Auszug aus der Niederschrift, S. 16, in: A-MPG: IA2.
51 In: A-MPG: IM2/1-3.
52 Vermerk Dr. Marsch vom 20. Nov. 1963, in: A-MPG: IM2/1-3. Übersendet zugleich ein Exemplar der Liste an Lutz.

ziehungen entwickeln möchten oder könnten; einige wünschten dies ausdrücklich. Die GV resümierte auf den Wunsch des Ministers übertrieben positiv, „dass zwischen deutschen und französischen Forschern mehr Beziehungen bestehen, als allgemein bekannt ist, und dass der französische Forschungsdirigismus es uns erschwere, institutionelle Abmachungen zu treffen. ... Da, wo keine Beziehungen bestünden, sei die Forschung in Frankreich, wie angenommen wird, zweitrangig." Die GV wiederum warnte die MPI: Das Thema Europäische Forschungsinstitute soll „mit größter Vorsicht" behandelt werden.[53]

Ein Jahr später wurde tatsächlich die erste Kooperationsüberlegung im Senat der MPG besprochen. Die Niederschrift über die Sitzung des Senats der MPG am 13. März 1964 gibt Überlegungen zur Europäisierung des in der Beratung befindlichen Krebsforschungszentrums in Heidelberg wieder. Aber: Selbst französische Wissenschaftler hielten eine solche Gründung für „verfrüht".[54] Eine Diskussion gab es auch hinsichtlich eines Vorschlags des „Institut des Hautes Études Scientifiques", ein gemeinsames Institut für Mathematik einzurichten. Weder die Deutsche Mathematikervereinigung noch Heisenberg oder Butenandt als Präsident der MPG hielten dies für sinnvoll, bevor nicht nach der Ablehnung durch den Senat der MPG, es als Max-Planck-Institut zu übernehmen, das deutsche Institut in Oberwolfach finanziell abgesichert sei.[55]

Schleppend verlief die Realisierung eines Präsidententreffens zwischen der DFG, der MPG und dem CNRS, die sich seit dem Jahre 1964 immer wieder verzögerte.[56] Dabei fehlte es dem MPG-Präsidenten Butenandt[57] nicht an gutem Willen: „Da man allgemein der Meinung war, dass die wissenschaftlichen Beziehungen zwischen beiden Ländern äußerst schlecht seien, sollten in dieser Begegnung Programme für eine intensivere Zusammenarbeit ausgearbeitet werden." Butenandt kam zu dem positiv resignierenden Schluss, dass „im großen und ganzen keine Schwierigkeiten bestehen Kontakte zum Nachbarland aufzunehmen, wenn Kontakte gewünscht waren". Immerhin wurde am 9. November 1964

53 Vermerk Dr. Marsch vom 20. Nov. 1963, in: A-MPG: IM2/1-3. Übersendet zugleich ein Exemplar der Liste an Lutz.

54 Niederschrift, S. 11,12, und 19. Auszug in: A-MPG: IM2/1-3.

55 Vermerk Dr. Marsch vom 20.04.1964, in: A-MPG: IM2/1-3.

56 Dr. Marsch, GV, 30. April 1964 an den BMF, Dr. Scheidemann, In: A-MPG: IA2/1-3.

57 Butenandt war 1969 vom frz. Außenminister Michel Debré mit dem Commandeur-Kreuz des Nationalordens der Ehrenlegion ausgezeichnet worden. A-MPG: Az 142201 10 D. 1955 wurde er zum Auswärtigen Mitglied des Instituts de France berufen. A-MPG: Nachlass Butenandt III-84/2-16.

Konrad Adenauer feierlich in das „Institut de France" aufgenommen. Die Zeitungen mussten dazu aufklären, um was für eine Einrichtung es sich handelte. Seit der Gründung 1795 hielt Adenauer als erster eine Rede auf Deutsch.[58] Man spielte in Frankreich mit hohem Prestige. 1965 konnte in den *Berichten und Mitteilungen der Max-Planck-Gesellschaft* (Mimax) immerhin über eine Kooperation an einem konkreten Beispiel aus dem Bereich der Festkörperphysik berichtet werden.[59] Solche Gedanken begleiteten Überlegungen, ein Max-Planck-Institut für Festkörperphysik zu gründen. Dieses wurde 1969 als MPI für Festkörperforschung eingerichtet.

13.6 Das ILL in Grenoble als erstes deutsch-französisches Gemeinschaftsvorhaben unter Mitwirkung der MPG

Schwung von außen in die deutsch-französischen Wissenschaftsbeziehungen zu bringen versuchte der „Bevollmächtigte der Bundesrepublik Deutschland für kulturelle Angelegenheiten im Rahmen des Vertrages über die Deutsch-Französische Zusammenarbeit". Der Ministerpräsident von Baden-Württemberg, Kiesinger, erläuterte am 12. Oktober 1966 – noch vor seiner Wahl zum Bundeskanzler am 1. Dezember 1966 – seinen Auftrag im Rahmen des Vertrages auch die Zusammenarbeit auf dem „Gebiet der wissenschaftlichen Forschung" zu koordinieren.[60] Vertraglich vereinbart war: „Die Forschungsstellen und die wissenschaftlichen Institute bauen ihre Verbindungen untereinander aus, wobei sie mit einer gründlicheren gegenseitigen Unterrichtung beginnen; vereinbarte Forschungsprogramme werden in den Disziplinen aufgestellt, in denen sich das als möglich erweist." Bayern erarbeitete durch Ministerialdirigent Johannes von Elmenau kurzfristig eine erste Übersicht. Kiesinger erbat Ergänzungen durch die MPG, die Länder, die Bundesministerien, die Westdeutsche Rektorenkonferenz und den Wissenschaftsrat. Als Bundeskanzler verfolgte Kiesinger diese Überlegungen weiter und ließ der MPG über das Bundesministerium für Forschung am 14. Dezember 1966 seine Bitte auf konkrete Vorschläge einer Zusammenarbeit

58 Bericht in der *FAZ* vom 9. November 1964.

59 K.D. Kramer und W. Müller-Warmuth, „Zusammenarbeit zwischen französischen Forschungslaboratorien und dem Max-Planck-Institut für Chemie (Otto-Hahn-Institut) auf dem Gebiet der magnetischen Resonanz", *Mimax* Nr. 3 (Juni 1965). Die Kontakte hatten – wie schon berichtet – 1958 begonnen.

60 In: A-MPG: IM2.

vorlegen. Er wollte sie bei dem für Januar 1967 geplanten Treffen mit dem französischen Staatspräsidenten nutzen.[61]

In aller Eile konkretisierte die MPG nun eine Zusammenarbeit auf den Gebieten der Radioastronomie, der Astronomie, der Kernphysik und der Festkörperphysik sowie der extraterrestrischen Physik und der Plasmaphysik. Gentner hatte aufgrund seiner Erfahrungen bei CERN klare Vorstellungen:

> Die Möglichkeiten der Zusammenarbeit lägen weniger darin, dass gemeinsame Einrichtungen errichtet werden, sondern vielmehr darin, dass die einzelnen Forschungsprogramme besser abgesprochen und deren Ergebnisse ausgetauscht werden. Einer Mitteilung von Prof. Gentner und Prof. Biermann entsprechend wäre ganz allgemein anzustreben, dass französische Wissenschaftler mehr nach Deutschland kommen, um hier einen Gastaufenthalt bis zu einem Jahr zu verbringen. Herr Prof. Gentner meinte auch, dass bei großen Anlagen wie Beschleunigern noch mehr die Möglichkeit ausgenutzt werden soll, an deutschen bzw. französischen Instituten durch Besuchergruppen eng begrenzte Forschungsthemen durchführen zu lassen.[62]

Das erste Gemeinschaftsvorhaben war dann das Institut Laue-Langevin (ILL) in Grenoble. Die Vereinbarung zwischen Deutschland und Frankreich wurde schließlich am 19. Januar 1967 im Rahmen des Staatsbesuches von Bundeskanzler Kiesinger bei Staatspräsident de Gaulle in Paris am 13./14. Januar 1967 vereinbart und nachfolgend von den Wissenschaftsministern unterzeichnet. „An Stelle von Lippenbekenntnissen deutsch-französischer Freundschaft" träten nun „Taten".[63] Ihr Hochschulwesen wollten die Franzosen von 1972 parallel so steuern, dass ein Viertel aller Studierenden technologische Hochschulinstitute besuchen sollten.[64]

---

61 Vermerk von Dr. Marsch vom 19. Dez. 1966, In: A-MPG: IM/1-3.

62 Ebd.

63 Vgl. „Ein deutsch-französisches Bindeglied" in: *Süddeutsche Zeitung* vom 18. Januar 1967, in: A-MPG: IM2. „Gemeinsame Forschung im Gespräch", ebd. vom 20. Januar 1967. 1973 trat Großbritannien als dritter Partner bei. Der Höchstfluss-Reaktor ging im August 1971 in Betrieb. Die Trägerschaft wurde nicht der MPG, sondern der Karlsruher Kernkraftwerk Betriebsgesellschaft mbH übertragen, die 1971 einen Kernreaktor in Betrieb nahm.

64 „Radikale Reform an Frankreichs Hochschulen. Den Bedürfnissen eines modernen Staates angepasst." *Göttinger Presse* vom 2. März 1966. In: A-MPG: IM2/1-3.

13.7 Fazit

In einem Brief vom 21. Dezember 1969 benannte Lutz die Hindernisse von der französischen Seite. Dabei setzte er sich von der „Prestige-Politik" des „Generals"[65] – gemeint war de Gaulle – deutlich ab:

> Und Fehler sind gemacht worden, die nicht mehr zu verbessern sind, namentlich in der Wissenschaftspolitik, im Reaktorbau, z.B. in der Urananreicherung, den Atom-U-Booten, wo kein Geld da ist, um Autobahnen zu bauen, das Telefon zu modernisieren, usw. [...] Trotzdem, wenn ein europäisches Institut gebaut werden soll, muss es in Frankreich liegen; das wissen Sie ja besonders auf Ihrem Gebiete: Krebs, Molekularbiologie! Ich kann Ihnen wirklich sagen, dass ich so verzweifelt bin, dass mir alle diese Probleme keine Ruhe lassen und dass ich Tag und Nacht darüber grüble, dass ich es vorziehe nicht zu schreiben.

Butenandt antwortete am 9. Januar 1970 – im Jahr des Angebots von drei [sic!] Stipendien[66] der französischen Regierung:

> [...] Allem Bemühen im internationalen Zusammenspiel sind aber eben auch immer wieder Grenzen gesetzt, deren Überwindung dem Einzelnen nur ganz selten gelingt. Wir müssen uns mit der berühmten ‚Kunst des Möglichen' abfinden und dürfen trotzdem die Hoffnung und Zuversicht auf eine bessere künftige Entwicklung nicht verlieren.[67]

Der unzweifelhafte deutsch-französische Erfolg beim ILL konnte nur schwerlich verdecken, dass das Beziehungsgeflecht zwischen CNRS und MPG auch in den 1970er Jahren weitmaschig blieb; die Entwicklung der allgemeinen Hochschul- und Forschungsbeziehungen geschah ohnehin durch die DFG und die Westdeutsche Rektorenkonferenz (WRK); der Deutsche Akademische Austauschdienst (DAAD) unterstützte die Kooperationen. Hochschul-Abkommen und Studentenzahlen erreichten Höchstwerte. Dies war ein fruchtbareres Kapitel der deutsch-französischen Austauschbemühungen.[68]

---

65 Siehe dazu den bereits aus den MPG-Akten zitierten Kommentar in der *Frankfurter Allgemeine* Nr. 249 vom 27. Oktober 1958 zu de Gaulles Vorstellung eines „Weltdirektoriums".

66 Dr. Jürgen Fischer, Generalsekretär der Westdeutschen Rektorenkonferenz, am 19. März 1970 an die MPG, in: A-MPG: IM2. Die MPG hatte 1967 11, 1968 10 und 1969 9 Stipendiaten und Gastwissenschaftler aus EWG-Ländern, Dr. Marsch GV am 21. Okt. 1970 an Dr. Schulte, DAAD Paris. In: A-MPG Az 142201 13.

67 In: A-MPG: Az 142201 10 I-L.

68 Vgl. dazu die Serie: *Deutsch-Französische Forschungskooperation an Universitäten 1976/77. Bestandsaufnahme auf der Grundlage einer durch die Westdeutsche Rektorenkonferenz (WRK) und die Conférence des Présidents d'Universiteés (CPU) durchgeführten Umfrage.* 4 Bde, Bonn

Abbildung 3: Adolf Butenandt in seinem Arbeitszimmer in Göttingen am 10. Aug. 1960, Copyright: Archiv der Max-Planck-Gesellschaft.

Die Situation spiegelt sich in der nächsten 1972/73 erhobenen Befragung. Dr. Nickel in der GV kam zu dem immer noch dürftigen Ergebnis, dass von der biologisch-medizinischen Sektion die MPI für Limnologie, für Pflanzengenetik, für Zellbiologie und für Züchtungsforschung, von der Chemisch-Physikalisch-Technischen Sektion das Fritz-Haber-Institut und das MPI für Kohlenforschung keine Beziehungen nach Frankreich hätten. In der biologisch-medizinischen Sektion der MPG dagegen hätten die MPI für molekulare Genetik und für experimentelle Medizin, in der Chemisch-physikalisch-technischen Sektion: die MPI für biophysikalische Chemie, für Festkörperforschung, für Physik und Astrophysik und für Plasmaphysik engste Beziehungen.[69] Die Botschaft in Paris wünschte wiederum: „Die fünfjährige Amtszeit Curiens sollte genutzt werden, gemeinsame Arbeiten und Investitionen vorzusehen."[70]

1976. Reinhart Meyer-Kalkus, *Die akademische Mobilität zwischen Deutschland und Frankreich*. Bonn 1994 (DAAD-Forum, 16).

69 Zusammenfassung vom 16. Februar 1973 mit Anlagen, In: A-MPG: Az 142201 02 und 151.

70 Bericht der Deutschen Botschaft Paris, Wiss 490.00, vom 19.10.1973 an das AA, Doppel an BMFT und BMBW, Kopie an MPG. In der Anlage der Artikel aus *Le Monde* vom 12.01.1973: „L'irrésistible ascension d'Hubert Curien", beides in A-MPG: 1422/1 Frankreich.

Der Kooperationsvertrag zwischen CNRS und MPG zur Förderung der „direkten" Zusammenarbeit in Form von Kooperationsprojekten und gemeinsamen Forschungsprogrammen wurde schließlich und endlich am 25. Juni 1981 von Charles Thibault, Präsident des CNRS von 1979-1981, und Jacqueline Mirabel, Leiterin der Auslandsabteilung des CNRS von 1964-1983, und von der MPG vom Generalsekretär von 1976-1987, Dietrich Ranft, unterzeichnet.[71] Das Ausmaß der Kooperation zwischen dem CNRS und der MPG blieb überschaubar, 1979 wurde es auf 40 bis 50 Projekte geschätzt.[72]

Lutz blieb nach seinem Ausscheiden aus dem diplomatischen Dienst und nach Zeit der Amtsübergabe der Präsidentschaft Butenandts 1972 an Lüst in „enger Verbundenheit" der MPG verpflichtet.

> Sogar der liebe Prof. Hahn hat mich öfters, wohl zum Spaß, als seinen ›Unterdrücker‹ vorgestellt. Hoffen wir, dass unsere Nachfolger für denen [sic, MH] die Bahnen viel freier geworden sind, das Erreichte weiter mit aller Kraft entwickeln werden. Denn nur durch eine enge Zusammenarbeit und das Verzichten von übertriebenem Prestige und Nationalitäts-Gefühlen können wir noch konkurrenzhaft werden. Das müsste die Aufgabe der jüngeren Herren nach meiner Ansicht sein! Gibt es aber in Ihrer Gesellschaft, deren Ruhm in der ganzen Welt verbreitet ist, und besonders im CNRS, genügend Leute, die dieses Bestreben haben werden?[73]

Nahezu resignativ antwortet er auf die „Missverständnisse", von denen Butenandt Lutz am 21. März 1955 schrieb.

> Sie wissen, sehr verehrter Herr Lutz, wie sehr ich mit Ihnen daran interessiert bin, alle Missverständnisse, die zwischen unseren Ländern bestehen, ausräumen zu helfen. So darf ich Ihnen auch weiterhin die Versicherung geben, dass sie jederzeit mit meiner Hilfe werden rechnen können.[74]

MPG und CNRS passten nur wenig zueinander. Gänzlich andere Strukturbedingungen, Grundverständnisse und die Skepsis gegenüber der angewandten Forschung zumal im Atomsektor hielten die Systeme auseinander. Das zentral-

---

71 In: A-MPG: Az 142201 151.

72 Angabe lt. Protokoll einer Besprechung der deutschen Gruppe der „Deutsch-Französischen Gesellschaft für Wissenschaft und Technologie" am 4. Juni 1980, S. 7. Themen der Bereiche von festgestellten Forschungsdefiziten und Projekte von 1979 in der Akte.

73 Lutz an Butenandt 11. Dezember 1972, in: A-MPG: Az 142201 10 I-L. Am 20. Dezember 1973 schrieb Lutz: „Diese Jahres-Versammlungen Ihrer Gesellschaft ... bedeuten für mich ja das glücklichste Ereignis des Jahres. ... Und ich bereue sehr, dass nicht noch viel mehr Anstrengungen gemacht worden sind, um unsere beiden Länder zu einer tiefen Einigung zu bewegen."

74 Weitere Korrespondenzen in: A-MPG: Nachlass Butenandt III-84/2-7316/3684.

gelenkte CNRS verstand das individuell-föderativ-dezentral organisierte System der MPG nicht. Ein auf Anwendung und Industrieforschung gerichtetes CNRS und die auf Grundlagenforschung verharrende MPG konnten nur Missverständnisse produzieren. Auf der Institutsebene dagegen konnte die schon deutlich anders sein.

Am 21. Dezember 1969, kurz nach seiner Pensionierung, schrieb Lutz in einer Art stiller Verzweiflung Butenandt deutliche Worte und attestierte der französischen Politik eine „bittere" Bilanz:

> Ich frage mich nämlich jeden Tag, wozu ich während der 25 letzten Jahre gearbeitet habe, und das ist schon sehr bitter. Ich hoffe auch, dass kein Wissenschaftler ihres Landes mir einmal Vorwürfe macht. Sie wissen, dass alle die eine französische Dekoration erhielten, immer durch meinen Vorschlag auserlesen wurden. Das habe ich immer getan, damit wir endlich zu einer Verständigung gelangen, nicht weil ich die „Prestige Politik" des „Generals" billigte. Jetzt bereue ich es fast. Entschuldigen Sie mich.[75]

75 A-MPG: Az 142201 10 I-L-

14 Lenin und Kuhn zum Verhältnis von Krise und Revolution

Fynn Ole Engler

14.1 Der Zusammenbruch der *Zweiten Internationale* und die Spaltung der Arbeiterklasse

In seinem Exil im schweizerischen Gebirgsdörfchen Sörenberg verfasste Lenin, der intellektuelle Kopf der *Sozialdemokratischen Arbeiterpartei Russlands (Bolschewiki)*, im Mai/Juni 1915 seine wohl umfangreichste theoretische Abhandlung über die Ursachen des Zusammenbruchs der *Zweiten Internationale*.[1] Den konkreten Anlass dafür lieferten die Ansichten führender sozialdemokratischer Arbeiterparteien seit dem Ausbruch des Ersten Weltkriegs im August 1914. Mehrheitlich waren diese den nationalen Interessen der eigenen Regierungen gefolgt, was entscheidend war für den Zusammenbruch der *Zweiten Internationale*, die zuvor in einer ganzen Reihe von Resolutionen eine solidarische Außenpolitik aller europäischer Arbeiterparteien und Gewerkschaften als wirksamstes Mittel gegen einen drohenden Krieg gefordert hatte.

Die breite Masse der europäischen Sozialdemokratie und die Mehrzahl ihrer führenden Köpfe hatten hingegen den Ersten Weltkrieg als eine Art „Volkskrieg" zur „Vaterlandsverteidigung" gerechtfertigt. Damit widersprachen sie jedoch den sozialistischen Resolutionen, wie beispielsweise dem Baseler Manifest, das auf dem sogenannten Friedenskongress der *Zweiten Internationale* Ende November 1912 verabschiedet worden war.[2] In diesem Manifest wurde erklärt, dass das Drängen auf einen Krieg hin, wie es sich zu diesem Zeitpunkt in immer

---

1 Wladimir Lenin, „Der Zusammenbruch der II. Internationale", in: Lenin, *Werke*, Bd. 21. Berlin 1970, S. 197–256. Siehe daneben auch Lenin, „Die Aufgaben der revolutionären Sozialdemokratie im europäischen Krieg", in: Lenin, *Werke*, Bd. 21. Berlin 1970, S. 1–5; Lenin, „Der Opportunismus und der Zusammenbruch der II. Internationale", in: Lenin, *Werke*, Bd. 21. Berlin 1970, S. 446–460 und Lenin," Der Opportunismus und der Zusammenbruch der II. Internationale", in: Lenin, *Werke*, Bd. 22. Berlin 1970, S. 107–119.

2 „Manifest der Internationale zur gegenwärtigen Lage", in: *Außerordentlicher Internationaler Sozialisten-Kongreß zu Basel am 24. und 25. November 1912*. Berlin 1912, S. 23–27. Hier heißt es: „Darum stellt der Kongreß mit Genugtuung fest die vollständige Einmütigkeit der sozialistischen Parteien und der Gewerkschaften aller Länder im Kriege gegen den Krieg." (S. 24).

mehr europäischen Ländern abzeichnete, keinesfalls „auch nur durch den geringsten Vorwand eines Volksinteresses gerechtfertigt werden [könnte]".[3] Indem weite Kreise der europäischen Arbeiterparteien aber gerade mit dem Ausbruch des Ersten Weltkriegs eine solche Argumentation anschlugen, übten sie für Lenin Verrat am Standpunkt der *Zweiten Internationale*.

Vor diesem Hintergrund entwickelte er in seinem Text eine marxistische Theorie zum Verhältnis der gesellschaftlichen Krise, die sich mit dem Ausbruch des Ersten Weltkriegs nochmals verschärft hatte, und einer tiefgreifenden politischen Revolution, die angesichts des Zusammenbruchs der *Zweiten Internationale* vor allem auch durch eine starke Organisationsform der revolutionären Arbeiterklasse bestimmt sein sollte.[4] Mit Blick auf die tiefe Krise der Arbeiterbewegung konstatierte Lenin daher zu Anfang seiner Arbeit:

> Unter dem Zusammenbruch der Internationale versteht man mitunter einfach die formale Seite der Sache, die Unterbrechung der internationalen Verbindung zwischen den sozialistischen Parteien der kriegsführenden Länder, die Unmöglichkeit, eine internationale Konferenz oder das Internationale Sozialistische Büro einzuberufen usw. Auf diesem Standpunkt stehen manche Sozialisten in den neutralen, kleinen Ländern, wahrscheinlich sogar die Mehrheit der offiziellen Parteien in diesen Ländern, sodann die Opportunisten und ihre Verteidiger. [...] Für die klassenbewußten Arbeiter ist der Sozialismus eine ernste Überzeugung, nicht aber ein bequemer Deckmantel für spießbürgerlich-versöhnlerische und nationalistisch-oppositionelle Bestrebungen. Unter dem Zusammenbruch der Internationale verstehen sie den himmelschreienden Verrat der Mehrheit der offiziellen sozialdemokratischen Parteien an ihren Überzeugungen, an den feierlichen Erklärungen in den Reden auf den internationalen Kongressen zu Stuttgart und Basel, in den Resolutionen dieser Kongresse usw.[5]

Demnach war spätestens 1914 für Lenin auch die Spaltung der Arbeiterklasse in zwei divergierende Strömungen, in den „Sozialchauvinismus" und den „Internationalismus" vollzogen.[6] *Einerseits* brachte die politische und ökonomische Krise des Ersten Weltkriegs dabei einen Teil der Arbeiterschaft auf die Seite der

3 „Manifest der Internationale zur gegenwärtigen Lage", in: *Außerordentlicher Internationaler Sozialisten-Kongreß zu Basel am 24. und 25. November 1912*. Berlin 1912, S. 23.

4 Vgl. hierzu auch Lenin, „Womit beginnen?", in: Lenin, *Werke*, Bd. 5. Berlin 1959, S. 1–13 und insbesondere Lenin, „Was tun? Brennende Fragen unserer Bewegung", in: Lenin, *Werke*, Bd. 5. Berlin 1959, hier: S. 491–500.

5 Lenin, „Der Zusammenbruch der II. Internationale", in: Lenin, *Werke*, Bd. 21. Berlin 1970, S. 199.

6 Vgl. u.a. Lenin, „Der Zusammenbruch der II. Internationale", in: Lenin, *Werke*, Bd. 21. Berlin 1970, S. 239 f.

kriegsführenden Parteien und ihrer nationalistisch-ökonomischen Interessen, *andererseits* führte sie zu einer Radikalisierung der am Internationalismus und vor allem an einer Kritik am imperialistischen Charakter des Kriegs festhaltenden Teile der Arbeiterbewegung bis hin zur Gründung neuer Fraktionen und Durchsetzung eigener politischer Gruppierungen und Parteiorganisationen. Daher war ihre jeweilige Stellung zum Krieg ausschlaggebend für die Trennung der beiden miteinander unverträglichen politischen Lager. Eine zuvor immer noch als einheitlich aufgefasste Arbeiterbewegung, repräsentiert durch die *Zweite Internationale*, war durch die politische und ökonomische Krise des Kriegs endgültig zersplittert worden und musste sich daher zwangsläufig neu organisieren. So resümierte Lenin:

> Die durch den großen Krieg herbeigeführte Krise hat alle Hüllen heruntergerissen, alles Konventionelle hinweggefegt, das längst ausgereifte Geschwür aufbrechen lassen und den Opportunismus in seiner wahren Rolle als Verbündeten der Bourgeoisie gezeigt. Die völlige, organisatorische Trennung dieses Elements von den Arbeiterparteien ist zur Notwendigkeit geworden. […] Die proletarischen Massen, deren alte Führerschicht wahrscheinlich zu etwa neun Zehnteln zur Bourgeoisie übergelaufen ist, standen der Orgie des Chauvinismus, dem Druck des Belagerungszustands und der Militärzensur zersplittert und hilflos gegenüber. Aber die objektive, revolutionäre Situation, die durch den Krieg herbeigeführt worden ist und immer mehr in die Breite und Tiefe wächst, erzeugt unvermeidlich revolutionäre Stimmungen, stählt die besten und klassenbewußtesten Proletarier und klärt sie auf.[7]

Doch durch welche allgemeinen Merkmale kennzeichnete Lenin die hier angesprochene revolutionäre Situation? Indem wir im Folgenden diese Merkmale anführen, skizzieren wir auch, wie Lenin das Verhältnis zwischen gesellschaftlicher Krise und politische Revolution bestimmte. Dabei mussten für ihn die objektiven Merkmale der eingetretenen revolutionären Situation jedoch noch um die „Notwendigkeit einer festgefügten revolutionären Organisation"[8] ergänzt werden, damit die Krise auch tatsächlich zu einer proletarischen Revolution führen konnte.

7 Lenin, „Der Zusammenbruch der II. Internationale", in: Lenin, *Werke*, Bd. 21. Berlin 1970, S. 253 f.

8 Lenin, „Was tun? Brennende Fragen unserer Bewegung", in: Lenin, *Werke*, Bd. 5. Berlin 1959, S. 492.

14.2 Die Notwendigkeit einer starken Parteiorganisation für eine proletarische Revolution

Mit dem Zusammenbruch der *Zweiten Internationale* und der Spaltung der Arbeiterbewegung hatten sich 1914 die Wirkungen einer tiefen gesellschaftlichen Krise offenbart. Damit war aber auch eine revolutionäre Situation entstanden, deren objektive Merkmale Lenin im Weiteren anführte. So schrieb er in dem nun schon mehrfach zitierten Text:

> Welches sind, allgemein gesprochen, die Merkmale einer revolutionären Situation? Wir gehen sicherlich nicht fehl, wenn wir folgende drei Hauptmerkmale anführen: 1. Für die herrschenden Klassen ist es unmöglich, ihre Herrschaft unverändert aufrechtzuerhalten; die eine oder andere Krise der „oberen Schichten", eine Krise der Politik der herrschenden Klasse, die einen Riß entstehen lässt, durch den sich die Unzufriedenheit und Empörung der unterdrückten Klassen Bahn bricht. Damit es zur Revolution kommt, genügt es in der Regel nicht, daß die „unteren Schichten" in der alten Weise „nicht leben wollen", es ist noch erforderlich, daß die „oberen Schichten" in der alten Weise „nicht leben können". 2. Die Not und das Elend der unterdrückten Klassen verschärfen sich über das gewöhnliche Maß hinaus. 3. Infolge der erwähnten Ursachen steigert sich erheblich die Aktivität der Massen, die sich in der „friedlichen" Epoche ruhig ausplündern lassen, in stürmischen Zeiten dagegen sowohl durch die ganze Krisensituation *als auch durch die „oberen Schichten"* selbst zu selbständigem historischen Handeln gedrängt werden.[9]

Doch waren diese objektiven Bedingungen, die in ihrer Gesamtheit die revolutionäre Situation bestimmten, auch hinreichend, um eine proletarische Revolution auszulösen? Offenbar nicht! Denn Lenin gab erst im Folgenden *die* ausschlaggebende Bedingung an, die in einer tiefen Krise die Revolution ermöglichen sollte. Daher lautet es:

> Weil nicht aus jeder revolutionären Situation eine Revolution hervorgeht, sondern nur aus einer solchen Situation, in der zu den oben aufgezählten objektiven Veränderungen noch eine subjektive hinzukommt, nämlich die Fähigkeit der revolutionären *Klasse* zu revolutionären Massenaktionen, genügend *stark*, um die alte Regierung zu stürzen (oder zu erschüttern), die niemals, nicht einmal in einer Krisenepoche, „zu Fall kommt", wenn man sie nicht „zu Fall bringt".[10]

---

9 Lenin, „Der Zusammenbruch der II. Internationale", in: Lenin, *Werke*, Bd. 21. Berlin 1970, S. 206.

10 Ebd., S. 207.

Die Unfähigkeit, eine Revolution trotz einer sich stetig verschärfenden Krise durchzuführen, diskreditierte damit aus Sicht Lenins allein die Parteiorganisation und nicht die durch die marxistische Theorie bestimmten objektiven Bedingungen, die somit zur Ideologie erhoben wurde. Mit Blick auf die bestehende revolutionäre Situation lesen wir somit bei Lenin:

> Wird diese Situation lange anhalten, und wie weit wird sie sich noch verschärfen? Wird sie zur Revolution führen? Das wissen wir nicht, und niemand kann das wissen. Das wird nur die *Erfahrung* lehren, die uns zeigt, wie sich die revolutionären Stimmungen entwickeln und wie die fortgeschrittenste Klasse, das Proletariat, zu revolutionären Aktionen übergeht. [...] Hier handelt es sich um die völlig unbestreitbare und grundlegende Pflicht aller Sozialisten [...]. Darin, daß die Parteien von heute diese ihre Pflicht nicht erfüllt haben, besteht eben ihr Verrat, ihr politischer Tod, ihre Lossagung von ihrer Rolle, ihr Überlaufen auf die Seite der Bourgeoisie.[11]

Doch wie musste eine Partei nun organisiert sein, um in einer revolutionären Situation tatsächlich eine Revolution durchzuführen? Zum Vorbild wurde hier zweifellos die *Sozialdemokratische Arbeiterpartei Russlands (Bolschewiki)*, aus der später die *Kommunistische Partei der Sowjetunion* hervorgehen sollte.[12] In seiner Grundsatzschrift *Was tun? Brennende Fragen unserer Bewegung* hatte Lenin aber bereits 1902 die zentralen Merkmale einer straffen Parteiorganisation entwickelt, aus der dann die Konzeption der sogenannten „Partei neuen Typus" hervorging, die im 20. Jahrhundert auch für andere sozialistische Parteien zum alleinigen Maßstab erhoben wurde.[13] Insbesondere war diese Partei als eine gut ausgebildete, streng auslesende und diszipliniert arbeitende Kaderorganisation von Berufsrevolutionären mit einer konspirativen Struktur zu entwickeln. Sie sollte überdies durch ein elitäres und nicht umfassend demokratisches Verständnis als Avantgarde der Arbeiterklasse bestimmt sein und im Wesentlichen zentralistisch gelenkt werden. In diesem Sinne sah Lenin die Notwendigkeit einer starken Parteiorganisation für die erfolgreiche Durchführung einer proletarischen Revolution.

---

11 Lenin, „Der Zusammenbruch der II. Internationale", in: Lenin, *Werke*, Bd. 21. Berlin 1970, S. 209 f.

12 Dazu heißt es u.a.: „Auf die „internationalistische", d.h. wirklich revolutionäre und konsequent revolutionäre Taktik sind die Arbeiterklasse und die Sozialdemokratische Arbeiterpartei Rußlands durch ihre ganze Geschichte vorbereitet." (Lenin, „Der Zusammenbruch der II. Internationale", in: Lenin, *Werke*, Bd. 21. Berlin 1970, S. 255)

13 Nach dem Zweiten Weltkrieg wurde beispielsweise in der Sowjetischen Besatzungszone und der späteren DDR die Sozialistische Einheitspartei Deutschlands (SED) zu einer „Partei neuen Typus" transformiert. Vgl. dazu Hermann Weber, *Geschichte der DDR*, 2. Auflage. München 2000, S. 112–122.

Vor diesem Hintergrund blicken wir nun auf Thomas Kuhn und seinen Ansatz, das Verhältnis zwischen Krise und Revolution mit Blick auf die historische Entwicklung in den Wissenschaften und insbesondere in der Physik und Chemie zu klären. Sein Essay *Die Struktur wissenschaftlicher Revolutionen*[14] von 1962 bietet dafür eine immer noch breit rezipierte Lösung, die Kuhn unter den Bedingungen des Kalten Kriegs und des Zusammenbruchs einer vermeintlich universellen wissenschaftlichen Weltauffassung, wie sie durch den *Wiener Kreis* verteidigt worden war, formulierte. Genauer besehen zeigt dabei die Art der revolutionären Entwicklung aufgrund der straffen Organisationsstruktur wissenschaftlicher Gemeinschaften, wie sie Kuhn vorsah, bemerkenswerte Parallelen mit der Parteiorganisation von Berufsrevolutionären, wie sie Lenin im Zusammenhang mit der Klärung des Verhältnisses von Krise und Revolution gefordert hatte.

14.3 Die Struktur wissenschaftlicher Revolutionen und der Kalte Krieg

Kuhn hat in seinem Klassiker *Die Struktur wissenschaftlicher Revolutionen* eine historische Theorie der Veränderung des wissenschaftlichen Wissens auf der Grundlage einer bestimmten Charakterisierung von wissenschaftlichen Gemeinschaften entwickelt.[15] Seine Argumentation lässt sich dabei grob gesprochen in drei Schritte untergliedern: In einem ersten Schritt steht die Identifizierung von festumrissenen wissenschaftlichen Gemeinschaften (*Kap. I*). Mit dem zweiten Schritt werden die Paradigmen ausgezeichnet, die in der Phase der normalen Wissenschaft als effektive Musterbeispiele zur Lösung spezifischer Probleme die kognitive Feinstruktur der Wissenschaftler einer Gemeinschaft charakterisieren (*Kap. II bis V*). In einem dritten Schritt zeichnet Kuhn dann die wissenschaftlichen Revolutionen aus, die von Zeit zu Zeit, durch eine tiefe Krise ausgelöst, das herkömmliche Paradigma überwinden und durch eine zumindest teilweise Neuorganisation des Wissens effektivere Werkzeuge zur Problemlösung schaffen, womit sich der Fortschritt im Laufe der Entwicklung der Wissenschaften verbindet (*Kap. VI bis XIII*).

---

14 Thomas Kuhn, *Die Struktur wissenschaftlicher Revolutionen*, Zweite revidierte und um das Postskriptum von 1969 ergänzte Auflage. Frankfurt am Main 1976.

15 Vgl. dazu u.a. Paul Hoyningen-Huene, *Die Wissenschaftsphilosophie Thomas S. Kuhns. Rekonstruktion und Grundlagenprobleme*. Braunschweig/Wiesbaden 1989; Alexander Bird, *Thomas Kuhn*. Princeton 2000 und K. Brad Wray, *Kuhn's evolutionary social epistemology*. Cambridge 2011.

Grundlegend für eine solche historische Analyse der Entwicklung des Wissens war für Kuhn die Untersuchung der Organisationsstruktur von wissenschaftlichen Gemeinschaften.[16] Im Zusammenhang damit steht auch der normativ zu begreifende Titel seines Buches. So lassen sich erst in bezug auf bestimmte festumrissene wissenschaftliche Gemeinschaften ihre jeweiligen Paradigmen auszeichnen. Und mehr noch hängt das hier in Frage stehende Verhältnis zwischen Krise und Revolution für Kuhn aufs engste mit einem bestimmten Organisationstyp wissenschaftlicher Gemeinschaften zusammen. Denn erst die esoterische und hochspezialisierte Forschungsarbeit einer isolierten wissenschaftlichen Gemeinschaft ermöglichte aus seiner Sicht in einer objektiven Krise den Übergang zur Phase einer tiefgreifenden wissenschaftlichen Revolution. Kennzeichen für die besondere Leistungsfähigkeit einer wissenschaftlichen Gemeinschaft waren für Kuhn eine ritualisierte Ausbildung, die unkritische Übernahme von Lösungsroutinen und die allein durch Fachleute intern festgelegten Bewertungsmaßstäbe. Damit einher ging vielfach eine Abkoppelung der auseinanderlaufenden wissenschaftlichen Gemeinschaften von den drängenden Problemen der Menschheit. Und mehr noch wurde das Versagen eines Paradigmas zuvorderst mit der Unfähigkeit eines Wissenschaftlers verbunden, aber nicht der in Frage stehenden Theorie angelastet.[17] Kuhns Argumentation folgte so in wissenschaftlichem Gewand der Logik des Kalten Kriegs.[18]

Der Kalte Krieg bedeutete vor allem die Unverträglichkeit der politischen Ideologien von Kapitalismus und Sozialismus, was insbesondere darin zum Ausdruck kam, dass sich ihre jeweiligen Ziele nicht gemeinsam realisieren ließen. Zudem erwiesen sich Verhandlungen zwischen beiden Systemen auf der Basis einer geteilten Rationalität und damit auf der Grundlage von Argumenten, die beiden Seiten gleichermaßen zugänglich waren, als unmöglich. Vor diesem Hintergrund erscheint Kuhns *Struktur* als ein Buch zur rechten Zeit. Mehr noch zeigt es aber

---

16 Im Postskriptum zur Struktur schreibt Kuhn dazu: „Wissenschaftliche Gemeinschaften können und sollten ohne vorherigen Rückgriff auf Paradigmata isoliert werden. Letztere können dann durch die Untersuchung des Verhaltens die Mitglieder einer gegebenen Gemeinschaft herausgefunden werden." (Thomas Kuhn, Postskriptum – 1969, in: Thomas Kuhn, *Die Struktur wissenschaftlicher Revolutionen*, Zweite revidierte und um das Postskriptum von 1969 ergänzte Auflage. Frankfurt am Main 1976, S. 188).

17 Thomas Kuhn, *Die Struktur wissenschaftlicher Revolutionen*, Zweite revidierte und um das Postskriptum von 1969 ergänzte Auflage. Frankfurt am Main 1976, S. 93.

18 Siehe dazu vor allem Steve Fuller, "Teaching Thomas Kuhn to teach the cold war vision of science", *Contention* 4 Nr. 1 (1994): S. 81–106 und Steve Fuller, *Kuhn vs. Popper. The struggle for the soul of science*. New York 2004.

in entscheidenden Punkten erstaunliche Parallelen mit der zuvor besprochenen Argumentation Lenins im Zusammenhang mit der Klärung des Verhältnisses von Krise und Revolution.

Während Lenin eine konspirativ arbeitende Parteistruktur anstrebte, um vor dem Hintergrund des Zusammenbruchs der *Zweiten Internationale* und einer sich verschärfenden Krise infolge des Ausbruchs der Ersten Weltkrieg, eine proletarische Revolution zu ermöglichen, wollte Kuhn angesichts des Zusammenbruchs eines universellen Rationalitätsmodells, wie es bedingt durch den Kalten Krieg aber auch durch das Ende der wissenschaftliche Weltauffassung des *Wiener Kreises* bestimmt worden war, eine elitäre Organisationstruktur von miteinander unverträglichen wissenschaftlichen Gemeinschaften als Garant für wissenschaftliche Revolutionen auszeichnen. Da es sowohl für Lenin als auch für Kuhn keinen überinstitutionellen Rahmen für eine Entscheidung zwischen den Anhängern verschiedener Ideologien gab, mussten sie auf die inneren Strukturen von Gemeinschaften zurückgreifen, die verantwortlich gemacht wurden für die Durchführung von tiefgreifenden Umwälzungen. Insofern vermochten beide das Verhältnis zwischen Krise und Revolution durch Überlegungen zur Organisationsstruktur von Institutionen zu bestimmen, die jedoch vielfach abgekoppelt waren von den drängenden Problemen der Gesellschaft. Insofern waren beide Ansätze elitär, aber auch zentralistisch und konspirativ. Angesichts der derzeitigen Krise in einer globalisierten Welt erscheinen sie unabdingbar verfehlt. Vielmehr geht es heute um eine möglichst weitreichende Reflexion über die zur Verfügung stehenden Wissensressourcen, um den drängenden ökonomischen, politischen und wissenschaftlichen Fragen Rechnung zu tragen. In diesem Sinne geht es um neue Formen kooperativer Rationalität, die das derzeitige Verhältnis von Krise und Revolution ausmachen.

Methoden

15 Die Gasultrazentrifuge als mediale Projektion des Kalten Krieges

Bernd Helmbold

Studien der letzten Dekaden nach der Wiedervereinigung von BRD und DDR erweitern die Perspektive der Wissenschaftsgeschichte vom Fokus des Big Science und der technisch-militärisch-industriellen Auseinandersetzung zwischen den zwei Blöcken zu einer globalen Transformation im Konflikt der Supermächte geprägt durch lokale und auch interne Ausformungen.[1] In welchem Maße die Gasultrazentrifuge, entwickelt und in die technologische Nutzung überführt in sowjetischer Kriegsgefangenschaft von Max Steenbeck und Gernot Zippe, als Medium der Auseinandersetzungen, auch bündnisintern, im Kalten Krieg instrumentalisiert und Beleg der lokalen innerdeutschen Konfrontationen wurde, soll anhand erster Ergebnisse einer Untersuchung zu Max Steenbeck exemplarisch während der kurzen Periode des Herbstes 1960 sichtbar gemacht werden.

Nach gleichlautenden Aussagen wurde von der Arbeitsgruppe Steenbeck sowohl an überkritischen, als auch an unterkritischen Zentrifugen gearbeitet, jedoch blieben nur letztere vorerst erfolgreich. Die Anteile der Beteiligung an der Erfindung und der Überführung in die technologischen Reife werden in den jeweiligen Lebenserinnerungen von Steenbeck und Zippe nicht kongruent dargestellt, dennoch bleibt die gemeinschaftliche Kernleistung von allen Seiten unbestritten. Nach der Entwicklung verblieben beide Wissenschaftler im Rahmen einer üblichen Abkühlungsphase[2] bis Mitte 1956 in der damaligen Sowjetunion. Auf einer Aussage Steenbecks und einem unveröffentlichten Telefonmitschnitt Zippes mit der russischen Seite basiert die Darstellung der freien Verfügungsberechtigung der Beteiligten über ihr erworbenes Wissen nach einer Quarantänezeit von 2 bis 3 Jahren.[3] Im Zuge der Heimkehr verblieb Zippe zuerst in Wien, später in Frankfurt am Main, und Steenbeck zog es in die DDR, nach Jena.

---

1 Hunter Heyck und David Kaiser, "New perspectives on science and the Cold War," *Isis* 101 (2010): S. 362-366.

2 Ulrich Albrecht, Andreas Heinemann-Grüder und Arend Wellmann, *Die Spezialisten. Deutsche Naturwissenschaftler und Techniker in der Sowjetunion nach 1945*. Berlin 1992.

3 Gernot Zippe und Ekkehard Kubasta, *Rasende Ofenrohre in stürmischen Zeiten. Ein Erfinderschicksal aus der Geschichte der Uranisotopentrennung im heißen und im kalten Krieg des 20.*

Sowohl diese politisch-geografische Dimension, als auch der Fakt der Erfindung einer Gasultrazentrifuge zur Anreicherung von Uran unter dem Aspekt von Waffenfähigkeit (immerhin lag die Anreicherungsquote deutlich höher als bei allen anderen damals gängigen Verfahren) und Ökonomie (die Kosten der Herstellung von waffenfähigem oder kraftwerkstauglichem Uran mittels Ultrazentrifuge betrugen nur einen Bruchteil der Kosten der anderen Verfahren) sind die Ausgangspunkte für eine mediale Konfrontation im öffentlichen Leben, sozusagen unter Beteiligung der Zivilgesellschaft.

Ausgangsbasis bildete eine gegenseitige Verzichtsvereinbarung der Erfinder vom 26.06.1958 entsprechend ihrer Blockzugehörigkeit, sei es nun geografisch oder weltanschaulich. Zippe und Scheffel verzichteten demnach auf die Verwertung der „gemeinsamen Erfahrungen auf dem Gebiet der Gas-Ultra-Zentrifuge mit oder ohne Patentschutz" in der UdSSR, der DDR, Polen, der Tschechoslowakei, Ungarn, Rumänien, Bulgarien, Albanien, der Chinesischen VR und der Mongolischen VR.[4] Steenbeck verzichtet auf selbiges in allen anderen Ländern und bestätigt in seiner Autobiografie die Existenz dieses Vertrages, ohne auf die blockseitige Anerkennung einzugehen.[5]

Mit der Anmeldung eines Patentes zur Sicherung der Verwertungsrechte für die DEGUSSA (Deutsche Gold- und Silber-Scheideanstalt vormals Roessler Frankfurt/M.) durch Gernot Zippe beim (West-)Deutschen Patentamt am 14. November 1957 und der Erteilung des Patentes am 09. Juni 1960 wurden zwei wichtige Fakten geschaffen:

Die Eröffnung des Patentverfahrens bildete den Auftakt einer ganzen Reihe von Anmeldungen der Gasultrazentrifuge im nationalen und internationalen Rahmen (Bsp. US Patent No. 3,289,925) oder zu deren Peripherie.

Es entstand der weltweite „öffentliche" Zugang zu der Technologie der Anreicherung von Uran durch Gaszentrifugen spätestens mit der Offenlegungsschrift.

Jahrhunderts. Wien 2008, S. 192-193; Max Steenbeck, *Impulse und Wirkungen. Schritte auf meinem Lebensweg*. 2. Aufl. Berlin 1978, S. 308.

4 Gernot Zippe und Ekkehard Kubasta, *Rasende Ofenrohre in stürmischen Zeiten. Ein Erfinderschicksal aus der Geschichte der Uranisotopentrennung im heißen und im kalten Krieg des 20. Jahrhunderts*. Wien 2008, S. 195.

5 Max Steenbeck, *Impulse und Wirkungen. Schritte auf meinem Lebensweg*. 2. Aufl. Berlin 1978, S. 360.

Die Befunde weisen darauf hin, dass diese Tatsachen und auch das Engagement von Zippe, die Zentrifuge „an den Mann zu bringen" (Zippe war ab Sommer 1958 an der University of Virginia in Charlottesville bei Prof. Dr. J. W. Beams[6]), für die Wahrnehmung der Problematik in politischen Kreisen sorgte. Einen ersten Beleg hierfür liefert die damals auflagenstärkste amerikanische Nationalzeitung *Washington Post*, welche zur selben Zeit auch die weltweit erscheinende Zeitschrift *International Herald Tribune* mit herausgab.[7]

Insbesondere der Artikel „New Device may expand nuclear club – Centrifuge offers cheaper process to refine Uranium" von Anfang Oktober 1960 in der *Washington Post*[8] ist evident. Dieser Artikel steht im Zusammenhang mit dem Präsidentschaftswahlkampf, der das Ende der Ära Eisenhower und gleichzeitig die Auseinandersetzung Richard Nixon vs. John F. Kennedy bedeutete. Der amerikanische Wahlkampf, der sich im Oktober auf dem Höhepunkt befand, kreiste um die Themen der Außenpolitik, der Wirtschaft und der Militarisierung, insbesondere im zentralen Zusammenhang der zwei Supermächte UdSSR und USA.[9] Der Artikel wird u.a. von Kennedys Leitlinien künftiger Politik bezüglich des Rückzuges der USA von atmosphärischen Kernwaffentests, der internationalen Kontrolle von Nuklearwaffen und waffenfähigem Material bis hin zum „Disarmament" getragen. Innenpolitisch, so hat das Wahlergebnis bestätigt, ließen sich mit Kontrolle und Abrüstung Stimmen gewinnen.

Außenpolitisch offenbarten sich Befindlichkeiten innerhalb des „Westblockes", weil ein „Juniorpartner" eine Technologie verfügbar macht und auch zu verwerten sucht. Dabei stand einerseits die Abhängigkeit vom starken Unionspartner, von der Supermacht mit einem quasi Alleinstellungsmerkmal, der Gefahr des unkontrollierten Zuganges und der möglichen militärischen Nutzung gegenüber, was andererseits auch noch das amerikanische „Atoms for Peace" Programm in Gefahr brachte.

Die nahezu tägliche Thematisierung über einen Zeitraum von ungefähr sechs Wochen führte zu einer sehr hohen Präsenz des Problems „Nuclear Capability "

---

6 J. W. Beams und F. B. Haynes, "The Separation of Isotopes by Centrifuging," *Physical Review* 50, Nr. 5 (1936): S. 491-492.

7 Christian Wagener, „Washington Post Company", in: Lutz Hachmeister und Günther Rager (Hrsg.), *Wer beherrscht die Medien? Die 50 größten Medienkonzerne der Welt.* München 2005, S. 275-280.

8 *Washington Post* vom 11.10.1960.

9 Theodore H. White, *The making of the president, 1960.* Neuauflage, New York 2009.

in der amerikanischen Öffentlichkeit. So wurde zum Beispiel einen Tag später die Zentrifuge in folgender Weise für den Wahlkampf usurpiert: „Bombs for Everyone? Is the awful day now upon the world when every nation, democratic or dictorial, can equip itself with nuclear weapons at modest costs?[10]

Durch die USA wurde von der Bundesrepublik Deutschland im Vorfeld die höchste Geheimhaltung auch öffentlich gefordert, womit die Erweiterung einer allgemeinen Sorge um die blockbündnispolitische Dimension des Kalten Krieges offenbar wird. „Yet it may doubted that secrecy is any real answer – especially in view of the report that the German scientist who developed the process had worked on the same process in Russia after he was captured in World War II."[11] Die Frage nach der Wirksamkeit einer verspäteten Geheimhaltung, insbesondere unter den speziellen Gegebenheiten der Entwicklung der Gasultrazentrifuge wird nach einer Transferphase im westlichen Teil Deutschlands von der Presse aufgegriffen. An zwei Beispielen soll hier die mediale Projektion veranschaulicht werden:

Zum einen widmet sich der *Spiegel* in seiner Nr. 43 des Jahrganges 1960 vom 19. Oktober der westdeutschen Rolle im Atomwettkampf des brisanten Jahres 1960 mit der Karikatur aus dem englischen „New Statesman“. Diese stand unter dem Motto „The Germans to the front“ und einem an erster Stelle einer Warteschlange zeitgenössischer Weltpolitiker stehenden Konrad Adenauer, direkt am Knopf des „Atomaren Selbstmörderclubs“, unmittelbar vor Richard Nixon (siehe Abbildung 1). Der Tenor des folgenden Artikels bleibt jedoch eher blockintern und auch die Platzierung auf den Seiten 25 bis 27 lässt Vorsicht vermuten. Unter der Überschrift „U235 – Das Staatsgeheimnis“ berufen sich die Medienmacher sogleich auf ein Heisenbergsches Statement der Bedeutungslosigkeit desselben. Des Weiteren wird im Artikel auf den Besitz dieses „Geheimnisses durch alle wissenschaftlich führenden Länder“ verwiesen, wer das sei wird jedoch nicht ausgeführt.

10 *The Washington Post* vom 12.10.1960.
11 Ebd.

The Germans to the front New Statesman

Abbildung 1: Zeitgenössische Karrikatur zur verspäteten Geheim-Klassifizierung der Gasultrazentrifuge

Im Folgenden scheint es fast eine journalistische Last in Deutschland zu sein, sich mit diesem Thema befassen zu müssen und man lässt sich zu sarkastischen Anmerkungen hinreisen, wie: „Nichts, so will es scheinen, ist geeignet, dem deutschen Ansehen auf Erden so zu schaden, wie deutsche Tüchtigkeit und deutscher Erfindergeist, gleich, ob er sich im Gasofen oder in der Gaszentrifuge materialisiert." Wären da nicht einige Seitenhiebe, könnte man die Abwesenheit der Problematik des Kalten Kriegs und sogar Offenheit vermuten, was jedoch nur der Insider durchschauen kann: „In Bonn arbeitete Professor Wilhelm Groth an dem Projekt, beim Max-Plack-Institut Dr. Konrad Beyerle und in der Sowjetzone Professor Steenbeck, Jena."

Beim Blick in die internationale Presselandschaft tritt jedoch das eigentliche Problem zutage: „Germany bietet billige Atom-Bombe" zetert der Londoner *Daily Express* vierspaltig. „Die Deutschen Arbeiten versprechen nicht Gutes für den Frieden", unkte Radio Moskau.[12]

Eine zweite Zeitschrift der präsentierten Auswahl ist der *Stern* Nr. 44 desselben Jahrganges.[13] Mit dem Aufmacher auf der Titelseite, auf einer folgenden Doppelseite und drei Spalten im hinteren Teil des Magazins verkünden die Medienmacher: „Staatsgeheimnis für die Katz – Der STERN enthüllt die Hintergründe der bundesdeutschen Atomgroteske 1960" Ein „Atompatent", dessen Miterfinder in der Sowjetzone lebt, soll laut *Stern* vor den Kommunisten geschützt werden.

12 *Spiegel* Nr. 43 vom 19.10.1960.
13 *Stern* Nr. 44 vom 26.10.1960.

Zur Markierung der Delikatesse der Situation ist im *Stern* und *Spiegel* vom Oktober 1960 von der Sowjetzone die Rede, währenddessen die Bundesrepublik, zwar den Hegemonieansprüchen der USA ausgesetzt, als souveräner Staat dargestellt wird – eine bekannte Seite des Kalten Krieges.

Die Tatsache, dass die Gaszentrifuge im Kriegsanschluss zuerst in der Sowjetunion entwickelt wurde verführte zu der Ansicht, dass die Patentanmeldung ebenso mit Wissen der „Sowjetzone" erfolgt wäre. Diese Annahme ist schwer haltbar, denn die Verzichtsvereinbarung von Zippe, Scheffel und Steenbeck kommt erst im Juni 1958 zustande, während die wesentlichen Patente schon im November 1957 angemeldet wurden. Momentan ist nicht schlüssig, ob und wie Max Steenbeck entsprechende Gremien über die Existenz der Vereinbarung informierte.

Interessant bleibt auch der Hinweis des *Stern*, dass der Miterfinder Steenbeck in Jena Atomphysik lehren würde, was als Ergebnis einer abgeschlossenen Studie wie folgt aussieht: Zwischen 1956 und 1968 hielt Max Steenbeck 7 Vorlesungen und 8 Seminare an der FSU Jena. Davon waren zwei Vorlesungen zu einem, im weitem Sinne, atomphysikalischen Thema: „Stationäres Plasma von Gasentladungen – Methoden zur Erzeugung und Messung" im Frühjahrs-Semester 57/58 und „Einige ausgewählte Probleme aus der Plasmaphysik" im Herbst-Semester 59/60. Es fand darüber hinaus ein sich von 1961 bis 1963 dreimal wiederholendes Seminar zu „Speziellen Fragen der Plasmaphysik" statt, ansonsten behandelte Steenbeck vordringlich Elektrotechnische Fragen entsprechend seiner Beschäftigung bei Siemens. Keinerlei Erwähnung findet jedoch Steenbecks Tätigkeit als Leiter des Wissenschaftlich-Technischen Büros für Reaktorbau und seine Mitarbeit in diversen Gremien.[14]

In Reaktion des Ostblockes auf die internationale Darstellung des Gaszentrifugenproblems erscheint in der DDR eine Reihe von Artikeln. Eröffnet wird das Scharmützel durch: „Bonn baut eigene Atomwaffen – ungeheuerliche Pläne der Blitzkriegsstrategen" am 14. Oktober vom *Neuen Deutschland*, dem Zentralorgan der SED. Weiter wird ausgeführt, dass die „...geplanten Massenvernichtungswaffen" von einem Sprecher in „echt nazistischem Jargon als Volksatombomben" tituliert werden.[15] Hierbei wird klar, dass die ostdeutschen Medien-

14 Bernd Helmbold, *Kernphysik an der Friedrich-Schiller-Universität Jena von 1946 bis 1968.* Diepholz 2010.

15 *Neues Deutschland* vom 14.10.1960.

macher sofort auf die Vorlagen der internationalen Presse reagiert haben und nicht auf die Darstellung der westdeutschen Kollegen warteten.

Mit „Man braucht nur einige Gashähne umzustellen" weist Max Steenbeck wenig später darauf hin, dass eine Zentrifugen-Anlage, einmal gebaut, jederzeit in der Lage wäre waffenfähiges Uran zu liefern. Dies entsprach prinzipiell den Tatsachen, ohne die quantitativen Potentiale einer zukünftigen Anlage zu berücksichtigen. Und letztlich erklärt auch Steenbeck, dass die Fakten für den Fachmann keine Geheimnisse bergen: „Ich gebe diese Tatsachen bekannt, die für den Fachmann ohnehin nichts Neues enthalten, weil ich mich persönlich, ohne mein Wollen für diese Entwicklung mitverantwortlich fühlen muß." [16]

Weitere Presse-Artikel sind vorhanden und sollen im Rahmen einer Studie zu Max Steenbeck ausgewertet werden. Jedoch sollte dieser Beitrag mit der exemplarischen Auswahl zeigen, wie eine Technologie als mediale Projektion des Kalten Krieges auf verschiedenen Ebenen instrumentalisiert wurde.

16 *Neues Deutschland* vom Oktober/November 1960.

16 "...how the right technique emerged at the right time" Zur Geschichte der fotografischen Methode im Kalten Krieg

Silke Fengler

Die Frühgeschichte der fotografischen Methode, die als Nachweisinstrument kernphysikalischer und kosmischer Strahlung in den 1950er Jahren zur Blüte kam, hat das Interesse vieler Wissenschaftshistoriker gefunden. Peter Galison hat gezeigt, wie fragil das Experimentalsystem lange Zeit war, das sich um die Methode bildete, und wie prekär die mit ihr aufgezeichneten Ergebnisse. Es scheint, als hätten Physiker, die mit der Methode arbeiteten, zu keiner Zeit das Unbehagen an ihr verloren.[1] Dessen ungeachtet, standen in vielen wissenschaftshistorischen Darstellungen bisher die ‚Sieger' im Mittelpunkt – allen voran der Nobelpreisträger Cecil Powell und das westeuropäische Netzwerk aus Industrie- und Universitätslaboratorien, das sich um seine Gruppe in Bristol bildete.[2] Die fotografische Methode war aber auch jenseits des Eisernen Vorhangs stark verbreitet.[3]

Der Beitrag entwirft erstmals eine Zusammenschau dieser wichtigen Nachweismethode und nimmt dabei einen Akteur ins Visier, der bisher kaum Beachtung fand: Die Agfa-Filmfabrik der IG Farbenindustrie AG in Wolfen. Er geht in zweifacher Hinsicht vergleichend vor. Einerseits nimmt er die Forschung an und mit der fotografischen Methode vor 1945 und in der heißen Phase des Kalten Krieges in den Blick. Zum anderen stellt er die Entwicklung im deutsch- und englischsprachigen Raum einander gegenüber: Wie beeinflussten staatliche Maß-

---

1 Peter Galison, *Image and Logic. A Material Culture of Microphysics.* Chicago ²2000, S. 143.

2 W. Owen Lock, "Origins and early days of the Bristol school of cosmic-ray physics", *European Journal of Physics* 11, Nr. 4 (1990): S. 93-103, hier: S. 193.

3 Thomas Stange, *Die Genese des Instituts für Hochenergiephysik der Deutschen Akademie der Wissenschaften zu Berlin (1940-1970).* Hamburg 1998. Siehe zur Verbreitung der Methode in Brasilien jüngst Cássio Leite Vieira und Antonio A.P. Videira, „O papel das emulsões nucleares na institucionalização da pesquisa em física experimental no Brasil", *Revista Brasileira de Ensino de Física* 33, Nr. 2 (2011): S. 1-11.

nahmen den Verlauf und das Ergebnis industriell-wissenschaftlicher Kooperationen zur Verbesserung der Methode? Was lässt sich über ihren Verbreitungsradius und Stellenwert im Rahmen physikalischer Großforschung sagen?

16.1 Die Arbeit an und mit der fotografischen Methode vor 1945

Die wissenschaftlich-industriellen Netzwerke, in denen die fotografische Methode entwickelt wurde, entstanden in der Zwischenkriegszeit. Zwar regten Physiker vereinzelt schon vor dem Ersten Weltkrieg an, Reichweite und Intensität von α-Strahlern in Fotoplatten zu bestimmen.[4] Doch erst als die Schwäche anderer Meßmethoden Mitte der 1920er Jahre offenkundig wurde, kamen Fotoplatten zur Aufzeichnung kernphysikalischer Reaktionen erneut ins Spiel. Die Arbeiten der Wiener Physikerin Marietta Blau, die Neutronen durch in der Kernspuremulsion ausgelöste Sekundärprotonen registrierte, und ihr Erfolg bei der Sensibilisierung der Platten bewogen Physiker in England und Deutschland, den USA und der Sowjetunion dazu, sich der Methode ebenfalls zuzuwenden.[5] Die Methode galt jedoch nach wie vor als qualitativ und zum Studium der Neutronenenergie nicht geeignet. Auch die oft mühsame mikroskopische Auswertung der Platten war unbeliebt.

Nur wenige Physiker, darunter die Gruppe um L. M. Mysovskij und P. I. Tschischow am Leningrader Radiuminstitut stellten Emulsionen größerer Dicke zur Untersuchung kosmischer Strahlung selbst her.[6] Der Franko-Kanadier Pierre Demers entwickelte ein eigenes Herstellungsverfahren für Kernspuremulsionen, die bedeutend empfindlicher waren als die handelsüblichen Platten. Die Mehrzahl der Physiker, die sich mit Kernspuremulsionen eingehender befassten, arbeitete allerdings eng mit den Fotoindustrien ihrer Länder zusammen. In England entwickelte Ilford die ersten im Handel erhältlichen R-Platten, in den USA fertigte Eastman Kodak für Wilkins die Fine Grain Alpha Plate. Marietta Blau pflegte enge Kontakte zur Agfa-Filmfabrik in Wolfen, die seit 1925 dem IG

4 Georg Joos und Erwin Schopper, *Grundriss der Photographie und ihrer Anwendungen besonders in der Atomphysik.* Frankfurt a. M. 1958, S. 300-301.

5 Cecil Powell, Peter Fowler und Donald Perkins, *The Study of Elementary Particles by the Photographic Method.* London 1959, S. 17.

6 L. Myssowsky und P. Tschischow, „Spuren der α-Teilchen in dicker Bromsilber-Gelatineschicht der photographischen Platten“, *Zeitschrift für Physik* 44 (1927): S. 408-420, hier: S. 411.

Farben-Konzern angehörte.[7] Sie informierte John Eggert, den Leiter des wissenschaftlichen Zentrallabors der Filmfabrik, regelmäßig über ihre Arbeit. 1932 forschte sie auch in Eggerts Labor.[8] Da sich das Wolfener Material für Blaus Experimente längerfristig nicht eignete, benutzten sie und ihre Mitarbeiterin Hertha Wambacher bevorzugt Ilford-Platten. Blaus Bindungen an das englische Unternehmen wurden noch verstärkt, als sie 1936 einen einjährigen Werkvertrag mit Ilford einging.[9] Auf Ilford-Platten entdeckten die beiden Wiener Physikerinnen im Sommer 1937 durch kosmische Höhenstrahlung hervorgerufene Zertrümmerungssterne.[10] Ihre Publikation bewog Cecil Powell und Walter Heitler in Bristol, ebenfalls kosmische Strahlenschauer mittels der fotografischen Methode zu untersuchen.[11] Blau konnte die Früchte ihrer Arbeit nicht mehr ernten. Nach dem Einmarsch deutscher Truppen in Österreich im März 1938 floh sie vor antisemitischer Verfolgung zuerst nach Norwegen, später nach Mexiko und schließlich in die USA. Während ihres rastlosen Exils fehlten ihr bald die Geräte, um ihre Wiener Arbeiten fortzusetzen.[12]

In Wolfen war man zwischenzeitlich nicht untätig geblieben. Seit 1933 untersuchten Chemiker der Filmfabrik gemeinsam mit dem Berliner Physiker Werner Kolhörster die Wirkung kosmischer Strahlung auf verschiedene fotografische Materialien.[13] Von den Versuchen erhofften sie sich neue Einblicke in den fotografischen Prozess. Forschungsdirektor Eggert hielt zudem engen Kontakt mit Erwin Schopper, dem Assistenten Erich Regeners an der TH Stuttgart. Schopper arbeitete bei seinen Höhenstrahlungs- und kernphysikalischen Experimenten mit speziell gefertigten Agfa-Fotoplatten, die aber keine quantitative Auswertung erlaubten.[14] Nachdem Schopper in die Schusslinie der SA geraten war, wechselte

7 J. Eggert an M. Blau, 26.1.1929, Archiv im Industrie- und Filmmuseum Wolfen (im Folgenden: AIFM), Wissenschaftliche Abteilung, A 19857, Blatt 413c.

8 M. Blau an S. Meyer, 4.10.1932, Archiv der Österreichischen Akademie der Wissenschaften (im Folgenden: AÖAW), FE-Akten, Radiumforschung, NL Meyer, K 11, Fiche 175.

9 H. Pettersson an S. Meyer, 29.4.1936, AÖAW, FE-Akten, Radiumforschung, NL Meyer, K 17, Fiche 284.

10 Robert W. Rosner, Brigitte Strohmeier (Hrsg.), *Marietta Blau. Sterne der Zertrümmerung. Biographie einer Wegbereiterin der modernen Teilchenphysik*. Wien 2003, S. 38-39.

11 Peter Galison, *Image and Logic. A Material Culture of Microphysics.* Chicago ²2000, S. 154.

12 M. Blau an F. Paneth, 31.1.1939, Archiv der Max-Planck-Gesellschaft (im Folgenden: AMPG), III. Abt., Rep. 45, NL Paneth, Mappe 17/19.

13 Monatsberichte der Wissenschaftlichen Abteilung Prof. Eggert, Jan. 1934-Dez./Jan 1935, AIFM, Wissenschaftliche Abteilung, A 11441.

14 E. Schopper an J. Eggert, 18.1.1936, AMPG, I. Abt., Rep. 34, Moskauer Akten, Nr. 2.

er 1937 als Abteilungsleiter in das Wolfener Zentrallabor.[15] In systematischen Versuchen konnte er zeigen, dass Agfa-K-Platten für kernphysikalische Experimente besonders geeignet waren.[16] Schopper setzte seine Versuche seit 1940 in Friedrichshafen fort, wo sein alter Chef Regener die Forschungsstelle für Physik der Stratosphäre der Kaiser-Wilhelm-Gesellschaft in ein florierendes Institut verwandelt hatte.

Die Qualität der Agfa-K-Platten ließ trotz intensiver Entwicklungsarbeit vorerst zu wünschen übrig. Hertha Wambacher, die als überzeugte Nationalsozialistin ihre Arbeit gemeinsam mit Georg Stetter, Gustav Ortner und Gerhard Kirsch in Wien fortsetzte, vertraute zum Verdruss Eggerts vorerst weiter auf Ilford-Platten.[17] Auch Joseph Mattauch und Walther Bothe befanden das Wolfener Material für untauglich.[18] Ob die anhaltenden Beschwerden oder das insgesamt wachsende Interesse an der Methode im Rahmen des deutschen Kernenergieprojekts den Ausschlag gaben, ist unklar. Immerhin hatte auch Werner Heisenberg, der wissenschaftliche Leiter des Uranvereins, großes Interesse an der Methode.[19] Fest steht, dass das Wolfener Zentrallabor seit Anfang 1940 intensiv an der Verbesserung seiner Kernspuremulsionen arbeitete, mit verschiedenen Entwicklern experimentierte und einen engmaschigen Informationsaustausch mit Wien und Friedrichshafen pflegte.[20]

Seit Sommer 1942 wurden die Folgen der Kriegswirtschaft für das Wolfener Unternehmen immer spürbarer. Die Qualität der hochsensiblen Emulsionen sank angesichts knapper Rohstoffe und mit dem zunehmenden Einsatz unqualifizierter Fremdarbeiter.[21] Anfang 1943 begannen auf Schoppers Vorschlag in Wolfen

15 Carl Freytag, „‚Bürogenerale' und ‚Frontsoldaten' der Wissenschaft. Atmosphärenforschung in der Kaiser-Wilhelm-Gesellschaft während des Nationalsozialismus", in: Helmut Maier (Hrsg.), *Gemeinschaftsforschung, Bevollmächtigte und der Wissenstransfer*. Göttingen 2007, S. 215-267, hier: S. 237.

16 Monatsberichte der Wissenschaftlichen Abteilung Prof. Eggert, Jan. 1937-März 1938, AIFM, Wissenschaftliche Abteilung, A 11443.

17 H. Wambacher an J. Eggert, 29.7.1939, AMPG, I. Abt., Rep. 34, Moskauer Akten, Nr. 2.

18 J. Mattauch an J. Eggert, 19.4.1943 und W. Bothe an J. Eggert, 23.2.1940, AIFM, Wissenschaftliche Abteilung, A 19803.

19 Heisenbergs Interesse an kosmischer Strahlung nahm zum Ende des Krieges noch zu. W. Heisenberg an Albers, 11.5.1944, AMPG, I. Abt., Rep 34, Moskauer Akten, Nr. 5/1.

20 H. Wambacher an J. Eggert, 10.10.1942 und 12.1.1943, AMPG, I. Abt., Rep. 34, Moskauer Akten, Nr. 2.

21 Manfred Gill, „Der ‚Führerauftrag' und die Filmfabrik Wolfen. Die Erfüllung zwischen Wunsch und Realität", in: Christian Fuhrmeister, Stephan Klingen, Ralf Peters, Iris Lauterbach (Hrsg.),

systematische Versuchsreihen, bei denen verschiedene Emulsionen den unterschiedlichsten Strahlungsquellen ausgesetzt wurden. Die Arbeiten erfolgten im Wehrmachtsauftrag mit der Dringlichkeitsstufe SS.[22] Schopper selbst exponierte auf Vermittlung Bothes im Sommer 1943 Agfa-K-Platten am Pariser Zyklotron, um Deuteronenspektren zu messen.[23] In Wien kam die Arbeit in Ermangelung leistungsfähiger Strahlungsquellen und aufgrund personeller Engpässe hingegen zum Erliegen.[24]

Powells Gruppe in Bristol hatte schon vor Kriegsausbruch Zugang zu Teilchenbeschleunigern. Im Juni 1940 begannen sie im Rahmen des britischen Atombombenprogramms mit der systematischen Untersuchung von Neutronenspektren.[25] Powell hatte zwar keinen Zugang zum inneren Kreis des Manhattan Projekts, doch er war indirekt involviert, indem er dort engagierte Physiker wie Joseph Rotblat im Umgang mit der fotografischen Methode schulte.[26] Zwischen Rotblats Gruppe in Liverpool, dem Cavendish Laboratory in Cambridge und Bristol entwickelte sich in der Folgezeit eine enge, auf wechselseitige Prüfung der Ergebnisse zielende Zusammenarbeit.

16.2 Die Fotografische Methode im Kalten Krieg

Die Rolle der drei Gruppen im britisch-amerikanischen Atombombenprojekt war eine Voraussetzung, dass die fotografische Methode nach Kriegsende in Großbritannen mit beträchtlichen Ressourcen weiterentwickelt wurde. Nachdem die USA ihre kernphysikalische Kooperation mit den Briten beendet hatten, begann die Labour-Regierung unter Clement Atlee im Herbst 1945 ein umfangreiches Programm zur Förderung der Kernforschung an britischen Universitäten. Britische Physiker, von denen viele am Manhattan Projekt beteiligt gewesen waren, berieten die Regierung in mehreren Ausschüssen über die konkrete Ausrichtung

‚Führerauftrag Monumentalmalerei'. Eine Fotokampagne 1943-45, Köln, Weimar, Wien 2006, S. 27-40, hier: S. 32-35.

22 Aktennotiz Besuch E. Schopper in Wolfen, 26.10.1943 und E. Regener an Walter, 28.6.1944, AMPG, I. Abt., Rep. 34, Moskauer Akten, Nr. 2.

23 Monatsberichte Wissenschaftliche Abteilung Prof. Eggert, 1. Jan.-31. März 1943, AIFM, Wissenschaftliche Abteilung, A 11444.

24 H. Wambacher an J. Eggert, 24.5.1944, AMPG, I. Abt., Rep. 34, Moskauer Akten, Nr. 2.

25 Cecil Powell, Peter Fowler und Donald Perkins, *The Study of Elementary Particles by the Photographic Method.* London 1959, S. 25-26.

26 John L. Finney, "Joseph Rotblat. The Nuclear Physicist", in: Reiner Braun, Robert Hinde, David Krieger, Harold Kroto und Sally Milne (Hrsg.), *Joseph Rotblat. Visionary for Peace.* Weinheim, 2007, S. 15-29, hier: S. 25.

des Programms.[27] Eines dieser Beratungsgremien war das von Joseph Rotblat geleitete ‚Nuclear Emulsions Panel'. Ihm gehörten neben Powell all jene Personen an, die vor 1945 zur fotografischen Methode gearbeitet hatten.[28] Das britische Versorgungsministerium vergab auf Anraten des Emulsionsausschusses einen Forschungsauftrag an Ilford. Die schon im Mai 1946 stark verbesserten Emulsionen fanden Einsatz bei kernphysikalischen Experimenten, die frühere Versuche reproduzierten und präzisere Ergebnisse lieferten.[29] Daneben wurden die neuen Emulsionen auch für Untersuchungen der kosmischen Strahlung genutzt, bei denen seit 1947 eine Reihe neuer Ereignisse – die so genannten ‚sonderbaren Teilchen' – entdeckt wurden. Ein qualitativer Sprung gelang, als die britische Tochter von Eastman Kodak ebenfalls einen staatlichen Forschungsauftrag erhielt.[30] Im Frühjahr 1948 brachte Kodak Ltd. die NT4-Emulsionen heraus, die Spuren jeglicher geladener Teilchen darstellten. Ilford folgte kurze Zeit später mit dem elektronenempfindlichen G-5-Film.[31] Anders als im geteilten Deutschland, wo man sehr darauf bedacht war, die fotografische Methode nicht mit Kernforschung in Verbindung zu bringen, sicherte ihre kernphysikalische Relevanz den Gruppen in Bristol, Liverpool und Manchester den Zugang zu staatlichen Fördergeldern.[32] Die nach Bristol fließenden Gelder blieben zwar weit hinter den Summen zurück, die andere britische Universitäten für die Anschaffung von Teilchenbeschleunigern erhielten.[33] Powell konnte sein internationales Team aber stark erweitern. 1953 bestand es aus 45 Personen, von denen die Hälfte junge, oft nur kurz in Bristol beschäftigte Physiker waren, und die andere Hälfte Techniker und Scannerinnen, die das stetig wachsende Datenmaterial auswerteten.[34]

27 Margaret Gowing und Lorna Arnold, *Independence and Deterrence. Britain and Atomic Energy, 1945-1952*. Band 1: *Policy Making*. London 1974, S. 46-47.

28 Composition and terms of reference of Advisory Committee on Atomic Energy and its Sub-Committees, undatiert [1946], National Archives Kew (im Folgenden: NAK), CAB 126/266.

29 J. Rotblat an J. Chadwick, 30.4.1946, Churchill College Archives (im Folgenden: CAC), RTBT, Rotblat Papers, B.65 D.

30 Atomic Energy Research Establishment an Kodak Ltd., 18.11.1947, CAC, RTBT, Rotblat Papers, D.130.

31 Minutes of 8th meeting of the Photographic Emulsion Panel, 11.10.1949, CAC, RTBT, Rotblat Papers, B.67.

32 Cabinet Advisory Committee on Atomic Energy Nuclear Physics Sub-Committee, Revision of Bristol University Research Programme, 27.12.1946, NAK, CAB 134/18.

33 Report by the Nuclear Physics Sub-Committee on applications from the Universities of Birmingham, Cambridge, Glasgow, Liverpool and Oxford for grants for nuclear physics research in the 1952/57 quintennium, undatiert [1953], NAK, AB 6/108.

34 C. Powell an J. Cockcroft, 19.2.1953, NAK, AB 6/108.

Während die Arbeit an und mit der fotografischen Methode in Großbritannien florierte, starb die Forschungsrichtung in Österreich nach 1945 im wahrsten Wortsinne mit ihrer Hauptvertreterin Wambacher und der Zwangspensionierung bzw. vorübergehenden Entlassung ihrer Kollegen aus dem Staatsdienst. Anders als in Italien oder Skandinavien, gab es dort niemanden, der den wissenschaftlichen Nachwuchs an die Methode heranführte. Lediglich in Innsbruck wurde die Erforschung der kosmischen Strahlung in kleinerem Rahmen fortgesetzt, allerdings unter Verwendung von Nebelkammern.[35] In Westdeutschland gab es keinen vergleichbaren personellen Bruch. Die Erforschung kosmischer Strahlung mittels Fotoplatten bot zudem einen Ausweg, das alliierte Verbot kernphysikalischer Forschung zu umgehen. Bothe in Heidelberg und Heisenberg in Göttingen, die beide über gute Kontakte zu den alliierten Besatzern verfügten, begannen 1946 mit entsprechenden Arbeiten. Auf Vermittlung von Heisenbergs Freund Edoardo Amaldi setzte 1949 ein reger Austausch zwischen Göttingen und italienischen Höhenstrahlungsforschern ein, und der Göttinger Physiker Klaus Gottstein ließ sich in Bristol in der fotografischen Methode schulen.[36] Eine andere Gruppe bildete sich um Erwin Schopper, der als Assistent Regeners an die TH Stuttgart zurückgekehrt war.[37]

Ähnlich wie in Österreich, gab es auf dem Gebiet der SBZ/DDR nach 1945 keine Kontinuität von Personen, die sich mit der fotografischen Methode beschäftigten. Doch das alliierte Kontrollratsgesetz begünstigte auch dort eine Wiederaufnahme der kosmischen Strahlungsforschung.[38] Robert Rompe, der Vorstand des II. Physikalischen Instituts der Berliner Universität, gab 1950/51 den Anstoß für die systematische Untersuchung kosmischer Strahlung mit Hilfe von Kernspuremulsionen. Sie fanden in einer kleinen Gruppe unter Leitung Karl Lanius' im einstigen Amt für physikalische Sonderfragen in Miersdorf statt, das die Berliner Akademie der Wissenschaften von der Reichspost übernommen hatte. Das Institut X entwickelte sich zum Zentrum der Forschung an und mit der fotografischen Methode und war die Keimzelle der DDR-Hochenergiephysik.

---

35 Siehe die Arbeiten von Johanna Pohl-Rühling in Brigitta Keintzel und Ilse Korotin (Hrsg.), *Wissenschaftlerinnen in und aus Österreich, Leben-Werk-Wirken*. Wien 2002, S. 591.

36 Helmut Rechenberg, „Kern- und Elementarteilchenphysik in Westdeutschland und die internationalen Beziehungen (1945-1958)“, in: Dieter Hoffmann (Hrsg.), *Physik im Nachkriegsdeutschland*. Frankfurt/M. 2003, S. 141-153, hier: S. 142-147.

37 Karl Ontjes Groeneveld, et al., "Nachruf auf Erwin Schopper“, *Physik Journal* 8, Nr. 8 (2009): S. 114.

38 Thomas Stange, *Die Genese des Instituts für Hochenergiephysik der Deutschen Akademie der Wissenschaften zu Berlin (1940-1970)*. Hamburg 1998, S. 58-61.

Anders als in Westdeutschland, gab es in der DDR eine fotoindustrielle Tradition, an die man anknüpfen konnte.[39] Die Filmfabrik Wolfen war im April 1945 von amerikanischen Truppen besetzt worden, im Sommer übernahm die sowjetische Militärregierung die Befehlsgewalt. Die abziehenden Amerikaner nahmen in großem Stil Forschungsunterlagen aus der Filmfabrik mit, die auf Umwegen auch in das britische Nuclear Emulsion Panel gelangten.[40] Ihnen folgte ein Großteil der leitenden IG-Angestellte, darunter Forschungsdirektor Eggert, der 1946 eine Professur für Fotografie an der ETH Zürich übernahm. Die sowjetische Militäradministration wertete die verbleibenden Unterlagen ebenfalls aus.[41] Sie rekrutierte dafür deutsche Spezialisten, darunter den ehemaligen Leiter der Wolfener Emulsionsforschung, Kurt Meyer. Er wurde 1946 im Rahmen der Aktion Ossawakim zum Wiederaufbau der sowjetischen Filmindustrie verpflichtet.[42] Nach seiner Rückkehr 1950 begann Meyer mit der Weiterentwicklung der Agfa-K-Platten. 1952 brachte die Filmfabrik einen neuen, hochempfindlichen Emulsionstyp für kosmische Strahlungsforschung heraus, die Agfa K-2-Platte.[43] Die Platten wurde in enger Zusammenarbeit mit dem Institut X stetig verbessert. Allerdings verhinderten die fortdauernde Abwanderung des technischen Personals aus Wolfen, verschlissene Produktionsanlagen und Probleme bei der Beschaffung hochwertiger Fotogelatine, dass die Filmfabrik den englischen Platten vergleichbare Qualitätsverbesserungen erzielte.[44]

39 G. Otterbein, Untersuchung der kosmischen Strahlung in großen Tiefen mit Hilfe von Photoplatten, undatiert [1952/53], Archiv der Berlin-Brandenburgischen Akademie der Wissenschaften (im Folgenden: BBAWA), Akademieleitung Institute, AKL 30/1.

40 J. Chadwick an Welsh, 21.6.1946, CAC, CHAD, Chadwick Papers, I 24/2.

41 Geschichte der AGFA 1854-1958, Bd. II: Die AGFA in Wolfen unter sowjetischem Regime ab 1. Juli 1945, S. 354, Bayer-Archiv Leverkusen, 1/6.6.32.

42 Besprechungsprotokolle mit Herrn Oberstleutnant Mumschijew, 18.4.1946, AIFM, Erlasse der sowjetischen Militärverwaltung.

43 Jahresbericht 1952 der Forschungsstelle Institut Miersdorf, 14.1.1953, BBAWA, Akademieleitung Institute, AKL 30/1.

44 Strukturplan der Forschungs- und Entwicklungsstelle VEB Filmfabrik Agfa Wolfen, 15.2.1955, Bundesarchiv Berlin, DG 2/VS/CH88.

16.3 Verbreitung der fotografischen Methode in West- und Osteuropa in den 1950er Jahren

Die schlechte materielle Lage war ein Grund, weshalb man sich in vielen Ländern Europas nach dem Ende des Krieges der Erforschung kosmischer Strahlung und damit einhergehend, der fotografischen Methode zuwandte. Sie war billig, nicht standortgebunden und sie erforderte keine profunden theoretischen Kenntnisse. Powell gab sein Wissen über die Emulsionshandhabung bereitwillig weiter und versorgte verschiedene europäische Gruppen mit wertvollen Materialien. Ihm ging es darum, eine möglichst große methodische Kohärenz, inklusive der Messung von Fehlern und der Sammlung experimenteller Parameter, herzustellen.[45] Um die Kosten für Ballonaufstiege und die Auswertung immer größerer Datenmengen zu begrenzen, regte er seit 1951 verstärkt internationale Kooperationsprojekte an.[46] Er tat dies auch im Hinblick auf die zunehmend klamme finanzielle Situation seines Labors. Powell erhielt spätestens 1953 keine staatliche Unterstützung mehr aus dem britischen Kernforschungsprogramm, dessen Fördergelder nun gänzlich in den Bau von Teilchenbeschleunigern flossen.[47] Indem er sein westeuropäisches Netzwerk über den Eisernen Vorhang ausdehnte, verfolgte Powell auch ein politisches Ziel. Als politisch links stehender Intellektueller betrachtete er den Wiederaufbau nach dem Krieg im gesamteuropäischen Kontext. Die Verschärfung des Kalten Krieges, der Aufstieg des McCarthytums und die damit einhergehenden Schwierigkeiten für ihn und andere, Visa für die USA zu erhalten, stärkten die Tendenz zur europäischen Solidarität.[48]

Die europäischen Gruppen konnten wegen niedrigerer Arbeitskosten eine ganze Armada von Scannerinnen beschäftigen. Dieser Wettbewerbsvorteil gegenüber den USA ging verloren, als sich dort, aber auch in Europa großtechnische Anlagen zur Aufzeichnung und Auswertung hochenergetischer Teilchen durchzusetzen begannen. Kernspuremulsionen wurden in der zweiten Hälfte der 1950er Jahre durch Blasenkammern ersetzt, die eine genauere und automatisierte Analyse großer Datenmengen erlaubten. Große Teilchenbeschleuniger wie die in

45 Peter Galison, *Image and Logic. A Material Culture of Microphysics.* Chicago ²2000, S. 233.

46 Mario Grilli und Fabio Sebastiani, "Collaborations among nuclear emulsions groups in Europe during the 1950s", *Rivista di Storia della Scienza* 4 (1996): S. 181-206; Cristina Olivotto, "The G-Stack collaboration (1954). An experiment of transition," *Historical Studies in the Natural Sciences* 39, Nr. 1 (2009): S. 63-103.

47 Evans an J. Cockcroft, 2.3.1953, NAK, AB 6/108.

48 Cormac O'Ceallaigh, "A contribution to the history of C. F. Powell's group in the University of Bristol 1949-1965," *Journale de Physique* 12 (1982): S. 1985-1989, hier: S. 1986.

Berkeley und Brookhaven ersetzten die kosmische Strahlung als Quelle hochenergetischer Teilchen. Mit steigenden Kosten für die Anschaffung dieser großtechnischen Geräte verschob sich der Schauplatz wichtiger Versuchsreihen von den Universitäten auf transnationale Forschungseinrichtungen. In Westeuropa brachten die mit der fotografischen Methode arbeitenden Gruppen ihre Erfahrungen, aber auch ihr Personal in wachsendem Maße in Einrichtungen wie das CERN ein.[49]

Die Miersdorfer Gruppe begann in den frühen 1950er Jahren ebenfalls ihre internationalen Kontakte zu intensivieren mit dem Ziel, den Zugang zu Ressourcen zu verbessern. Agfa-Platten konnten hochenergetische Teilchen nur begrenzt aufzeichnen. Zudem fehlte es in der DDR an Möglichkeiten, Kernspuremulsionen in großen Höhen zu exponieren. Als deutsch-deutsche Kooperationen infolge der zunehmend angespannten politischen Lage Mitte der 1950er Jahre zum Erliegen kamen, streckten die Miersdorfer ihre Fühler nach Osteuropa aus.[50] Marian Danysz, der nach längerem Aufenthalt in Bristol 1952 an die Universität Warschau zurückgekehrt war und dort eine Emulsionsgruppe ins Leben rief, war einer ihrer Ansprechpartner. Auch die Kontakte zur sowjetischen Höhenstrahlungs- bzw. Hochenergiephysik wurden enger. Auf Beschluss des Präsidiums der Sowjetischen Akademie der Wissenschaften wurde im Leningrader Radiuminstitut 1950 ein neues Labor für Hochenergiephysik unter der Leitung N. A. Perfilovs eingerichtet. Seiner Gruppe gehörte mit A. Ždanov ein Veteran der Emulsionsforschung an.[51] In Moskau war zudem in der zentralen Forschungsstelle Fotochemie des staatlichen Forschungsinstituts für Kinematografie und Fotografie (NIKFI) ein bedeutendes Forschungspotenzial vorhanden.[52] Emulsionspakete vom Typ NIKFI-R entwickelten sich zur Standardtechnologie in Osteuropa.

49 F. C.Frank und D. H. Perkins, "Cecil Frank Powell, 1903-1969", *Biographical Memoirs of Fellows of the Royal Society* 17 (1971): S. 541-563, hier: S. 551.

50 Thomas Stange, *Die Genese des Instituts für Hochenergiephysik der Deutschen Akademie der Wissenschaften zu Berlin (1940-1970).* Hamburg 1998, S. 62-63.

51 O.V. Lozhkin, "High-energy nuclear physics and nuclear astrophysics at the Radium Institute", *Atomic Energy* 86, Nr. 6 (1999): S. 392-397, hier: S. 394.

52 Das NIKFI war als staatliches Forschungsinstitut für Kinematografie und Fotografie 1929 gegründet worden. Mit rund 1200 Mitarbeitern erreichte es Ende der 1950er Jahre Größenverhältnisse wie sonst nur Eastman Kodak. Siehe: „Die Arbeitsperspektiven des NIKFI", *Bild und Ton* 18, Nr. 5 (1965): S. 133-136. Zu den NIKFI-R-Platten: N. A. Perfilov, N. P. Novikova und E. I. Prokof'eva, "Special fine-grained emulsion for nuclear research", *Atomic Energy*, 4, Nr. 1 (1957): S. 47-54.

Internationale Kooperationen ebneten auch in Osteuropa den Weg zur Gründung des Vereinigten Instituts für Kernforschung (VIK) in Dubna.[53] Mit der Eröffnung im Herbst 1956 übernahm das Miersdorfer Institut auf Anregung Powells für alle Vertragsstaaten des VIK die Entwicklung der Emulsionspakete, die am Synchrophasotron in Dubna bestrahlt worden waren.[54] Das NIKFI in Moskau wertete die Pakete aus Experimenten mit kosmischer Strahlung aus. Ebenfalls auf Initiative Powells wurden Emulsionen, die in italienischen Ballonaufstiegen exponiert worden waren, in Ost und West gemeinsam ausgewertet.[55]

16.4 Fazit

Die fotografische Methode erlebte ihre Blütezeit in den 1930er bis 1950er Jahren des vergangenen Jahrhunderts. Betrachtet man ihre Geschichte von den Anfängen bis zum allmählichen Verschwinden in den späten 1950er Jahre, dann zeigen sich erstaunliche Kontinuitäten. Die Methode profitierte offenkundig vom Aufschwung der Kernphysik in der Zwischenkriegszeit, der sich in den ersten Jahren des Kalten Krieges noch verstärkte. Nichtsdestotrotz blieben die meisten Physiker, die mit Kernspuremulsionen arbeiteten, in dem boomenden Forschungsfeld Außenseiter. Neben Kontinuitäten gab es in der Nutzung der Methode aber auch erstaunliche Brüche. Das Experimentalsystem der fotografischen Methode ist ein eindrucksvolles Beispiel für den Übergang von der ‚cottage industry' des Powellschen Labors[56] zur großtechnisch unterstützten Hochenergiephysik. Der Übergang war gekennzeichnet durch eine wachsende Anzahl von beteiligten Forschern, technischem und Hilfspersonal, aber auch durch die Verlagerung der Spitzenforschung von universitären Labors in transnationale Forschungseinrichtungen. Nachdem der internationale wissenschaftliche Austausch im Zweiten Weltkrieg zum Erliegen gekommen war, standen die mit der fotografischen Methode eng verbundenenen kooperativen Netzwerke nach Kriegsende am Beginn einer erneuten Internationalisierung der Physikergemeinschaft.

---

53 V.A. Birjukov, M. M. Lebedenko und A. M. Ryžov, *Dubna 1956-1966*. Dubna 1966, S. 53-54.

54 H. Engelhardt, I. Hauser und U. Krecker, "Apparatus and Laboratory for Processing Nuclear Emulsion Stacks", *Nuclear Instruments and Methods* 8 (1960): S. 35.

55 Thomas Stange, *Die Genese des Instituts für Hochenergiephysik der Deutschen Akademie der Wissenschaften zu Berlin (1940-1970)*. Hamburg 1998, S. 126-127; O. V. Lozhkin, "High-energy nuclear physics and nuclear astrophysics at the Radium Institute", *Atomic Energy* 86, Nr. 6 (1999): S. 392-397, hier S. 395.

56 Peter Galison, *Image and Logic. A Material Culture of Microphysics*. Chicago ²2000, S. 146.

17 Supraleitung und Interkontinentalraketen „*On-line computing*“ zwischen Militär, Industrie und Wissenschaft

Johannes Knolle und Christian Joas

Der zweite Weltkrieg und der Kalte Krieg veränderten nicht nur das Verhältnis zwischen Militär, Industrie und Wissenschaft, sondern auch die wissenschaftliche Praxis von Physikern und anderen Wissenschaftlern. In den 1950er Jahren stellte die Entwicklung von Interkontinentalraketen die Auftragnehmer des Militärs in der Industrie vor komplexe Fragestellungen, zu deren Lösung sie auf die Expertise von Wissenschaftlern angewiesen waren. Industrieunternehmen gründeten eigene Forschungseinheiten zur Lösung technischer und wissenschaftlicher Probleme. 1954 avancierte *Ramo-Wooldridge (*fortan *RW)*, laut einem ihrer Gründer „the company that developed the U.S. missile“,[1] zum wichtigsten Auftragnehmer der *US Air Force* in der Entwicklung von Interkontinentalraketen (*Intercontinental Ballistic Missiles*, fortan *ICBM*).[2] In einem technischen Bericht von *RW* über die Nutzung von Computertechnologie zur Waffensteuerung wird 1963 neben Richard Feynman auch Robert Schrieffer erwähnt, einer der Väter der mikroskopischen Theorie der Supraleitung:

> We are greatly indebted to the Data Processing Laboratory at Rome Air Development Center for support of this work and for the AN/FSQ-27 portion of the equipment; [...] and to Professor *R. P. Feynman* for suggestions concerning the possible extension to an algebra machine. We acknowledge with special thanks the efforts of Professor *J. R. Schrieffer*, Professor Karl Menger, Professor H. W. Wyld, Jr., Professor K. A. Johnson, Fred Dion and Martin Schultz who spent much of the summer of 1962 as *cooperative guinea pigs*, using the *on-line system* for research problems in their own fields, notwithstanding its then somewhat raw and rough-edged character, thus contributing greatly to its present state of development and to our understanding of the user's needs and desires in an on-line system.[3]

---

1 Simon Ramo, “Memoirs of an ICBM Pioneer”, *Fortune* vom 25.4.1988, S. 309.

2 Mike Gruntman, *Blazing the Trail. The Early History of Spacecraft and Rocketry*. Reston, Va. 2004, S. 233.

3 Glenn J. Culler und Burton Fried, *An on-line computing center for scientific problems. M19-3U3*. Canoga Park, California, 1963. [Hervorh. d. Verf.] Online:http://www.bitsavers.org/

Im Zentrum der Zusammenarbeit des theoretischen Physikers Schrieffer und des militärischen Auftragnehmers *RW* stand eine Computertechnologie, die gegen Ende der 1950er Jahre im Rahmen des Programms zum Bau von Interkontinentalraketen entwickelt worden war, das sogenannte *„on-line computing*“. Ursprünglich für Anwendungen im Bereich *Command-and-Control* entwickelt, wie z.B. die Steuerung von Waffen und Raketen oder die radargestütze Luftabwehr, wurde es in den frühen 1960er Jahren von *RW* unter maßgeblicher Beteiligung von Physikern wie Schrieffer zu einem völlig neuartigen Werkzeug im Arsenal der Physik weiterentwickelt. Schrieffer diente nicht nur als williges Versuchskaninchen („cooperative guinea pig“), sondern nutzte die neue Technologie, um die 1957 gemeinsam von John Bardeen, Leon Cooper und ihm selbst entwickelte mikroskopische „BCS“-Theorie der Supraleitung zu einer quantitativen Theorie auszubauen. Erst *on-line computing* erlaubte es, die auftretenden Integralgleichungen effizient zu lösen und so mit immer genauer werdenden Experimenten Schritt zu halten.

Während die Rolle von Computern in der Geschichte der Hochenergiephysik bereits intensiv untersucht wurde,[4] ist sie für andere Felder der Physik nahezu unerforscht. Die vorliegende Arbeit widmet sich der Geschichte der Entwicklung der quantitativen Theorie der Supraleitung, in der das *on-line computing* eine wichtige Rolle einnimmt. Erst mittels dieser Computertechnik gelang es Schrieffer und anderen im Lauf der 1960er Jahre, die Theorie mit den immer genauer werdenden Experimenten in Einklang zu bringen. Zugleich illustriert diese Geschichte die tiefgreifenden Veränderungen in der wissenschaftlichen Praxis, die mit der Nutzung von Computern im Spannungsfeld von Militär, Industrie und Wissenschaft im Kalten Krieg einhergingen.

---

pdf/trw/trw-85/Culler_Fried_An_On-Line_Computing_Center_for_Scientific_Problems_Jun63.pdf (letzter Abruf: 12.07.2011).

4 Peter Galison, “Computer Simulations and the Trading Zone”, in: Peter Galison und David J. Stump, *The Disunity of Science*. Stanford 1996, S. 118–157; Peter Galison, *Image and logic: The material culture of microphysics*. Chicago 1997.

17.1 Forschung und Entwicklung bei *Ramo-Wooldridge*

In den USA wurde Forschung nach dem zweiten Weltkrieg vermehrt durch den militärisch-industriellen Sektor betrieben.[5] Wissenschaftler nahmen bei Planung und Realisierung militärischer Großprojekte wichtige Rollen ein, ob als externe Berater für Regierung und Industrie oder als Angestellte und Manager in Unternehmen, die für Militär oder Regierung Forschung und Entwicklung betrieben.[6]

Ramo-Wooldridge wurde von zwei am *Caltech* promovierten Physikern, Simon Ramo und Dean Wooldridge, gegründet. Diese hatten von 1946 an gemeinsam die Entwicklungsabteilung des Luftfahrt- und Rüstungskonzerns *Hughes Aircraft* von einer kleinen Forschungseinheit in ein hochprofitables Unternehmen umgewandelt.[7] Im Herbst 1953 verließen sie *Hughes Aircraft*, um mit *RW* ein von Wissenschaftlern geleitetes Unternehmen zu gründen, das zunächst militärische Aufträge erfüllen, später aber die dabei entwickelten Technologien auch zivil vermarkten sollte.[8]

Im Frühjahr 1954 empfahl das sog. *Tea Pot Committee*, ein von John von Neumann geleitetes Gremium zur Beratung von Präsident Eisenhower, dem auch Ramo und Wooldridge angehörten, eine „radikale Reorganisation" des US-Programms zum Bau von Interkontinentalraketen, da die während des zweiten Weltkriegs erstarkte Luftfahrtindustrie einer so komplexen technologischen Herausforderung nicht gewachsen sei.[9] Im Herbst 1954 erging der Auftrag an *RW*, für das *ICBM*-Programm der *US Air Force* als *Systems Engineering and Technical Direction Contractor* zu fungieren.[10] Von einem kleinen Auftragnehmer

---

5 Paul Forman, "Behind Quantum Electronics: National Security as Basis for Physical Research in the United States, 1940-1960," *Historical Studies in the Physical and Biological Sciences* 18 (1987): S. 149–229.

6 Daniel J. Kevles, "R&D and the arms race: An analytical look," in: Everett Mendelsohn, Merritt Roe Smith und Peter Weingart (Hrsg.), *Science, Technology, and the Military*, Band 12. Dordrecht 1988, S. 465-480.

7 Davis Dyer, *TRW. Pioneering Technology and Innovation since 1900.* Boston 1998, S. 171; Neil Sheehan, *A Fiery Peace in a Cold War: Bernard Schriever and the Ultimate Weapon.* New York 2009, S. 207–215.

8 Davis Dyer, *TRW. Pioneering Technology and Innovation since 1900.* Boston 1998, S. 170.

9 Neil Sheehan, *A Fiery Peace in a Cold War: Bernard Schriever and the Ultimate Weapon.* New York 2009, S. 215.

10 Jacob Neufeld (Hrsg.), *Reflections on Research and Development in the United States Air Force: an interview with General Bernard A. Schriever and Generals Samuel C. Phillips, Roger T. Marsh, and James H. Doolittle, and Dr. Ivan A. Getting. Conducted by Richard H. Kohn.* Washington 1993, S. 63–64; Gideon Marcus, "The Pioneer Rocket," *QUEST The History of Spaceflight Quarterly* 13, Nr. 4 (2006): S. 26.

entwickelte sich *RW* so binnen weniger Jahre zu einem Unternehmen mit tausenden Angestellten.[11] Ein Bericht des *Technological Capabilities Panel* vom Frühjahr 1955 verschaffte der Entwicklung von *ICBM* im Wettstreit mit der Sowjetunion höchste nationale Priorität.[12] Mit dem „Sputnik-Schock“ von 1957 rückte das von *RW* geleitete *ICBM*-Programm schließlich ins Zentrum der öffentlichen Aufmerksamkeit.

17.2 On-line Computing

Die zunehmende Komplexität militärischer Forschungsprojekte machte im Lauf der 1950er Jahre die Entwicklung und Anwendung neuer Rechnertechnologien nötig. Vermehrt setzten sich transistorbasierte Rechner gegen ältere röhrenbasierte Modelle durch.[13] Hierbei spielte *RW* neben *IBM* eine Vorreiterrolle. *RW* hatte im Juli 1957 die Entwicklung eines der ersten vollständig transistorbasierten Computer abgeschlossen.[14] Der in den darauffolgenden Jahren für Anwendungen in der Raketen- und Waffensteuerung entwickelte Nachfolger trug die militärische Bezeichnung *AN/FSQ-27*. Unter der Bezeichnung *RW-400* wurde er zivil als „polymorpher“ Computer vermarktet, der es erlaubte, verschiedenartige Module wie z.B. Speichereinheiten oder Ein- und Ausgabegeräte variabel zu verbinden und damit das System flexibel an unterschiedliche Probleme anzupassen.

Der besondere Vorteil des *RW-400* bestand in einer neuartigen Schnittstelle zwischen Nutzer und Computer, die es erlaubte, *on-line* – also direkt während der Programmausführung – in Rechenprozesse einzugreifen. *RW* hatte hierfür ein neuartiges Peripheriegerät entwickelt, die *Display and Analysis Console* (*DAC*). Sie bestand aus einer Tastatur und einer mit einer Photozelle ausgestatteten Lichtpistole (*light gun*) für Eingaben, sowie zwei Röhrenbildschirmen für die grafische Ausgabe von Daten und Ergebnissen.[15] Statt das System mit einem

11 Davis Dyer, *TRW. Pioneering Technology and Innovation since 1900.* Boston 1998, S. 186.

12 Zuoyoue Wang, *In Sputnik's shadow: The President's Science Advisory Committee and Cold War America*, Piscataway, NJ 2008, S. 49–50.

13 Phillip A. Laplante, Eileen P. Rose, Maria Gracia-Watson, “An historical survey of early real-time computing developments in the U.S.,” *Real-Time Systems* 8 (1995): S. 199-213.

14 Davis Dyer, *TRW. Pioneering Technology and Innovation since 1900.* Boston 1998, S. 205.

15 B. Helfinstein, Programming Manual AN/FSQ-27 (RW-400). Second Edition. February 1, 1961. Canoga Park: Data Systems Project Office, Ramo Wooldridge, S. 77ff. Online: http://www.bit

Abbildung 1: Die zivile Variante des *AN/FSQ-27*-Computers wurde als "polymorpher“ Computer *RW-400* vermarktet und bestand aus vielen, variabel kombinierbaren Modulen wie Prozessor-, Speicher- sowie Ein- und Ausgabeeinheiten.[16]

automatisch auszuführenden Programm zu füttern und auf das Endergebnis zu warten, konnte der Nutzer einzelne Rechenoperationen veranlassen, das Ergebnis betrachten und das weitere Vorgehen während der Programmausführung bestimmen. Die zentrale Errungenschaft des *On-line*-Systems war also nicht ein schnellerer Prozessor, sondern die direkte Mensch-Maschine-Interaktion während der Laufzeit eines Programms.

savers.org/pdf/trw/rw-400/AN-FSQ-27_RW-400_Programming_Man_Feb61.pdf (letzter Abruf: 17.09.2011).

16 "Bunker Ramo-Computer Pictures" from the bitsavers.org collection, a scanned-in computer-related document. Online: http://archive.org/details/bitsavers_trwBunkerR_6334158 (letzter Abruf 07.02.2013).

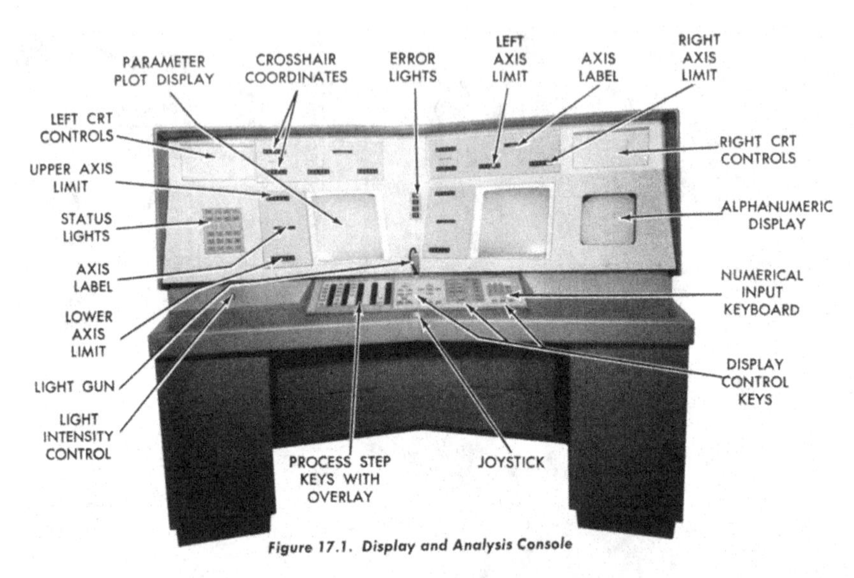

Abbildung 2: Die Display and Analysis Console (DAC) des *On-line*-Systems RW-400 erlaubte es dem Nutzer, während der Ausführung eines Programms Zwischenergebnisse auf den Bildschirmen grafisch auszugeben, Rechenoperationen über sog. Process Step Keys zu veranlassen oder zurückzunehmen und Eingaben mittels Tastatur (Numerical Input Keyboard) oder Lichtpistole (Light Gun) vorzunehmen.[17]

Der „Sputnik-Schock“ von 1957 löste eine Restrukturierung von *RW* aus.[18] Unter anderem wurde die Elektronik- und Computersparte nach Canoga Park ausgelagert. Dort gründete *RW* 1959 das *Intellectronics Research Laboratory,* welches sich der Mensch-Maschine-Interaktion widmen sollte.[19] Erster Direktor wurde der theoretische Physiker Burton Fried, der 1954 vom *Lawrence Radiation Lab* zu *RW* gekommen war. Auf Frieds Bitte stieß im gleichen Jahr der Mathematikprofessor und erfahrene Programmierer Glenn Culler hinzu.[20] Beide hatten be-

17 B. Helfinstein, Programming Manual AN/FSQ-27 (RW-400). Second Edition. February 1, 1961. Canoga Park: Data Systems Project Office, Ramo Wooldridge, S. 77ff. Online: http://www.bitsavers.org/pdf/trw/rw-400/AN-FSQ-27_RW-400_Programming_Man_Feb61.pdf (letzter Abruf: 17.09.2011). S. 77.

18 Davis Dyer, *TRW. Pioneering Technology and Innovation since 1900.* Boston 1998, S. 198.

19 Ebd., S. 242.

20 Interview von George Michael mit Glenn Culler am 12/7/1997. Online: http://www.computer-history.info/Page1.dir/pages/Culler.html (letzter Abruf: 12.07.2011).

reits Mitte der 1950er Jahre bei *RW* zusammengearbeitet und 1957 einen wissenschaftlichen Artikel zur numerischen Berechnung von Raketentrajektorien veröffentlicht.[21]

Im Zuge der Restrukturierung von *RW* wurde die *Guided Missile Research Division* in *Space Technology Laboratories (STL)* umbenannt. Am *STL* wurde eine Forschungsgruppe zur Plasmaphysik eingerichtet,[22] um die beim Wiedereintritt von Interkontinentalraketen in die Atmosphäre auftretende Ionisierung der Luft zu untersuchen.[23] Fried veröffentlichte 1960 gemeinsam mit den berühmten Physikern Murray Gell-Mann, John David Jackson und Henry William Wyld eine Arbeit zu elektromagnetischen Phänomenen in Plasmen, in der sie analytische Näherungsverfahren für die auftretenden nichtlinearen Integralgleichungen diskutierten.[24] In der Folge widmete sich Fried gemeinsam mit Culler der numerischen Lösung solcher Integralgleichungen. Sie erkannten, welches Potential *on-line computing* bei der Behandlung mathematischer Probleme dieser Art hatte.

Nichtlineare Integral- und Differentialgleichungen treten in vielen Bereichen auf. Eine exakte Lösung ist oft unmöglich. Eine iterative numerische Lösung wird meist durch auftretende Singularitäten erschwert, was ein Problem für die damals vorherrschenden lochkartenprogrammierten Rechner darstellte, da diese während des Programmlaufs weder eine Möglichkeit zur Einsichtnahme in Zwischenergebnisse boten, noch einen direkten Eingriff des Nutzers erlaubten. Wenn also der Lochkartenrechner mit Anfangsbedingungen gefüttert wurde, die zu Singularitäten im Lösungsverfahren führten, dann wurde dies erst nach Ablauf des gesamten Programms erkannt. Anders beim *on-line computing*: Es gestattete dem Nutzer, schon während der Programmausführung die Konvergenz zu beurteilen und das Programm oder die Startwerte gegebenenfalls anzupassen.

In den Jahren 1961 und 1962 entwickelten Culler und Fried daher ein Verfahren zur Lösung nichtlinearer Integralgleichungen auf dem *RW-400*. Sie entschlossen

21 Glenn J. Culler und Burton D.Fried, "Universal Gravity Turn Trajectories," *Journal of Applied Physics* 28 (1957): S. 672–676.

22 Interview von Shirley K. Cohen mit Roy W. Gould (Pasadena, California, März–April 1996). Oral History Project, California Institute of Technology Archives. Online: http://resolver.caltech.edu/CaltechOH:OH_Gould_R (letzter Abruf: 21.01.11).

23 Davis Dyer, *TRW. Pioneering Technology and Innovation since 1900.* Boston 1998, S. 199.

24 Burton D. Fried, M. Gell-Mann, J.D. Jackson, H.W. Wyld, "Longitudinal plasma oscillations in an electric field," *Journal of Nuclear Energy. Part C: Plasma Physics* 1 (1960): S. 190–198.

sich, die Vorzüge des *on-line computing* an wissenschaftlichen Fragestellungen zu demonstrieren:

> An on-line digital system allowing an unusually direct coupling between the user (physicist, mathematician, engineer) and the computer is described. This system, which has been successfully operated during the past six months, was designed principally to provide assistance for problems whose structure is partially unknown (and frequently surprising). These typically require the development of new methods of attack, and hence an amount of program experimentation not feasible with classical computer center organizations. With the system described here, the interaction between user and computer is close enough to permit effective use of a scientist's intuition and of his detailed understanding of techniques appropriate to his special field. He is able to construct, with ease, and with no necessity for a knowledge of conventional programming techniques and procedures, machine representations of those tools he considers essential to his area, and then use these, on-line, to study or solve problems of interest.[25]

Neben der potentiellen Ersparnis an Rechenzeit besaß das *On-line*-System also einen weiteren großen Vorteil: Es konnte vom Wissenschaftler direkt bedient werden, und dieser konnte seine Intuition nutzen, um mithilfe des Computers ein Gefühl für die Struktur behandelter Probleme zu entwickeln. Um Aufmerksamkeit für das neue Verfahren zu generieren, begaben sich Culler und Fried auf die Suche nach ungelösten wissenschaftlichen Problemen, die auf dem *On-line*-System behandelt werden konnten:

> To explore the potentialities and characteristics of on-line scientific computing, it is clear that one must attempt to solve a variety of suitably chosen, difficult problems. [...] We imposed the following criteria:
>
> a. the problem must be one which presents real difficulties for conventional computer techniques and mathematical analysis;
>
> b. the problem must be one as yet unsolved [...]; and
>
> c. the problem should be one of significance for some area of current scientific research [...].[26]

---

25 Glenn J. Culler und Burton Fried, *An on-line computing center for scientific problems. M19-3U3.* Canoga Park, California, 1963, Abstract.Online:http://www.bitsavers.org/pdf/trw/trw-85/Culler_Fried_An_On-Line_Computing_Center_for_Scientific_Problems_Jun63.pdf (letzter Abruf: 12.07.2011).

26 Glenn J. Culler und R. W. Huff, “Solution of nonlinear integral equations using on-line computer control”, *Proceedings of the Western Joint Computer Conference* (May 1962): S. 129.

Zur Identifikation geeigneter Probleme suchten Culler und Fried den Rat prominenter Physiker wie Feynman und Schrieffer, welche sie als Berater nach Canoga Park einluden. Die erste Anwendung des *on-line computing* war 1961 auf Anraten und unter Mitwirkung Schrieffers die Lösung der sogenannten Gap-Gleichung in der Theorie der Supraleitung.[27] Sie erfüllte neben den ersten beiden Kriterien in besonderem Maße Kriterium „c".

17.3 Der Einzug von Computern in der Supraleitungsforschung

Nach ihrer Entdeckung durch Heike Kamerlingh Onnes im Jahre 1911 hatte es fast fünfzig Jahre gedauert, bis 1957 von Bardeen, Cooper und Schrieffer eine mikroskopische Erklärung für die Supraleitung gefunden wurde.[28] Generationen berühmter Physiker waren daran zuvor gescheitert.[29] Erst die quantenfeldtheoretische Behandlung des Vielteilchenproblems zusammen mit dem 1950 entdeckten Isotopeneffekt erlaubten es, die schon früher entwickelte Vorstellung einer Energielücke zu einer mikroskopischen Theorie auszubauen.[30] Ein zentrales Element der BCS-Theorie ist die Gap-Gleichung für die Energielücke, eine nichtlineare Integralgleichung von exakt der Struktur, mit der sich Culler und Fried bereits im Kontext der Plasmaphysik beschäftigt hatten.

Während Experimentalphysiker schnell von der Gültigkeit der BCS-Theorie überzeugt waren, blieben namhafte Theoretiker lange skeptisch.[31] Vor allem die Unmöglichkeit quantitativer Voraussagen rief Kritik hervor. Anfang der 1960er Jahre lieferten raffinierte Tunnelexperimente von Ivar Giaever eine beeindru-

27 Glenn J. Culler und R. W. Huff, "Solution of nonlinear integral equations using on-line computer control", *Proceedings of the Western Joint Computer Conference* (May 1962): S. 130.

28 J. Bardeen, L. N. Cooper und J. R. Schrieffer, "Theory of Superconductivity", *Physical Review*, 108 (1957): S. 1175-1204. Siehe auch: Jean Matricon und Georges Waysand, *The Cold Wars. A History of Superconductivity*. New Brunswick 2003.

29 J. Schmalian, "Failed theories of superconductivity", in: Leon N. Cooper und Dmitri Feldman (Hrsg.), *BCS: 50 Years*. Singapur 2011, S. 41–55.

30 Christian Joas und Georges Waysand, „Von Leitungsketten zur Paarhypothese", *Physik Journal* 10, Nr. 6 (2011): S. 23–28.

31 Lillian Hoddeson, Helmut Schubert, Steve J. Heims und Gordon Baym, "Collective Phenomena", in: Lillian Hoddeson, Ernst Braun, Jürgen Teichmann, Spencer Weart (Hrsg.), *Out of the Crystal Maze. Chapters from the History of Solid-State Physics*. New York, Oxford 1992, S. 558ff.

ckende Bestätigung der qualitativen Voraussagen der BCS-Theorie.[32] Allerdings konnte Giaever in der Folge für einige wenige Supraleiter auch Abweichungen vom BCS-Verhalten feststellen.[33] Er verwies zur Erklärung dieser Abweichungen auf die numerische Lösung einer verfeinerten Fassung der Gap-Gleichung durch J. C. Swihart. Dieser hatte eine realistischere Wechselwirkung angenommen als BCS, was eine numerische Auswertung nötig machte, die er auf einem konventionell programmierten *IBM 7090* Computer vornahm.[34]

Die ursprüngliche BCS-Theorie war von einer idealisierten effektiven Wechselwirkung zwischen den Elektronen im Supraleiter ausgegangen. Eine mikroskopische Behandlung der kombinierten Coulomb- und Elektron-Gitter-Wechselwirkung stand trotz Swiharts Verfeinerung weiterhin aus. Im Westen weitgehend unbemerkt gelang Lev Gorkov 1957 die Reformulierung der BCS-Theorie mit Hilfe von Green-Funktionen.[35] Dies bildete die Grundlage für die 1959 von Gerasim Eliashberg vorgenommene Verallgemeinerung der von Arkadi Migdal[36] für den normalleitenden Zustand aufgestellten Gleichungen für die Elektron-Gitter-Wechselwirkung auf den supraleitenden Zustand.[37] Diese Entwicklungen verbreiteten sich im Westen nur langsam:[38]

> The eventual quantitative theory of energy gaps had, as an important beginning, an informal collaboration between Schrieffer and [Philip W.] Anderson. During a Utrecht many-body theory meeting in June 1960, [...] Schrieffer told of his study of the

---

32 I. Giaever, “Energy gap in superconductors measured by electron tunneling”, *Physical Review Letters* 5 (1960): S. 147–148; I. Giaever, “Electron tunneling between two superconductors,” *Physical Review Letters* 5 (1960): S. 464–466.

33 I. Giaever, H. R. Hart und K. Megerle, “Tunneling into supeconductors at temperatures below 1K,” *Physical Review* 126 (1962): S. 941–948.

34 J. C. Swihart, “Solutions of the BCS integral equation and deviations from the law of corresponding states”, *IBM Journal of Research and Development* 6 (January 1962): S. 14–23.

35 L. P. Gorkov, “On the energy spectrum of superconductors”, *Soviet Physics JETP* 7 (1958): S. 505–508.

36 A. B. Migdal, “Interaction between electrons and lattice vibrations in a normal metal”, *Soviet Physics JETP* 34 (1958): S. 996–1001.

37 G. M. Eliashberg, “Interactions between electrons and lattice vibrations in a superconductor,” *Soviet Physics JETP* 11 (1960): S. 696–702.

38 Dies hatte nicht zuletzt mit der im beginnenden Kalten Krieg fast zum Stillstand gekommenen Kommunikation zwischen Ost und West zu tun. Vgl.: David Kaiser, “The physics of spin: Sputnik politics and American physicists in the 1950s,” *Social Research* 73, Nr. 4 (2006): S. 1225-1252.

> Green's function formalism, developed by Russians, especially Eliashberg, which was the correct way to do this calculation and to express the tunneling current.[39]

Das zentrale Resultat Eliashbergs war die korrekte Behandlung der Elektron-Gitter-Wechselwirkung. Dies führte zu einer komplizierten Gap-Gleichung, deren Struktur jener der BCS-Gleichung ähnelt. Die ersten Lösungsversuche erfolgten zeitgleich zu Swiharts Arbeit im Herbst 1961: Während Morel und Anderson eine physikalisch unzureichend motivierte, aber analytisch behandelbare Wechselwirkung annahmen,[40] versuchte Schrieffer bei seinen Aufenthalten in Canoga Park gemeinsam mit Culler, Fried und R. W. Huff auf dem *RW-400*, mittels *on-line computing* der Komplexität der Eliashberg-Gleichung auf numerischem Wege beizukommen.[41] Schrieffer dürfte insbesondere daran interessiert gewesen sein, die Übereinstimmung der qualitativen Vorhersagen der BCS-Theorie mit numerischen Auswertungen der Eliashberg-Theorie zu demonstrieren, um so den Weg zu einer quantitativen Theorie der Supraleitung zu ebnen, die den Kritikern der BCS-Theorie den Wind aus den Segeln nehmen sollte.

17.4 On-line computing und Eliashberg-Gap-Gleichung

In den oben zitierten *Proceedings* von 1962 beschrieben Culler und Huff detailliert am Beispiel der Gap-Gleichung, wie mit Hilfe des *On-line*-Systems nichtlineare Integralgleichungen gelöst werden konnten.[42] Mit Fotos des Ausgabebildschirms der DAC von jedem Iterationsschritt demonstrierten sie, wie die Intuition des Wissenschaftlers dabei half, schnell und mit wenigen Iterationsschritten zur Konvergenz zu gelangen. Mit dem *On-line*-System arbeitende Wissenschaftler konnten also ohne fundierte Programmierkenntnisse ein Gefühl für die Struktur von Problemen entwickeln und diese daraufhin mit deutlich reduziertem Rechenaufwand lösen. Alle Beteiligten waren enthusiastisch. Fried beschrieb die Atmosphäre später wie folgt:

---

39 Lillian Hoddeson, Helmut Schubert, Steve J. Heims und Gordon Baym, "Collective Phenomena", in: Lillian Hoddeson, Ernst Braun, Jürgen Teichmann, Spencer Weart (Hrsg.), *Out of the Crystal Maze. Chapters from the History of Solid-State Physics.* New York, Oxford 1992, S. 561.

40 P. Morel und P. W. Anderson, "Calculation of the Superconducting State Parameters with Retarded Electron-Phonon Interactions," *Physical Review* 125 (1962): S. 1263–1271.

41 G. J. Culler, B. D. Fried, R. W. Huff und J. R. Schrieffer, "Solution of the gap equation for a superconductor," *Physical Review Letters* 8 (1962): S. 399–402.

42 Glenn J. Culler und R. W. Huff, "Solution of nonlinear integral equations using on-line computer control", *Proceedings of the Western Joint Computer Conference* (May 1962): S. 129

> The Computer Division engineers needed the RW-400 for testing during the day, leaving the machine for us to use at night. I have vivid memories of working with Glen at the console until the wee hours of the morning, and coming out of the building into the clear night air feeling elated and exuberant. We were solving a difficult problem using an approach which was, as far as we knew, unique in the world. [...] Our enthusiasm was tempered somewhat by some sense of frustration, because it was virtually impossible to tell anyone else what we were doing: it was so at variance with the standard approaches and capabilities with which people were familiar that it was exceedingly difficult to explain to others.[43]

Der Artikel von Culler und Huff hat weniger die Struktur eines wissenschaftlichen Artikels denn die einer Bedienungsanleitung. Die wissenschaftlichen Resultate wurden separat gemeinsam mit Schrieffer in den *Physical Review Letters* publiziert.[44]

Im Jahre 1962 publizierte der junge Experimentalphysiker John Rowell von Bell Labs seine erste von zahlreichen Arbeit zu Tunnelexperimenten.[45] Erstmals konnte er mit Hilfe von *Lock-In*-Verstärkern den Anstieg des Tunnelstroms mit der Spannung direkt messen. Er entdeckte dabei feinere Strukturen als Giaever, die weder durch die Arbeit von Morel und Anderson, noch durch die *on-line*-Auswertung der Gap-Gleichung erklärbar waren. Die Überzeugung, dass die Eliashberg-Theorie tatsächlich den Schlüssel für das quantitative Verständnis der Supraleitung bereithielt, und die von Rowell beobachteten Abweichungen zwischen Experiment und Theorie führten in den folgenden Jahren zu immer ambitionierteren Versuchen, die Eliashberg-Gleichungen numerisch zu lösen. Hierbei arbeiteten Theoretiker und Experimentatoren oft Hand in Hand und publizierten gemeinsam oder in direkt aufeinanderfolgenden Artikeln. Computernumerik war für beide Seiten zentral, ob als Mittel zur Bestätigung von Theorien durch die Auswertung komplizierter Integralgleichungen oder zum Verständnis von Messungen. Sie schuf damit einen Raum für den Austausch zwischen Theoretikern und Experimentatoren, ähnlich wie in der Hochenergiephysik.[46]

---

43 Burton Fried, “Online Adventures with Glen Culler.” Online: http://www.kathy.kramer.net/kk.engr.ucsb.edu/culler/stories/fried.html (letzter Abruf 14.07.11).

44 G. J. Culler, B. D. Fried, R. W. Huff und J. R. Schrieffer, “Solution of the gap equation for a superconductor,” *Physical Review Letters* 8 (1962): S. 399–402.

45 J. M. Rowell, A. G. Chynoweth und J. C. Phillips, “Multiphonon Effects in Tunneling Between Metals and Superconductors,” *Physical Review Letters* 9 (1962): S. 58–61.

46 Vgl. Peter Galison, “Computer Simulations and the Trading Zone”, in: Peter Galison und David J. Stump, *The Disunity of Science*. Stanford 1996, S. 118–157.

1963 erschienen zwei direkt aufeinanderfolgende Artikel in den *Physical Review Letters*, deren Verbindung am Anfang des zweiten Artikels von Schrieffer und Koautoren erklärt wird:

> In the preceding letter,[47] Rowell, Anderson, and Thomas present the results of improved experiments [...] Below we summarize the results of a theoretical determination of the tunneling characteristic which is in good agreement with these experiments.[48]

Der Theoretiker Anderson arbeitete damals ebenso wie Rowell bei *Bell Labs*. Während eines Besuchs von Schrieffer bei *Bell Labs* half Anderson dem Experimentalphysiker Rowell, aus Tunneldaten ein Modell des Phononenspektrums zu konstruieren, auf das sich die theoretische Arbeit Schrieffers stützen konnte.[49] Nachdem zuvor nur vereinfachte Modelle für das Phononenspektrum benutzt worden waren, führte dieses realistische Modell dazu, dass die numerischen Berechnungen auf dem *On-line*-System eine „erstaunlich gute Übereinstimmung“[50] mit dem Experiment ergaben.

Dies räumte alle Zweifel aus, dass die Erweiterung der BCS-Theorie durch Eliashberg die Grundlage einer quantitativen Theorie der Supraleitung darstellte.[51] Seitdem ist Computernumerik ein fester Bestandteil des Arsenals von Physikern auf dem Gebiet der Supraleitung. Dies führte zu weiteren wichtigen Entwicklungen: Nur mittels einer Weiterentwicklung der Numerik gelang es Ende der 1960er Jahre William MacMillan und Rowell, Tunnelexperimente auch zur Spektroskopie zu nutzen.[52]

---

47 J. M. Rowell, P. W. Anderson und D. E. Thomas, “Image of the Phonon Spectrum in the Tunneling Characteristics Between Superconductors”, *Physical Review Letters* 10 (1963): S. 334–336.

48 J. R. Schrieffer, D. J. Scalapino und J. W. Wilkins, “Effective Tunneling Density of States in Superconductors”, *Physical Review Letters* 10 (1963): S. 336–339.

49 J. M. Rowell, “Superconducting tunneling spectroscopy and the observation of the Josephson effect”, *IEEE Transactions on Magnetics* 23, Nr. 2 (1987): S. 384.

50 J. R. Schrieffer, D. J. Scalapino und J. W. Wilkins, “Effective Tunneling Density of States in Superconductors”, *Physical Review Letters* 10 (1963): S. 338.

51 Anderson, Interview of P.W. Anderson by Alexei Kojevnikov on May 30, 1999, Niels Bohr Library & Archives, American Institute of Physics, College Park, MD USA, www.aip.org/history/ohilist/23362_2.html

52 W. L. McMillan und J. M. Rowell, “Tunneling and Strong-Coupling Superconductivity,” in: R. D. Parks (Hrsg.) *Superconductivity*. Band 1. New York 1969, S. 561–614.

17.5 Schluss

Die überraschenden Zusammenhänge zwischen militärischer Forschung zur Entwicklung von Interkontinentalraketen und Grundlagenforschung auf dem Gebiet der Supraleitung sind ein Beispiel für die Veränderungen in der wissenschaftlichen Praxis und in den Wissensverwertungskreisläufen in der Zeit des kalten Krieges. Das *on-line computing* – ein Verfahren, das aus der Forschung zum Bau von Interkontinentalraketen erwuchs – lieferte den zentralen Beitrag zur Lösung komplexer quantenfeldtheoretischer Gleichungen und legte damit die Grundlage für die quantitative Theorie der Supraleitung.

Die Verquickung militärischer und akademischer Forschung reichte weit über den Austausch und die Anwendung von Technologien und Methoden hinaus: Wissenschaftler wurden selbst zu Auftragnehmern des Militärs, wie Ramo und Wooldridge, entwickelten Technologien im Rahmen militärischer Projekte, wie Culler und Fried, oder berieten das Militär und dessen Auftragnehmer, wie Feynman und Schrieffer. Jeder von ihnen bewegte sich damit im Spannungsfeld zwischen Militär, Industrie und Wissenschaft. Ähnlich wie in der Hochenergiephysik beförderte die Anwendung von Computertechnologie auf dem Gebiet der Supraleitung den Austausch zwischen Theorie und Experiment. Physiker, welche die neuen numerischen Methoden beherrschten, wurden zum Bindeglied zwischen Theoretikern und Experimentatoren. Dies brachte eine neue Generation von Physikern hervor, die Parks in seinem 1969 erschienenen Standardwerk zur Supraleitung wie folgt beschreibt:

> The explosion in superconductivity was ignited by the BCS theory, but a good share of the credit must go to the new breed of experimenters who were incubating in the fifties. They converged on the scene with their lock-in amplifiers, stacks of computer cards, and repertory of Feynman diagrams. They were schooled in the new tradition and could speak the theorist's language. Consquently, there occured a cross-fertilization between the two groups, and an unforetold escalation of scientific discovery.[53]

Eine Ausarbeitung des vorliegenden, eher skizzenhaften Versuchs sollte es erlauben, die Veränderungen im Verhältnis zwischen Theorie und Experiment genauer herauszuarbeiten, welche der Einzug von Computernumerik auf dem Gebiet der Supraleitung hervorbrachte.

53 R. D. Parks (Hrsg.) *Superconductivity*. Band 1. New York 1969, S. v.

17.6 Dank

Die Autoren danken R. Joseph Anderson, Alexander S. Blum, Christoph Lehner, Jürgen Renn, Skúli Sigurðsson und Georges Waysand für hilfreiche Kommentare und Anregungen, sowie dem Projekt zu Geschichte und Grundlagen der Quantenphysik (MPIWG/FHI Berlin) für die großzügige finanzielle Unterstützung.

Gesellschaft und Ideologie

18 Die Pugwash Conferences on Science and World Affairs
Ein Beispiel für erfolgreiche „Track-II-Diplomacy" der Naturwissenschaftler im Kalten Krieg

Götz Neuneck

„Kein Zeitalter der Geschichte ist stärker von den Naturwissenschaften durchdrungen und abhängiger von ihnen als das 20. Jahrhundert" schreibt Eric Hobsbawn im Kapitel „Zauberer und Lehrlinge: Die Naturwissenschaften" seines Buches „Zeitalter der Extreme".[1] Grundlegende Entdeckungen wurden in der ersten Hälfte des Jahrhunderts gemacht, so die Atomspaltung 1938, die Entschlüsselung der DNS 1951 und Entwicklung der Computer ab 1935. Diese Entwicklungen werden bis heute immer stärker und schneller in moderne Technologien umgesetzt. Manche dieser Projekte sind von Anfang an vom Militär gefördert worden und sind militärisch genutzt worden. Wissenschaft und Technologie sind bis heute ein wichtiger Faktor in der Weltpolitik und spielen bei Fragen von Krieg und Frieden eine wesentliche Rolle.

Insbesondere die Atomforschung ist ein Synonym für die Ambivalenz naturwissenschaftlicher Arbeiten im 20. Jahrhundert geworden. Physiker insbesondere in Deutschland, Großbritannien, den USA, Japan und Russland haben sich unter den jeweiligen, politischen Bedingungen des 2. Weltkrieges für die militärische Nutzung der Nuklearenergie eingesetzt und Programme aktiv und in einigen Fällen sehr erfolgreich betrieben. Den USA gelang es im Zweiten Weltkrieg unter großem finanziellem und personellem Aufwand als ersten Atomwaffen zu entwickeln. Bedeutende Naturwissenschaftler waren in der einen oder anderen Weise an Hiroshima und Nagasaki im August 1945 beteiligt. Die Motivation der am Atombombenbau Beteiligten war unter den herrschenden Kriegsbedingungen sehr unterschiedlich und ist bis heute Gegenstand vieler Veröffentlichungen.[2]

---

1 Eric Hobsbawm, *Das Zeitalter der Extreme. Weltgeschichte des 20. Jahrhunderts.* München,Wien 1995, S. 445.

2 Siehe dazu: Götz Neuneck, „Von Haigerloch, über Farm Hall und die Göttinger Erklärung nach Starnberg. Die Arbeiten Carl Friedrich von Weizsäckers zur Kriegsverhütung, Atombewaffnung

Nach 1945 begann die kleine durch den 2. Weltkrieg zersprengte Gruppe der Kernphysiker angesichts des sich entwickelnden Wettrüstens ethische, politische und auch persönliche Schlussfolgerungen zu ziehen. Robert J. Oppenheimer sagte: „Die Physiker haben erfahren, was Sünde ist, und dieses Wissen wird sie nie mehr ganz verlassen." Carl Friedrich von Weizsäcker, selbst maßgeblich am deutschen Uranverein beteiligt, folgerte später: „Die Atombombe enthüllt die politische Verantwortung der Wissenschaft".[3] Aber wie geht man mit dieser Verantwortung angesichts eines nach 1945 einsetzenden Wettrüstens um? Unter Wissenschaftlern ist es eigentlich verpönt, sich direkt in die Politik einzumischen. Verschiedene Wissenschaftler wählten unterschiedliche Wege, um vor den aufziehenden Gefahren eines neuen Atomwaffeneinsatzes zu warnen: Direkte Gespräche mit den entscheidenden Politikern (Niels Bohr), öffentliche Appelle und Aufklärung (Albert Einstein, Linus Pauling), die persönliche Verweigerung (Joseph Rotblat) oder die Gründung von Zeitschriften (Bulletin of the Atomic Scientists, 1945) und Wissenschaftler-Organisationen (USA: Federation of American Scientists, 1945 oder Großbritannien: Atomic Scientist Association, 1946) waren die eine Seite der Medaille.[4] Dennoch setzte sich die Atomwaffenentwicklung ab 1952 fort und zog weitere technische Entwicklungen nach sich, so die Langstreckenraketen, die Wasserstoffbombe und die Raketenabwehr.[5] In der Folgezeit entstanden auch in weiteren Ländern, die vom Wettrüsten besonders tangiert waren, diverse Initiativen und Gruppen, vornehmlich zunächst initiiert von Physikern, die durch Treffen, Diskussion und konkrete Arbeit zur Konfliktlösung, Rüstungskontrolle und nukleare Abrüstung beitragen wollten. Ein herausragendes und länderübergreifendes Beispiel bilden hier die „Pugwash Conferences on Science and World Affairs", die – zusammen mit ihrem Gründungsmitglied Sir Joseph Rotblat – 1995 für ihre Arbeit mit dem Friedensnobelpreis ausgezeichnet wurden. In der Ankündigung des Nobelpreises heißt es:

---

und Rüstungskontrolle", in: Götz Neuneck und Michael Schaaf (Hrsg.), *Zur Geschichte der Pugwash-Bewegung in Deutschland*, Preprint 332, Max-Planck-Institut für Wissenschaftsgeschichte. Berlin 2007, S. 63-74.

3 Carl Friedrich von Weizsäcker, *Zeit und Wissen*. München,Wien 1992, S.28

4 Ulrike Wunderle, „Atome für Krieg und Frieden", in: Götz Neuneck und Michael Schaaf (Hrsg.), *Zur Geschichte der Pugwash-Bewegung in Deutschland*, Preprint 332, Max-Planck-Institut für Wissenschaftsgeschichte. Berlin 2007, S. 17-29.

5 Siehe dazu z.B. Götz Neuneck, „Atomares Wettrüsten der Großmächte - kein abgeschlossenes Kapitel", in: Forschungsstelle für Zeitgeschichte in Hamburg et al., *„Kampf dem Atomtod". Die Protestbewegung 1957/1958 in zeithistorischer und gegenwärtiger Perspektive*. Hamburg, 2009, S. 91-119.

> Die Konferenzen basieren auf der Anerkennung der Verantwortung der Wissenschaftler für ihre Erfindungen. Sie haben die katastrophalen Konsequenzen des Einsatzes neuer Waffen unterstrichen. Sie haben Wissenschaftler und Entscheidungsträger zusammengebracht, um über politische Trennungslinien hinweg über konstruktive Vorschläge zur Verringerung der nuklearen Gefahr zusammenzuarbeiten.[6]

Der folgende Beitrag beschreibt die Ursprünge der Pugwash Conferences on Science and World Affairs (PCSWA), ihre Arbeitsweise und ihre Wirkung im Rahmen der Track-II Diplomatie. Im zweiten Abschnitt werden einige Beispiele näher beleuchtet, während im dritten Abschnitt die deutschen Beiträge vorgestellt werden. Unter „Track II-Diplomacy" versteht man im Gegensatz zu offiziellen Regierungsgesprächen (Track-I) eine Sonderform der informellen Diplomatie bei der in vertraulichen Gesprächen, Nichtregierungsmitglieder und Vertreter der Zivilgesellschaft wie z.B. Experten, Wissenschaftler, pensionierte Politiker inoffiziell zusammenkommen, um Konfliktparteien in einem geleiteten Dialog zur Vertrauensbildung, Konfliktminderung, und Konfliktlösung zu bewegen. Am Anfang des Wettrüstens waren die Nuklearphysiker, die selbst an der Entwicklung von Nuklearwaffen und Strategieentwicklungen beteiligt waren, prädestiniert, um „Wege aus der Gefahr" blockübergreifend zu suchen, zu diskutieren und die Konfliktparteien zu friedlichen Lösungen zu bewegen.

18.1 Die Ursprünge von Pugwash: „We have to learn to think in a new way."

Am Anfang von Pugwash steht das „Russell-Einstein-Manifest", das auf Initiative von Bertrand Russell und Albert Einstein in London am 9. Juli 1955 veröffentlicht wurde, um auf die Gefahren eines Atomkrieges aufmerksam zu machen.[7] Die Wissenschaftler sollten sich insbesondere „zur Aussprache zusammenfinden, um die Gefahren, die aufgrund der Entwicklung der Massenvernichtungsmittel entstanden sind, abzuschätzen" und sie sollten Wege zur Konfliktbeilegung, Abschaffung der Nuklearwaffen und letztlich zur Beseitigung des Krieges finden. Auch dank ihrer zehn prominenten Unterzeichner aus den Naturwissenschaften (u.a. auch M. Born, F. Joliot-Curie, H. Yukawa) hatte das

---

6 Nobel Peace Prize Announcement, 13. Oktober 1995, http://www.pugwash.org/award/nobelstatement.htm

7 Siehe den Text unter http://www.pugwash.org/about/manifesto.htm

Abbildung 1: Joseph Rotblat und Ruth Adams, 1957. Copyright Pugwash Conferences on Science and World Affairs.

Manifest international große Wirkung und steht am Beginn von vielen weiteren Erklärungen zum nuklearen Wettrüsten.[8] Als Folge dieses Manifestes kamen 1957 22 Top-Wissenschaftler aus zehn Ländern in dem kleinen Fischerdorf Pugwash in Neu-Schottland (Kanada) zusammen, um konkret über Wege aus der atomaren Gefahr zu beraten. Dieses erste blockübergreifende Treffen von Wissenschaftlern war die erste Konferenz der seither stattfindenden „Pugwash Conferences on Science and World Affairs". Die Wissenschaftler begannen in der Folgezeit sich über Blockgrenzen hinweg international selbst zu organisieren und in ihrem jeweiligen politischen und kulturellen Umfeld zu engagieren.

Heute ist das Ausmaß an Zivilcourage, die nötig war, um in den Hochzeiten des Kalten Kriegs direkt mit dem vermeintlichen Gegner zu reden, kaum mehr nach-

8 Zur Vorgeschichte siehe: Sandra Ionno-Butcher, „The Origines of the Russell-Einstein Manifesto", *Pugwash History Series* 1 (May 2005).

vollziehbar. J. Rotblat, über Jahrzehnte der eigentliche Motor von Pugwash, schrieb 1996:

> Es ist schwierig sich das Klima aus Misstrauen und Angst vorzustellen, das zu dieser Zeit [des ersten Pugwash-Treffens 1957, GN] herrschte. Es erforderte ein großes Maß an Zivilcourage zu kommen. Jeder im Westen, der zu solch einem Treffen kam, der über Frieden mit den Russen sprach, wurde als ein Kommunisten-Tölpel angesehen.

Zudem waren Treffen von hochrangigen Wissenschaftlern aus Ost und West und später Nord und Süd zu dieser Zeit ein Novum. Erst später entstanden weitere Institute und Nichtregierungsorganisationen, die sich mit der Problematik des Wettrüstens auseinandersetzten. Auch in Deutschland formierten sich maßgebliche Physiker, um die Folgen der Nuklearrüstung zu durchdenken und konkrete Schritte zu initiieren. Maßgebliche deutsche Atomphysiker – allen voran Carl Friedrich von Weizsäcker –, die anfangs zögerlich auf die Pugwash-Initiative reagierten, wandten sich am 12. April 1957 in der Göttinger Erklärung an die Öffentlichkeit und forderten den Verzicht der Bundesrepublik Deutschland auf jeglichen Atomwaffenbesitz. In Deutschland wurde 1959 in der Folgezeit der Debatte um die Göttinger Erklärung die Vereinigung Deutscher Wissenschaftler e.V. gegründet.[9]

In der Folgezeit entstand ein transnationales Netzwerk von Wissenschaftlern, Fachleuten und pensionierte Diplomaten, dem es gelang über die Blockgrenzen hinweg persönliche wie Regierungskontakte aufzubauen und den Meinungsbildungsprozess zwischen entscheidenden Akteuren voranzutreiben. Nicht die Öffentlichkeit und die Medien standen im Vordergrund, sondern Konfliktvorbeugung, Transparenzbildung und das Austesten neuer Ideen. Dies war in zweierlei Hinsicht wichtig: Zum einen waren einige Wissenschaftler selbst an den Entwicklungen des Kalten Krieges beteiligt und hatten tiefen technischen Einblick und Autorität bei ihren Regierungen. Zum anderen brachen die Kontakte zwischen Ost und West angesichts fortschreitender Krisen (Berlin-Krisen, Kuba-Krise, Vietnam-Krieg etc.) immer wieder ab, so dass in bestimmten Situationen ein „ein kontinuierliches Forum für neue Ideen" sehr wichtig war.

Naturwissenschaftler waren zur Zeit der McCarthy-Ära und des Stalinismus besonders zur Kontaktaufnahme und vertraulichen Debatte prädestiniert, da sie

9 Ausführlich dargestellt in: Stephan Albrecht et al. (Hrsg.), *Wissenschaft-Verantwortung-Frieden: 50 Jahre VDW*. Berlin 2009.

zu Neutralität und Humanität verpflichtet sind, eine gemeinsame Sprache sprechen und so ein gemeinsames Verständnis erarbeiten können, dort wo sich Politiker und Diplomaten längst in eine Sackgasse manövriert haben. Hinzu kommen eine gewisse Reisefreiheit, Unabhängigkeit und Kreativität, um neue Ideen zu entwickeln. Die klassische Arbeitsweise der PCSWA liegt insbesondere in der Durchführung von ein- bis zweitägigen Workshops zu spezifischen und aktuellen Themen, zu denen international herausragende Wissenschaftler, Entscheidungsträger und Experten eingeladen werden. In vertraulicher Atmosphäre sollen die Teilnehmer zum Dialog auch gerade „mit der anderen Seite“ angeregt werden, Konfliktthemen offen anzusprechen und Wege aus den meist historisch langen und politisch verqueren Sackgassen zu finden. Die Neutralität von Pugwash und das echte Bemühen, Lösungen zur Überwindung der nuklearen Gefahr zu entwickeln, ermöglicht oft den Aufbau von Gesprächskontakten und Einsichten, was in der aggressiven Rhetorik staatlicher Erklärungen nicht möglich ist. Stets wird bei den Treffen darauf verwiesen, dass Workshop-Teilnehmer nicht als Vertreter ihrer Regierungen, sondern als Individuen eingeladen sind. Zuordnungen von inhaltlichen Positionen zu einzelnen Vertretern ist ebenso wenig erlaubt wie das öffentliche Zitieren einzelner Redner. Öffentlichkeit und Pressevertreter sind nicht zugelassen, so dass eine Berichterstattung wegfällt. Nachweisbar ist jedoch, dass Teilnehmer ihre jeweiligen Regierungen über die Ergebnisse der Gespräche berichten. Am Ende der Workshops und Tagungen werden zwar Berichte ohne Namensnennung einzelner Redner veröffentlicht, eine Einschätzung unmittelbarer Resultate bleibt damit aber schwierig.

Gerade, wenn die Gesprächsfäden zwischen Regierungen und Konfliktparteien abreißen, ist ein „Informationskanal“ wichtig, um neue Positionen auszuloten oder Lösungsvorschläge zu diskutieren. Insbesondere während der Kennedy-Administration kam es bei Pugwash-Treffen zwischen Mitgliedern des President´s Science Advisory Committee (PSAC) und russischen Nuklearphysikern, die ihrerseits dem Zentralkomitee der UdSSR Bericht erstatteten. Ausgehend von der ersten Pugwash-Konferenz in Moskau 1960 entwickelte sich ab 1961 die bilaterale Studiengruppe „Soviet-American Disarmament Study Group“ (SADS) unter Leitung von zwei „Pugwashites“, Paul Doty und Michael Millionshchikov, die im Wesentlichen Wissenschaftlern der jeweiligen Akademien der Wissenschaften koordinierten und die sich bis 1975 trafen.[10] Diese Aufgaben wurden später von dem „Committee on International Security and Arms Control" (CISAC)[11] der amerikanischen National Academy of Science weitergeführt, immer unter Beteiligung von Pugwashites aus Ost und West.[12] Während zu Beginn des Wettrüstens insbesondere die Kontakte zwischen den USA und der UdSSR im Zentrum der Debatte stand, entstanden auch in anderen Ländern Pugwash-Gruppen, die zur internationalen Vernetzung, zum Austausch von Ideen und zur Diskussion innerhalb der betroffenen Länder beitrugen.

Über die Pugwash-Jahrestagungen gibt es umfassende Statistiken zum Programm, den Teilnehmern und den gemeinsam verabschiedeten Ergebnissen von Arbeitsgruppen, so die Erklärungen des Pugwash Councils oder die Papiere der Teilnehmer.[13] An den über 350 Konferenzen, Workshops und Studiengruppen haben ca. 8.000 Wissenschaftler und Fachleute aus über 100 Ländern teilgenommen.[14] Dabei hat die Zahl der Veranstaltungen erheblich zugenommen. Pugwash hat seine Programmplanungen stets in Fünf-Jahreszyklen organisiert. Waren es im ersten Quinquennium noch 14 Veranstaltungen, so zählt die Pugwash-Agenda zwischen 2002 und 2007 56 Treffen.

18.2 Beispiel für erfolgreiche Pugwash-Arbeit: Nukleare Abrüstung und Rüstungskontrolle

Einige Beispiele für die erfolgreiche Arbeit der PCSWA lassen sich belegen. Matthew Evangelista zeigt in seiner Studie *Unarmed Forces* detailliert auf, welche Rolle informelle transnationale Netzwerke von Wissenschaftlern (Pugwash) und Ärzten (IPPNW) z.B. beim Zustandekommen des Begrenzten Teststoppver-

10 Siehe: Bernd W. Kubbig, *Communicators in the Cold War: The Pugwash Conferences, the U.S.-Soviet Study Group and the ABM Treaty* (PRIF reports Nr. 44), Peace Research Institute. Frankfurt, 1996.

11 Wolfgang Panofsky, *Panofsky on Physics, Politics and Peace. Pief remembers*. New York 2007, S. 152 ff.

12 Bezüglich der russischen Wissenschaftler siehe: Y.A. Ryzhov und M.A. Lebedev, "RAS Scientists in the Pugwash movement," *Herald of the Russian Academy of Sciences* 75, Nr. 3 (2005): S. 271-277.

13 *Pugwash Newsletter* 44, Nr. 2, The Ninth and Tenth Pugwash Quinquennial (October 2007).

14 Siehe im Detail Hellmut Glubrecht, „Die Arbeit der Pugwash-Bewegung für Abrüstung und Frieden", in: Carl Friedrich Weizsäcker (Hrsg.), *Die Zukunft des Friedens in Europa - Politische und militärische Bedingungen. Festschrift für Horst Afheldt*. München 1990.

trages von 1963 oder der Etablierung des ABM-Vertrages 1968 spielten.[15] Die SALT-Gespräche zwischen den USA und der Sowjetunion begannen einen Monat nach dem Sotchi-Treffen und ein Ergebnis war der ABM-Vertrag von 1972.[16] Die Etablierung inoffizieller Kontakte zwischen russischen und amerikanischen Gesprächsteilnehmern erzielten während der Kuba-Krise eine konfliktmindernde Wirkung. Erste Kontakte und Treffen zwischen amerikanischen Emissären wie H. Kissinger nach einer Pugwash-Tagung in Paris 1967 und der vietnamesischen Führung während des Vietnam-Krieges konnten vermittelt werden.[17] Auch im Bereich der biologischen und chemischen Waffen konnten die diesem Thema gewidmeten Workshops wichtige Impulse beim Zustandekommen und der Stärkung der B- und C-Waffenkonvention leisten.[18] Eine Zusammenarbeit auf diesem Gebiet mit der WHO gab es schon seit den 1950er Jahren.[19]

Auf fünf Gebieten haben Naturwissenschaftler und die von ihnen errichteten transnationalen Netzwerke international bedeutende Beiträge zur Eindämmung und zur Beendigung des Wettrüstens geleistet. Pugwash, aber auch andere nationale Netzwerke von Wissenschaftlern und andere Berufsgruppen wie z.B. die Ärzte waren daran beteiligt:

1. Am Anfang vieler Aktivitäten stand die Warnung der Kernphysiker vor den mit keiner anderen Waffe vergleichbaren, unmittelbaren und langfristigen Folgen eines Nuklearwaffeneinsatzes. Der Öffentlichkeit waren auch nach Hiroshima und Nagasaki die Folgen von Nuklearexplosionen durch Druck, Hitze und Strahlung nicht sofort geläufig. Erst im Rahmen der oberirischen Nukleartests wurden nach und nach die globalen gesundheitlichen Folgen der Tests bekannt. Die Entwicklung der H-Bomben vervielfachte die Explosionskraft einer Hiroshima-Bombe um das Tausendfache. Mit der Stationierung von H-Bomben rückte die Zerstörung von Großstädten und kleiner

---

15 Matthew Evangelista, *Unarmed Forces. The Transnational Movement to End the Cold War*. Ithaka, London 1999.

16 In Wirklichkeit waren weitere Personen wie z.B. Jeremy Stone, George Rathjens u.a.m. an der komplexen Debatte beteiligt. Siehe Kapitel 10 in Matthew Evangelista, *Unarmed Forces. The Transnational Movement to End the Cold War*. Ithaka, London 1999.

17 Don Oberdorfer, “Kissinger Played Major Role in 1967 Dialogue”, *The Washington Post* vom 27.Juni 1972, S. A1.

18 J. P. Perry Robinson, “Pugwash and The International Treaties on Chemical and Biological Warfare, Scientific Cooperation and Conflict Resolution”, New York Academy of Sciences, A Conference of the New York Academy of Sciences, January 28-30, 1998.

19 Martin Kaplan, “The efforts of WHO and Pugwash to eliminate chemical and biological weapons - a memoir,” *Bulletin of the World Health Organization* 77, Nr. 2 (1999): S. 149-155.

Staaten in Reichweite. In den 1980er Jahren zeigten Simulationen, dass im Falle eines „globalen Nuklearaustauschs" im Rahmen eines globalen Nuklearkrieges der Supermächte ein „nuklearer Winter" den Planeten als Ganzes betraf. Die sozialen, psychischen und langfristigen ökonomischen Folgen wurden deutlich und führten zu der Erkenntnis, dass ein Nuklearkrieg zum Ende der modernen Zivilisation führen kann.[20] Die Forschungen auf dem Gebiet der Klimafolgen im Falle eines Nuklearkrieges werden bis heute fortgesetzt.[21]

2. Frühzeitig setzten sich Wissenschaftler mit den technischen Überprüfungsmöglichkeiten eines Nuklearwaffenteststopps auseinander. In Genf kamen erstmalig Wissenschaftler zusammen, um über geeignete Überprüfungstechnologien zu verhandeln. Zwischen 1958 und 1960 wurde eine Group of Scientific Experts (GSE) in Genf etabliert und in den folgenden Jahren Studien zur technischen Umsetzbarkeit angefertigt. Freilich übernahm die Politik schnell die Leitung der Konferenzen. Teilnehmer der Pugwash-Conferences waren intensiv vorbereitend und beratend beim Zustandekommen des Partial Test Ban Treaty von 1963 und des Atomwaffensperrvertrages von 1968 beteiligt. 1985 ergaben sich zwischen mehreren US-amerikanischen Nichtregierungsorganisationen (NROs) und der sowjetischen Akademie der Wissenschaften erste Kontakte, um im Testgelände von Semipalatinsk seismische Experimente zur Überprüfung eines Moratoriums durchzuführen. In den folgenden Jahren wurde der Umfassende nukleare Teststoppvertrag (CTBT) ausgehandelt und im September 1996 von 76 Staaten unterzeichnet. Der CTBT ist bisher nicht in Kraft getreten, aber das Internationale Monitoring System (IMS) konnte durch das Provisional Secretariate (PTS) in Wien entscheidend weiterentwickelt worden.[22] Aktuelle Studien der National Academy of Science belegen die fortschreitende Arbeit von Wissenschaftlern zu Verifikationsfragen in Bezug auf den noch nicht in Kraft getretenen CTBT.[23]

---

20 Lawrence Badash, *A Nuclear Winter's Tale. Science and Politics in the 1980s*. Cambridge, 2009.

21 Alan Robock und Owen Brian Toon, „Lokaler Krieg, globales Elend", *Spektrum der Wissenschaft* (November 2010): S. 89-96.

22 Ola Dahlmann, Svein Mykkelveit und Hein Haak, *Nuclear Test Ban – Converting Political Visions to Reality*. Dordrecht, 2009.

23 National Academy of Sciences, *Technical Issues Related to the Comprehensive Nuclear Test Ban Treaty*. Washington D.C. 2002; *The Comprehensive Nuclear Test Ban Treaty: Technical Issues for the United States*. Washington D.C. 2012.

3. Eine für die bipolare Abschreckung entscheidende Frage sind, Höhe, Umfang und Struktur der strategischen Nuklearstreitkräfte insbesondere bei einer Reduzierung der monströsen aktuellen Bestände sowie der Einführung von Raketenabwehr zu bestimmen. Während der Pugwash-Workshops in den 1960er Jahren gelang es Wissenschaftlern die Rahmenbedingungen für die Abfassung des ABM-Vertrages zur strategischen Stabilität zu initiieren. In den folgenden Jahrzehnten, insbesondere nach Präsident Reagans SDI-Rede haben Naturwissenschaftler wie z.B. Hans Bethe, Richard Garwin, Wolfgang Panofsky oder Hans-Peter Dürr durch technische Studien und Vorträge auf die kontraproduktiven Folgen bei der Einführung von Raketenabwehr hingewiesen. Eine Bewaffnung des Weltraums konnte bisher durch Studien und Appelle von Organisationen wie z.B. der Federation of American Scientists verhindert werden.
4. Das Verbot des Einsatzes, der Herstellung und des Besitzes von biologischen und chemischen Waffen durch die B- und C-Waffen-Konvention und deren Überprüfung wurde durch Naturwissenschaftler vorbereitet. Nur durch die Identifizierung und Definition gefährlicher Substanzen und deren destabilisierende Wirkung können Verbotstatbestände völkerrechtlich präzise und überprüfbar festgelegt werden.[24]
5. Die Rüstungsdynamik fand im Kalten Krieg nicht nur im nuklearen sondern gerade auch im konventionellen Bereich statt. Über lange Zeit organisierten die Pugwash-Konferenzen Workshops über europäische Sicherheit und konventionelle Stabilität, die schließlich in den 1989er Jahren zu einer Diskussion über „Strukturelle Nichtangriffsfähigkeit" zwischen den Blöcken und im Endeffekt zu der Unterzeichnung des Vertrag über Konventionelle Streitkräfte in Europa (KSE-Vertrag) führte.[25] Die technologische Weiterentwicklung im Rahmen der „Revolution in Military Affairs" hält bis heute an und beschäftigt Wissenschaftler, so z.B. im Bereich Unbemannter Flugkörper, Militärrobotik und Cyberwar.

---

24 Erhard Geissler und John Ellis van Courtland Moon (Hrsg.), *Biological and Toxin Weapons: Research, Development and Use from the Middle Ages to 1945*. Chemical & Biological Warfare Studies No. 18, SIPRI. Stockholm 1999.

25 Der Anteil von Pugwash ist beschrieben in: Götz Neuneck, „Die deutsche Pugwash-Geschichte und die Pugwash-Konferenzen – Ursprünge, Arbeitsweise und Erfolge – Das Ende des Kalten Krieges und die Herausforderungen der Zukunft", in: Stephan Albrecht et al. (Hrsg.), *Wissenschaft-Verantwortung-Frieden: 50 Jahre VDW*. Berlin 2009, S. 377-392.

Es ließen sich weitere Bereiche und Themenfelder finden, in denen international tätige Wissenschaftler Beiträge zu Fragen von Krieg und Frieden geleistet haben, so bei der militärischen Nutzung der Kernenergie, der Nichtverbreitung und bei der technischen Problemen bei der Zerstörung von Nuklearwaffen.

18.3 Die deutsche(n) Pugwash-Gruppe(n): Gemeinsame Sicherheit im Zentrum von Ost und West

Pugwash besitzt eine internationale Ausrichtung und organisatorisch werden Treffen durch die Büros in Rom, London oder Washington abgewickelt. Entscheidend sind aber gerade die nationalen Gruppen, die je nach Vorgeschichte, Ausrichtung und Mitgliedschaft, die jeweiligen Standbeine in den Ländern sind. Heute gibt es ca. 50 Gruppen, die eine recht unabhängige Rolle spielen. Besonders aktive Gruppen schicken Vertreter in das Pugwash Council. Deutsche Wissenschaftler waren von Anfang an in die Pugwash-Arbeit involviert.[26]

Die deutsche Pugwash-Gruppe wurde 1959 ins Leben gerufen. Gründungsmitglieder waren u. a. Max Born, ein Mitunterzeichner des „Russell-Einstein-Manifestes“, und Carl Friedrich von Weizsäcker, der als erstes deutsches Pugwash-Mitglied an der 2. Pugwash-Konferenz 1958 in Kanada teilnahm. Hier machte Weizsäcker Bekanntschaft mit der „Arms Control Idee“ und führte sie in Deutschland ein. Die Gründungsgeschichte der deutschen Pugwash-Gruppe im Vorfeld der Göttinger Erklärung ist von E. Krauss aufgearbeitet worden.[27] Achtzehn deutsche Atomwissenschaftler[28] hatten sich im Rahmen der Göttinger Erklärung am 12. April 1957 kritisch in die Debatte um die atomare Aufrüstung der Bundeswehr eingebracht, vor den verheerenden Auswirkungen der Atomwaffen gewarnt und erklärt, keiner der Unterzeichner wäre bereit, sich an der Herstellung, der Erprobung oder dem Einsatz solcher Waffen zu beteiligen. Schon in der Anfangsphase tauchen unterschiedliche Orientierung der beteiligten Wissenschaftler auf: Die eher „regierungsnahe“ Linie, die vor allem von von Weizsäcker aber auch von Heisenberg und der Mehrheit der „Göttinger 18“ vertreten wurde, wollte ihre politische Neutralität als Wissenschaftler wahren und eher als

26 Klaus Gottstein, “Die VDW und die Pugwash Conferences on Science and World Affairs”. in: Stephan Albrecht et al. (Hrsg.), *Wissenschaft-Verantwortung-Frieden: 50 Jahre VDW*. Berlin 2009, S. 359-376.

27 Elisabeth Kraus, *Von der Uranspaltung zur Göttinger Erklärung*. Würzburg 2001.

28 Bopp, Born, Fleischmann, Gerlach, Hahn, Haxel, Heisenberg, Kopfermann, v. Laue, Maier-Leibnitz, Mattauch, Paneth, Paul, Riezler, Straßmann, Walcher, v. Weizsäcker, Wirtz.

beratende Experten nach allen Seiten hin für eine Verbesserung der internationalen Beziehungen wirken. Die stärker „politisch orientierte" Linie, wie sie von Max Born vertreten wurde, setzte stärker darauf, die öffentliche Meinung durch ein entschiedenes Auftreten zu beeinflussen und so politischen Druck für abrüstungs- und friedenspolitische Initiativen zu entwickeln. Diese unterschiedlichen Vorgehensweisen sind bis heute polarisierender, aber auch vitalisierender Bestandteil der deutschen wie internationalen Pugwash-Arbeit.

In der DDR war die Pugwash-Gruppe an der Akademie der Wissenschaften angesiedelt. Sie wurde im September 1963 offiziell gegründet[29] und vor allem durch ihren Vorsitzenden Günther Rienäcker sowie ihren Geschäftsführer Peter Hess vertreten, aber auch durch in der DDR bekannte Wissenschaftler wie Jürgen Kuczynski, später Karl-Heinz Lohs oder Peter Klein.

In den Jahren nach Gründung der VDW wurde die Pugwash-Arbeit in der BRD vor allem durch zentrale Mitglieder der VDW getragen. Ab 1962 übernahm es vor allem Horst Afheldt, der seit 1960 Geschäftsführer der VDW war, die westdeutsche Arbeit kontinuierlich bei internationalen Pugwash-Veranstaltungen zu vertreten. Insbesondere beteiligte dieser sich intensiv an der Arbeit der „Study Group on European Security". Die Arbeit zur Europäischen Sicherheit bildete einen wesentlichen Themenschwerpunkt, zu dem sich Vertreter aus Deutschland international einbrachten. Im Februar 1968 fand die der erste Pugwash-Workshop, die VIII. Sitzung der „Study Group on European Security" bei Menzel in Kiel zum ersten Mal in Deutschland statt. Gerade die besondere politische und geografische Lage Westdeutschlands und der DDR in Zentraleuropa, verlangte von den deutschen Wissenschaftlern besonderes politisches und historisches Feingefühl.

Naturwissenschaftlich basierte Studien aus dem Umkreis von C. F. von Weizsäcker fanden in den 1960 bundesweite Beachtung. 1961/62 zeigte das erste VDW-Memorandum „Ziviler Bevölkerungsschutz heute"[30], dass der reale Zivilschutz der deutschen Bevölkerung im Falle eines Atomkrieges in Deutschland nicht gegeben war. Am deutlichsten wieder aufgenommen und zugespitzt wurde diese Linie in den Vorarbeiten für die umfangreiche Studie „Kriegsfolgen und

29 Siehe *Pugwash-Newsletter* 1, Nr. 1 (1963).
30 Otto Hahn, Werner Heisenberg und Carl Friedrich v. Weizsäcker (Hrsg.), *Ziviler Bevölkerungsschutz heute. VDW-Memorandum*. Frankfurt am Main 1963.

Kriegsverhütung".[31] Die Arbeiten an dieser Studie wurden vor allem durch H. Afheldt und die Mitarbeiter der VDW-Forschungsstelle in Hamburg getragen. Die Studie wurde in dem 1970 gegründeten Max-Planck-Institut für die Erforschung der Lebensbedingungen der wissenschaftlich-technischen Welt in Starnberg abgeschlossen. Konsequenz daraus ist das Verfolgen einer aktiven Entspannungs-, Abrüstungs- und Friedenspolitik.

Die dramatische Phase des Endes des Kalten Krieges, die sich vom Einmarsch der Sowjetarmee in Afghanistan Ende 1979 über die SDI-Rede von Präsident Reagan im März 1983 und gefährliche Konfrontationen in Europa und weltweit Anfang der 1980er Jahre bis zum Fall der Mauer im November 1989 erstreckt, ist wohl der Zeitraum, in der die PCWSA ihre volle Wirkung entfalten konnten.[32] Insbesondere die Regierungszeit von Michael Gorbatschow war die Hochzeit transnationaler Aktivitäten von Wissenschaftlern aus Ost und West. Zwischen den Pugwash-Gruppen in Ost und West sowie weiteren NRO wie der „International Physicians for the Prevention of Nuclear War" (IPPNW) oder das Natural Resources Defense Council (NRDC), Federation of American Scientists (FAS), der Union of Concerned Scientists (UCS) etc. ergaben sich mannigfaltige personelle, thematische und institutionelle Verquickungen. Die Politikwissenschaft spricht hier von einer „epistemischen Gemeinschaft", bei der ein globales Netzwerk von Fachleuten aus dem wissenschaftlichen und technologischen Bereich Einfluss auf politische Entscheidungen haben konnte.

In Europa begann Ende der 1970er und Anfang der 1980er Jahre eine beispiellose nukleare und konventionelle Aufrüstung Raum zu greifen. Am 12. Dezember 1979 verabschiedete die NATO den sog. Doppelbeschluss, der, im Falle eines Scheiterns von Verhandlungen über die Begrenzung von Intermediate Nuclear Forces (INF) mit der Sowjetunion, die Stationierung von Marschflugkörpern und zielgenauen Pershing II-Raketen in Westeuropa androhte. Ab 1983 wurden diese nuklearen INF-Systeme in NATO-Ländern aufgestellt. Diese erneute Über- und Nachrüstung beherrschte zwischen 1979 und 1987 die politische Debatte und führte zum Erstarken der Friedensbewegung sowie zu massenhaften

31 Carl Friedrich v. Weizsäcker (Hrsg.), *Kriegsfolgen und Kriegsverhütung*. München 1971.

32 Eine kleine Geschichte des Kalten Krieges findet sich u.a. in: Götz Neuneck, „Atomares Wettrüsten der Großmächte – kein abgeschlossenes Kapitel", in: *„Kampf dem Atomtod". Die Protestbewegung 1957/1958 in zeithistorischer und gegenwärtiger Perspektive*, herausgegeben von der Forschungsstelle für Zeitgeschichte in Hamburg, dem Institut für Friedensforschung und Sicherheitspolitik (IFSH) und dem Carl-Friedrich von Weizsäcker Zentrum für Naturwissenschaft und Friedensforschung der Universität Hamburg. Hamburg 2009, S. 91-119.

Protesten der beunruhigten Bevölkerung in vielen Ländern. Naturwissenschaftler engagierten sich, um vor den Gefahren eines Erstschlages und eines Nuklearkrieges in Europa zu warnen. Die NATO-Militärstrategie der Flexible Response MC14/3 sah angesichts der numerischen Überlegenheit der Streitkräfte der Warschauer Vertragsorganisation (WVO) den Einsatz von Nuklearwaffen auf dem Schlachtfeld in Zentraleuropa vor. Diese Art der Verteidigung hätte aber zur Zerstörung Zentraleuropas geführt. Diverse Pugwash-Workshops in den 1970er Jahren beschäftigten sich mit dieser Thematik.

Die Formulierung des Konzepts „Gemeinsamer Sicherheit" wurde international insbesondere durch die Palme-Kommission bekannt, die ab 1980 tagte und aus 16 prominenten Politikern bestand.[33] M. Gorbatschow und E. Schewardnadse griffen später dieses Konzept auf. Das Konzept der defensiven Verteidigung[34] wurde von H. Afheldt in den 1970er Jahren ausgearbeitet und später bei Pugwash eingebracht. H. Afheldt favorisierte im Wesentlichen eine einseitige Umrüstung von Streitkräften. Sein Konzept wurde zwar in Fachkreisen diskutiert, fand aber konkret keine Resonanz im westlichen Bündnis und auch kaum bei der eher pazifistisch orientierten Friedensbewegung. Seine zentralen Argumente bezüglich einer Friedenspolitik mit militärischen Mitteln fand jedoch weite Beachtung und Eingang in die wissenschaftliche und politische Debatte.[35]

Die Starnberger Gruppe und eine Studiengruppe der VDW konzentrierten sich nun neben alternativen Sicherheitsmodellen auch auf die Ausformulierung der Gemeinsamen Sicherheit und als deren wichtiges Element auf die defensive Verteidigung. Ein neuer Versuch, die Alternative einer Umrüstung im Gewirr des NATO-Doppelbeschlusses und des verstärkten Aufrüstungsklimas zu forcieren, wurde von Hans-Peter Dürr und Albrecht A. C. von Müller mit der Etablierung des Konzepts einer „Strukturellen Nichtangriffsfähigkeit" unternommen. Dieses Konzept fußte auf einem anderen Verständnis von Stabilität und war mit den Ideen der „Gemeinsamen Sicherheit" gut vereinbar.[36] Auf der Grundlage

33 Siehe dazu Matthew Evangelista, *Unarmed Forces. The Transnational Movement to End the Cold War*. Ithaka, London 1999, S. 160-162 und Richard Rhodes, *Arsenals of Folly: The Making of the Nuclear Arms Race*. New York 2007, S. 188ff.

34 Erste Arbeiten zu dem Thema: Horst Afheldt, *Defensive Verteidigung*. Reinbek bei Hamburg 1983.

35 Diese Analyse findet sich insbesondere in: *Verteidigung und Frieden, Politik mit militärischen Mitteln*. München 1976.

36 Zur Geschichte siehe Egon Bahr und Dieter S. Lutz (Hrsg.), *Gemeinsame Sicherheit, Konventionelle Stabilität*, Band 3, *Zu den militärischen Aspekten Struktureller Nichtangriffsfähigkeit im Rahmen Gemeinsamer Sicherheit*. Baden-Baden 1988.

eines von der DFG geförderten Forschungsprojektes „Stabilitätsorientierte Sicherheitspolitik“ (1985-1987) wurden nicht nur Vorschläge für Rüstungskontrollpolitik erarbeitet, sondern von Politik- und Naturwissenschaftlern auch theoretische Fragen zu oft benutzten, aber kaum verstandenen Begriffen wie Stabilität und Strukturbildung erarbeitet.[37]

Im März 1985 wurde Michael Gorbatschow Generalsekretär der KPdSU. Er verkündete am 6. August 1985 ein Nukleartestmoratorium, das er mehrmals verlängerte.[38] Er ermöglichte westlichen Wissenschaftlern, nachdem die US-Regierung darauf nicht einging, zusammen mit ihren sowjetischen Kollegen die Installation seismischer Geräte in der Nähe des sowjetischen Testgeländes, um das Moratorium überprüfen zu können. Das Klima zwischen Ost und West veränderte sich signifikant, wenn auch der Westen lange brauchte, um auf die Gorbatschow-Initiativen zu reagieren. Der Westen sah die sowjetischen Vorschläge zunächst als Propaganda an, um einseitige militärische Vorteile zu erreichen. Der Tschernobyl-Unfall in der Ukraine und der damit verbundene Fall-out bestärkte Gorbatschow in der Auffassung, dass ein Nuklearkrieg nicht führbar sei, denn in diesem Falle würde weitaus mehr Radioaktivität frei werden. In einer Fernsehansprache sagte er am 14. Mai 1986: „Der Tschernobyl-Unfall zeigt wieder, was für ein Abgrund sich öffnet, wenn ein Nuklearkrieg über die Menschheit herein bricht.“ Gorbatschow fand Gefallen an der Einbeziehung von östlichen Wissenschaftlern und Intellektuellen bei seinen Abrüstungsüberlegungen. Im März 1987 fand in Moskau auf Einladung von Gorbatschow ein Friedensforum statt. Am Rande der Veranstaltung wurde eine „Human Survival Foundation“ gegründet, die diverse Politiker wie R. McNamara, Dichter wie D. Aitmatov oder Wissenschaftler wie H.-P. Dürr und H.-E. Richter zusammenführte. Der renommierte Physiker Frank von Hippel traf den Vize-Präsidenten der sowjetischen Akademie der Wissenschaften und Gorbatschow-Berater Velikhow, der wiederum Gorbatschow mit den damals diskutierten Rüstungskontrollkonzepten bekannt machte. Wissenschaftler der Akademie und Militärberater wie General a. D. Milstein nahmen an den Pugwash-Workshops „Conventional Forces in Europe“ teil. Formulierungen der Arbeitsgruppe fanden Eingang in die WVO-Erklärungen von

37 Hier wurden die Theorien wie das deterministische Chaos, die Selbstorganisation und die Synergetik für sozialwissenschaftliche Zwecke untersucht. Siehe: Götz Neuneck, *Die mathematische Modellierung von Konventioneller Stabilität und Abrüstung*. Baden-Baden 1996.

38 Der Beitrag der Wissenschaftler und von NGOs wie Pugwash, IPPNW etc. zur Beendigung des Kalten Krieges ist eindrucksvoll beschrieben in: Matthew Evangelista, *Unarmed Forces. The Transnational Movement to End the Cold War*. Ithaka, London 1999.

1986 in Berlin und Budapest. Ideen für weitere Rüstungskontrolle erreichten Gorbatschow. In seiner Antwort ging Gorbatschow im November auf die Vorschläge ein und kündigte Verhandlungen im Rahmen der damaligen KSZE an.[39] Im Dezember 1987 unterzeichneten die Präsidenten Reagan und Gorbatschow den INF-Vertrag. Am 7. Dezember 1988 kündigte M. Gorbatschow vor der UN-Vollversammlung einseitige Streitkräftereduzierungen an und eine „eindeutig defensive" Ausrichtung der verbleibenden Truppen.[40] Die „Verhandlungen über konventionelle Streitkräfte in Europa" (VKSE) konnten im November 1990 nach kurzer Verhandlungsdauer abgeschlossen werden. Im November 1989 fiel die Berliner Mauer und in der Folgezeit erlangten viele Mittel- und Osteuropäische Staaten ihre Unabhängigkeit. Ohne die Reformbereitschaft Gorbatschows, die einseitigen Truppenrückzüge der Roten Armee und die Stabilitätsdebatte in Europa, wäre es wohl kaum zu den friedlichen Änderungen in den Mitgliedstaaten des WVO gekommen. C. F. von Weizsäcker hob die enorm wichtige Rolle, die die PCSWA und ihr Spiritus Rector Joseph Rotblat für die Entspannung im Kalten Krieg gespielt hatte, in einem Brief am 13. März 1989 an seinen Bruder, den damaligen Bundespräsidenten Richard von Weizsäcker, hervor.[41] Persönliche Kontakte während der Pugwash-Treffen, die konkrete Arbeit an innovativen Sicherheitskonzepten und Rüstungskontrollvorschlägen und die jahrzehntelange Vertrauensbildung und Entspannungspolitik hatten Ideen in die Welt gesetzt, die letztlich halfen, das Ende des Kalten Krieges herbeizuführen.

Die deutsche Pugwash-Geschichte wurde im Rahmen eines Symposiums im Harnack-Haus am 24. Februar 2006 erstmalig durch Vorträge beleuchtet und die Ergebnisse als Bericht vom Max-Planck-Institut für Wissenschaftsgeschichte veröffentlicht.[42]

---

39 Der Briefwechsel ist abgedruckt in: *Pugwash-Newsletter* 25 Nr. 4 (1987): S.160-162.

40 Die Geschichte ist zu finden in Kapitel 6.2 von Götz Neuneck, *Die mathematische Modellierung von Konventioneller Stabilität und Abrüstung*. Baden-Baden 1996, S. 228ff.

41 Carl Friedrich von Weizsäcker, *Lieber Freund ! Lieber Gegner! Briefe aus fünf Jahrzehnten*. München 2002, S. 254-256.

42 Götz Neuneck und Michael Schaaf (Hrsg.), *Zur Geschichte der Pugwash-Bewegung in Deutschland. Symposium der deutschen Pugwash-Gruppe im Harnack-Haus Berlin, 24. Februar 2006*. Preprint 332. Max-Planck-Institut für Wissenschaftsgeschichte. Berlin 2007. <http://www.mpiwg-berlin.mpg.de/Preprints/P332.PDF>

18.4 Pugwash im Umbruch nach Ende des Kalten Krieges

Das Ende des Kalten Krieges, die Umbrüche in Europa und die fortschreitende Globalisierung haben auch die Pugwash-Konferenzen nicht kalt gelassen. In der Humboldt-Universität im Ostteil der wiedervereinigten Stadt Berlin fand 1992 die mit 300 Teilnehmern größte 42. Pugwash Konferenz „Shaping our Common Future: Dangers and Opportunities“ statt. Vor dem Hintergrund der noch nicht beseitigten Berliner Mauer war einerseits die Erleichterung über die Umbrüche in Europa zu spüren, anderseits wurden auch die ökonomischen, ökologischen und technologischen Dimensionen der Friedensproblematik mit in die Arbeit einbezogen. H.-P. Dürr verwies bei seiner damaligen Rede auf die „Dagomys Declaration of the Pugwash Council“, in der explizit bereits 1988 auf den Zusammenhang von Rüstung, Umweltgefahren und Hunger verwiesen wurde.[43] In Berlin wurden auch Diskussionen über eine neue Friedens- und Sicherheitsordnung in Europa begonnen. H.-P. Dürr, der in diesen Jahren rastlos für die VDW und Pugwash in Deutschland und international tätig war, diente bis 1997 im Pugwash-Council. Ihm ist zu verdanken, dass so wichtige Themen wie Strukturelle Nichtangriffsfähigkeit oder Nachhaltigkeit international diskutiert und auch Präsident Gorbatschow näher gebracht wurden. In der deutschen Debatte spielte er zudem eine wichtige Rolle bei der Kritik des SDI-Projekts, der Artikulierung zentraler Rüstungskontrollvorschläge und in Bezug auf die Notwendigkeit alternativer Energienutzung.[44]

Pugwash plant seine internationalen Tätigkeiten stets in Fünf-Jahreszyklen. Wenn auch die Nuklearwaffenproblematik stets im Zentrum der Pugwash-Tätigkeiten stand, gab es nach Ende des Kalten Krieges eine Öffnung in Richtung weiterer Themen, die mit dem möglichen Einsatz von Nuklearwaffen oder neuen Friedensbedrohungen verbunden waren. Neue nuklear bezogene Themen, die durch das Ende des Kalten Krieges akut wurden, wurden Gegenstand von Workshops wie z.B. der „brain drain“ von Wissenschaftlern (erstmalig 1992), die Gefahren des sowjetischen Nuklearkomplexes (erstmalig 1992) oder die Konversion militärischer Forschung und Entwicklung (1993). Kontinuierlich findet in Genf und Den Haag der fast institutionalisierte „CBW-Workshop“ statt, der

43 *Proceedings of the 42nd Pugwash Conferences on Science and World Affairs: Shaping our Common Future: Dangers and Opportunities* 1(1994): S. 57-71.

44 Hans-Peter Dürr, *Warum es ums Ganze geht. Neues Denken im Umbruch.* München 2009, S. 58-64.

bedeutende Beiträge zur Verbesserung der Bio- und Chemiewaffen-Waffenkonventionen geleistet hat.

Der Golfkrieg 1991 verdeutlichte die Notwendigkeit neuer Sicherheitsstrukturen im Mittleren Osten und führte zum ersten Workshop über diese konfliktreiche Region. Bis heute hat es diverse Treffen in der Region z.B. in Tel Aviv, Amman, Kairo, Teheran, Erbil gegeben. 1996 und 1997 fanden die ersten Workshops über die Klima-Konvention in den Niederlanden und in den USA statt. Die Arbeiten der Pugwash-Konferenzen und besonders von Joseph Rotblat traten 1995 aus der Anonymität heraus, als beiden der Friedensnobelpreis verliehen wurde. Erst hier wurde Rotblats bewegende Biografie und sein konsequentes Eintreten für die Abschaffung der Nuklearwaffen der Weltöffentlichkeit bekannt.[45] Rotblat war nicht nur jüngster Gründer der Pugwash Conferences, sondern auch von Anbeginn ihr Organisator und Motor.[46] Von 1957 bis 1973 war er Pugwash Generalsekretär und von 1988 bis 1997 ihr Präsident. Seine Motto hat er konsequent vorgelebt: „Entweder die Welt eliminiert die Nuklearwaffen, oder wir werden mit der Aussicht konfrontiert, dass diese Waffen uns abschaffen.“ vertrat er rastlos, eloquent und mit großer moralischer Überzeugungskraft. Zweiter Redner in Oslo war der damalige Vorsitzende des „Executive Committee“, John Holdren, der seit März 2009 Wissenschaftsberater von Präsident Obama ist. Die Nobelpreisverleihung ermöglichte der Organisation verstärkte Aktivitäten und mehr Beachtung in den Medien. Joseph Rotblat wurde ein beliebter und unermüdlicher Redner, auch und gerade als „president emeritus“. Er regte in Großbritannien die „Nuclear Awareness“ Kampagne an, die erfolgreich in der Öffentlichkeit die Gefahren der Nuklearwaffen verdeutlichte und an der sich diverse britische Organisationen beteiligten.

Die Pugwash-Arbeit konzentrierte sich auf weitere wichtige Arbeitsfelder, die in Zusammenhang mit Krieg und Frieden stehen. Wichtige Studien zum Thema „Intervention, Sovereignity and International Security“ und zum Nuklearterrorismus wurden veröffentlicht. Rotblats Nachfolger als Präsidenten waren ebenfalls berühmte Wissenschaftler, so Sir Michael Atiyah, Großbritannien (1997-2002) und M.S. Swaminathan aus Indien (2002-2007). Sie vertraten eine Öff-

45 Eine umfassende Würdigung ist zu finden in dem Buch: Reiner Braun, David Krieger, Harry Kroto und Sally Milne (Hrsg.), *Joseph Rotblat – Visionary for Peace*. Weinheim 2007.

46 Siehe z.B. Joseph Rotblat, “The road less traveled”, *Bulletin of the Atomic Scientists*, 52, Nr. 1 (Januar/Februar 1996): S.446-454.

Abbildung 2: Gruppenfoto der „59. Pugwash Conferences on Science and World Affairs, die vom 1.-4. Juli 2011 mit dem Titel "European Contributions to Nuclear Disarmament and Conflict Resolution" in Berlin stattfand. Copyright: Vereinigung Deutscher Wissenschaftler Foto: Jeannette Schüler.

nung von Pugwash gerade auch gegenüber Themen, die die Dritte Welt und das Thema der „Human Security" miteinbezogen. Auch rückten Workshops zur regionalen Sicherheit zwischen 1997 und 2007 stärker ins Zentrum. Die Nordkorea-Problematik führte zu einer Serie von Workshops zu „East Asian Security" (seit 2001), die u.a. in Peking unter Beteiligung nordkoreanischer Emissäre stattfanden. Es gab auch Treffen in Kuba (1998 und 2001), Südafrika und Mexiko, Regionen, in der die Friedensproblematik die Probleme der Dritten Welt besonders drastisch widerspiegelt.

Seit 2002 engagiert sich besonders der neue Generalsekretär Paolo Cotta-Ramusino (Italien) für die Beilegung von Konflikten im Mittleren Osten, denn diese Region wird nicht nur täglich von Gewalt und Krieg heimgesucht, sondern hier ist die Gefahr auch am größten, dass sich Staaten Nuklearwaffen zulegen könnten. Das Interesse von gleich 14 Staaten aus der Region an der Nuklearenergie verdeutlicht das in besonderer Weise. Die elektronische Kommunikation erleichtert heute die Gesprächs- und Informationskultur der Pugwash-Community wesentlich. Auch die stärkere Einbeziehung des Studentennetzwerks „International Student /Young Pugwash" (ISYP), das seit 1970 existiert, wurde entwickelt. Pugwash hat zudem begonnen, seine bisher ungeschriebene Geschichte aufzuarbeiten.[47] Mit den Ereignissen vom 11. September 2001 rückte auch die Debatte um Terrorismus und Massenvernichtungswaffen in das Zentrum von Workshops (Como 2002, 2003). Die Konfrontation zwischen Indien und Pakistan, die die Welt an den Rand eines Nuklearkrieges führte, wurde in Workshops ebenso behandelt wie der Konflikt um Jammu und Kashmir. Hier gelang es Pugwash, erstmalig alle Konfliktparteien an einen Tisch zu vereinen. Weitere Schwerpunkte waren Workshops zu den Möglichkeiten eines No First Use (London 2002), zur Weiterentwicklung des Nichtverbreitungsvertrages, und der Nichtverbreitung von Massenvernichtungswaffen im Mittleren Osten. 2003 begannen Gespräche zu den Unklarheiten bezüglich des iranischen Nuklearprogramms und der Verbesserung der regionalen Sicherheit (Teheran 2003/2006). Dieser Dialog wird bis heute fortgeführt und hatte Einfluß auf die Obama-Administration, auch, wenn eine endgültige Lösung noch nicht in Sicht ist. Die Verhinderung neuer nuklearer Proliferation vor dem Hintergrund des Ausbaus der Kernenergie ist ebenso eine große künftige Herausforderung wie die Weiterverbreitung neuer konventioneller Waffentechnologien. Aber auch andere sicherheitsrelevante Themen wie die Aids-Problematik in Afrika (2005/2006), die ökonomischen Probleme in Lateinamerika (Bariloche 2003/2006) oder der Wiederaufbau in Irak (Erbil 2007) waren Gegenstand von Treffen. Schließlich stellt die Rede von US-Präsident Obama vom April 2009, in der sich dieser für eine atomwaffenfreie Welt aussprach, auch von den Wissenschaftlern und den aktiven NRO wie Pugwash eine neue Herausforderung dar.

Die internationale Pugwash-Geschichte ist bisher nur in einigen Einzelbeispielen aufgearbeitet. Dennoch zeichnet sich in Umrissen die Bedeutung von Pugwash ab. Die Soziologin Metta Spencer schrieb: „Pugwash – und andere Wissenschaftler – spielten eine ausschlaggebende Rolle bei der Beeinflussung von politischen Führern der Supermächte, um den Kalten Krieg zu beenden."[48] Der Wissenschaftshistoriker David Holloway beschreibt die Rolle von Pugwash im Kal-

---

47 Hier ist nicht nur die *Pugwash History Series* zu erwähnen, sondern auch der History BLOG: http://pugwashhistory.blogspot.com/

48 Metta Spencer, "Political Scientists", in: *Bulletin of the Atomic Scientists* 51, Nr. 4 (Juli/August 1995): S. 62-68.

ten Krieg wie folgt: „Pugwash öffnete einen neuen Kommunikationskanal zwischen Ost und West zu einer Zeit, als informelle oder halbformale Kanäle fehlten. Diese Diskussionen waren für Regierungen nützlich, weil es ihnen möglich gemacht wurde Ideen auszusetzen und Reaktionen zu testen, ohne formale Vorschläge zu machen.“[49] Dieses Kommunikationsforum entwickelte sich über Jahrzehnte und beinhaltete analytisch komplexe Themen, bei denen naturwissenschaftliche Expertisen ebenso eine Rolle spielten wie politisches Feingefühl. Ein transnationales Netzwerk entstand, in dem oft, abgeschottet von hektischen Politikdebatten, wichtige Positionsänderungen, Alternativen und Lösungen über längere Zeit diskutiert werden konnten.

Die Pugwash-Methode und die Erfolge in den 1970er und 1980er Jahren werden von dem Vorsitzenden des norwegischen Nobelpreiskomitees wie folgt hervorgehoben: „Es ist für die Pugwash-Bewegung charakteristisch, dass sie immer Ideale und Lang-Zeit-Zielsetzungen mit konkreter Arbeit für unmittelbare Zielvorgaben kombiniert hat. Sie hat nicht die Aufmerksamkeit der Öffentlichkeit und der Medien gesucht und sie wurde nicht in den politischen Entscheidungsfindungsprozess hineingezogen. Was sie am besten machen konnte, ist die Tatsache, dass Wissenschaftler einen gemeinsamen Referenzrahmen besitzen und die gleiche Sprache jenseits ideologischer, religiöser und nationaler Trennungslinien sprechen.“[50]

49 David Holloway, „Bohr, Oppenheimer, und Sacharov: Physiker und Politik im Kalten Krieg und die Verantwortung der Naturwissenschaftler heute“, Max von Laue Vorlesung, Deutsche Physikalische Gesellschaft. Hamburg, 5. März 2009.

50 Vortrag des Vorsitzenden des norwegischen Nobel Komitees Francis Sejersted am 10. Dezember 1995 in Oslo,<http://www.pugwash.org/award/sejersted.htm>

19 Bereits nach Ablauf der Halbwertszeit droht der vollständige Zerfall Die britische Atomic Scientists' Association, die Ideologie der „objektiven" Wissenschaft und die H-Bombe

Christoph Laucht

Präsident Harry Trumans Verlautbarung vom 31.1.1950, seine Regierung wolle die Entwicklung der Wasserstoffbombe vorantreiben, fand große Beachtung in den britischen Medien. Die illustrierte Zeitschrift *Picture Post* widmete der H-Bombe einen Artikel, der unter anderem kurze Stellungnahmen der britischen Atomwissenschaftler Eric Burhop, Kathleen Lonsdale, Harrie Massey, Rudolf Peierls und Maurice Pryce enthielt, die alle Mitglieder der Atomic Scientists' Association (ASA) waren. Die Tatsache, dass sie alle bis auf Eric Burhop, der für seine prononciert politischen Aussagen bekannt war, deutliche Worte zum Thema vermieden, ist eines von vielen Beispielen für die von der ASA verfolgte Ideologie der „objektiven" Wissenschaft.[1]

Britische Atomwissenschaftler, die in der Regel selbst an der Entwicklung der ersten Atombomben mitgewirkt hatten, gründeten die ASA im Jahre 1946 nach dem Vorbild der Federation of American Scientists (FAS).[2] Die ASA etablierte sich umgehend als ihr Hauptforum und definierte sich als Interessengruppe, die politischen Entscheidungsträgern in Atomfragen beratend zur Seite stand, für die internationale Kontrolle von Kernenergie eintrat und die Öffentlichkeit über Nutzen und Gefahren der Atomenergie aufzuklären suchte.[3]

---

1 Derek Wragge Morley, "Can Man Survive the Hydrogen Bomb?", *Picture Post* vom 18.2.1950, S. 34-35.

2 ASA, Report of Activities of Provisional Committee, S. 1, mit Begleitschreiben, P.B. Moon an ASA Mitglieder, 15.7.1946, Churchill Archives Centre, University of Cambridge, Cambridge, Großbritannien, NL Rotblat (im Folgenden RTBT), K. 25.

3 Atomic Scientists' Association, *Atom Train: Guide to the Travelling Exhibition on Atomic Energy*. London 1947, unpaginiert (letzte Seite); Rudolf Peierls, "The British Atomic Scientists' Association", *Bulletin of the Atomic Scientists* 6, Nr. 2 (1950): S. 59.

Die ASA folgte einem ambivalenten Konzept von „Objektivität" in politischen Fragen, in dem zahlreiche ihrer Mitglieder versuchten, ein ihnen aus der Wissenschaft vertrautes Konzept auf gesellschaftliche und politische Fragestellungen zu übertragen. Es war insbesondere der aus Deutschland stammende Emigrant Rudolf Peierls, der diese Ideologie maßgeblich mitprägte und zu ihren treuesten Verfechtern gehörte.[4] Obwohl sich diese Ideologie zusehends als obsolet erwies, folgte die ASA ihr offiziell bis zu ihrer Auflösung im Jahre 1959, zu der sie ironischerweise auch in hohem Maße beitrug. Dieses Kapitel untersucht am Beispiel der internen und öffentlichen Auseinandersetzung der ASA mit der H-Bombe ihr ambivalentes Konzept der „objektiven" Wissenschaft.

19.1 Trumans H-Bomben-Ankündigung

Präsident Trumans Erklärung zur Wasserstoffbombe und die daran anschließend innerhalb der ASA geführten Debatten müssen als eine Art Katalysator auf dem Weg hin zum Niedergang der Organisation gesehen werden. So verstärkte der interne Dissens über eine Erklärung der ASA zur H-Bombe die ohnehin bereits vorhandenen internen Probleme der Organisation, die vor allem in ihrer Struktur sowie dem breiten politischen Spektrum ihrer Mitglieder ihre Ursache hatten. So mussten offizielle Verlautbarungen der ASA im Hauptgremium der Organisation, dem Council, der aus mehreren Mitgliedern bestand, einstimmig beschlossen werden.[5] Die Tatsache, dass sich ASA-Mitglieder aus der vollen Breite des politischen Spektrums rekrutierten, verkomplizierte die Situation wesentlich. Neben Eric Burhop war es insbesondere Patrick Blackett, der vom linken politischen Spektrum her Probleme bereitete.[6] Sir George Thomson und Lord Cherwell hingegen standen für konservative Werte und blockierten so ebenfalls Ent-

4 R. Peierls an J. Chadwick, 26.2.1946, Churchill Archives Centre, NL Chadwick, (im Folgenden CHAD) I 24/2; Rudolf Peierls, „Atomic Energy: Threat and Promise", *Endeavour* 6 (1947): S. 51-57; Mark Walker, „Legenden um die deutsche Atombombe", *Vierteljahrshefte für Zeitgeschichte* 38, Nr. 1 (1990): S. 54.

5 R. Peierls an J. Chadwick, 12.3.1946, CHAD I 24/2; Rudolf Peierls, *Bird of Passage: Recollections of a Physicist.* Princeton 1985, S. 283.

6 Patrick Blackett, *Military and Political Consequences of Atomic Energy.* London 1948; Eric Burhop, "The Scientist and Dangerous Thoughts", *Atomic Scientists' News* 2, Nr. 6 (1949): S. 137-40.

scheidungen.[7] Erschwerend kam noch hinzu, dass einige ASA Ratsmitglieder in Regierungseinrichtungen wie dem Atomforschungszentrum Harwell arbeiteten.[8]

Vor diesem Hintergrund verwundert es nicht, dass der Council keine einheitliche Linie zu Trumans Ankündigung finden konnte. F.C. Champion erhob die H-Bombe daher zurecht zum Lackmustest für die ASA, ihre Glaubwürdigkeit und ihre Überlebensfähigkeit.[9] Am Ende erschien die Erklärung in modifizierter Form und im Namen einiger Ratsmitglieder (und nicht des Council). In dem Statement trafen Burhop, Lonsdale, Peierls, Thomson, Joseph Rotblat und weitere Ratsmitglieder vage Aussagen zur H-Bombe und forderten ein System zur internationalen Kontrolle von Atomenergie, das für alle Staaten gleichermaßen akzeptabel sei.[10]

Im Gegensatz zu ihren britischen Kollegen forderten Mitglieder der FAS um Hans Bethe und Victor Weisskopf Präsident Truman öffentlich dazu auf, sich in einer Erklärung zu einem Verzicht der H-Bombe als Präventivwaffe zu verpflichten.[11] Zudem widmete das FAS-nahe *Bulletin of the Atomic Scientists* (BAS) der Wasserstoffbombe fast seine gesamte Märzausgabe.[12] Trotz ihrer offiziell neutralen Grundeinstellung in politischen Angelegenheiten erschien das Journal der ASA, die *Atomic Scientists' News* (ASN), ebenfalls im März 1950 mit einer Sonderausgabe zur H-Bombe. Neben Peierls enthielt der Band Beiträge von Otto Frisch und Max Born sowie ausgewählter amerikanischer Wissenschaftler. Besonders Peierls betonte in seinem Essay die Bedeutung des Festhaltens an der „Objektivität" in politischen Fragen und machte sehr vage Aussagen zur Bedeutung der H-Bombe. So forderte er unter anderem, die ASA solle einen Beitrag zur Verhütung von Krieg und somit dem Einsatz der Wasserstoffbombe leisten. Dazu, so Peierls, sei ein System gegenseitiger Kontrolle atomarer Einrichtungen durch regelmäßige Inspektionen notwendig.[13] Sein Vorschlag er-

---

7 Rudolf Peierls, *Bird of Passage: Recollections of a Physicist*. Princeton 1985, S. 283.

8 F.C. Champion an R. Peierls, 14.2.1950, Bodleian Library, Oxford, Großbritannien, NL Peierls, MS Eng. Misc. b. 223, F 6.

9 Ebd.

10 E. Burhop et al., Statement, n.d., mit Begleitschreiben, F.C. Champion an *The Editor*, The Press Association, 20.2.1950, RTBT, K. 57.

11 William Laurence, "12 Physicists Ask U.S. Not to Be First to Use Super Bomb", *New York Times* vom 5.2.1950, S. 1; "Text of Statement", *New York Times* vom 5.2.1950, S. 3; "U.S. Physicists' Plea: Renunciation of First Use of Bomb", *The Times* vom 6.2.1950, S. 6.

12 *Bulletin of the Atomic Scientists* 6, Nr. 3 (1950): S. 71.

13 Otto Frisch, "The Physics of the Hydrogen Bomb", in: *Atomic Scientists' News* 3, Nr. 4 (1950): S. 78-81; Rudolf Peierls, "The Hydrogen Bomb and World Security", ebd., S. 87; Max Born, "The Position of the Scientist", ebd., S. 93; "American Scientists' Statements," ebd., S. 98.

schien jedoch unrealistisch, da die internationale Kontrolle von Atomenergie bereits mit dem sowjetischen Veto gegen den Baruch-Plan gescheitert war.

Die H-Bombe blieb bestimmendes Thema in den ASN, und die folgende Ausgabe enthielt eine zehnseitige Sektion, in der zum Teil recht stark politisch eingefärbte Reaktionen amerikanischer Wissenschaftler auf die Wasserstoffbombe aus der Märzausgabe des BAS abgedruckt waren. Eventuell war dies als eine Art Kompromiss zu verstehen, um so den Lesern gegenüber durch das Veröffentlichen polemischerer Artikel attraktiver zu erscheinen, ohne jedoch selbst klar Position beziehen zu müssen.[14]

19.2 Die H-Bombe wird Realität

Auch nachdem die Wasserstoffbombe mit dem Ivy Mike Test der USA 1952 quasi Realität geworden war, folgte die ASA weiterhin ihrem Credo der „Objektivität" in politischen Fragen. Selbst in der Folge des amerikanischen Bravo Tests vom März 1954, der drastisch die Auswirkungen der H-Bombe verdeutlichte und zur aufkommenden Atomteststoppdebatte beitrug, machte die ASA keine Konzessionen in Bezug auf ihre offizielle Linie gegenüber der Wasserstoffbombe.[15]

Diese Zurückhaltung zeigte sich im Mai 1954, als der ASA Council über ein Memorandum des BAS beriet, in dem dessen Herausgeber Eugene Rabinowitch argumentierte, dass der Bravo Test eine internationale Konferenz zur H-Bombe rechtfertige.[16] Insbesondere Rudolf Peierls lehnte aber einen derartigen Vorschlag ab, da er eine Einmischung der ASA in US-Außenpolitik befürchtete.[17]

Erst nachdem Rabinowitch der ASA einen zweiten, überarbeiteten Entwurf zur geplanten Konferenz zukommen ließ, prüfte eine eigens dafür eingesetzte Unterkommission seine Vorschläge.[18] Schlussendlich stimmte die ASA einer Zusam-

14 Editorial, *Atomic Scientists' News* 3, Nr. 5 (1950): S. 104; "The Hydrogen Bomb – American Reactions", ebd., S. 110-20.

15 Robert Divine, *Blowing on the Wind: The Nuclear Test Ban Debate 1954-1960*. New York 1978, S. 3-35.

16 Bulletin of the Atomic Scientists, 'Memo: International Congress of Scientists', 29.5.1954, RTBT, K. 112.

17 R. Peierls an J. Rotblat, 27.7.1954, RTBT, K. 112.

18 E. Rabinowitch, Memorandum from Dr Rabinowitch on Proposed Conference on Science and Society, n.d.; Notes on Meeting of Sub-Committee on International Conference on 28th October, 1954, n.d., RTBT, K. 114.

menarbeit mit ihren amerikanischen Kollegen prinzipiell zu und bot Hilfe bei der Konferenzvorbereitung durch Studiengruppen an. Die ASA plante ferner, dabei mit britischen Institutionen wie der British Association for the Advancement of Science, der Royal Society sowie dem Royal Institute of International Affairs zu kooperieren. Des Weiteren regte man an, die Gruppen „Science versus Society" und „Threat of Science to Mankind" unter den weniger polemischen Namen „Scientists and Society" und „Atomic Science and Mankind" firmieren zu lassen sowie weitere Gruppen zur Zivilverteidigung, Atommüll und psychologischen Folgen der H-Bombe zu gründen.[19]

In der Folge entwickelten die Gruppen eine starke Eigendynamik, und im Februar 1957 war die ASA an vier Studiengruppen beteiligt. Die erste Gruppe untersuchte unter Rotblats Leitung die Gefahren radioaktiver Strahlung, während die zweite sich mit Fragen der Kontrolle von Atomenergie auseinandersetzte. Jakob Bronowski leitete die dritte Gruppe zur sozialen Verantwortung von Atomwissenschaft und –wissenschaftlern. Study Group IV analysierte die Voraussetzungen und Möglichkeiten, unter denen die Gründung einer internationalen Organisation im Stile der ASA oder FAS durchführbar waren.[20]

Es war dann Rotblats Gruppe, die mit einem Bericht zu den Gefahren von Strontium-90 im Frühjahr 1957 noch einmal für großes Aufsehen sowohl innerhalb der ASA als auch in der Öffentlichkeit sorgte. Das Dokument muss vor dem Hintergrund der aufkommenden Debatte über die weltweiten Folgen radioaktiven Fallouts in den 1950er Jahren gesehen werden.[21] Im Sommer 1955 hatten zudem der britische Philosoph Bertrand Russell und der Physiker Albert Einstein ihr sogenanntes Russell-Einstein Manifest verfasst, das eindringlich vor den Folgen eines thermonuklearen Krieges warnte.[22] Darüber hinaus kündigte die britische Regierung ihren ersten H-Bombentest für das Jahr 1957 an. Diese Entwicklungen zwangen die ASA zum Handeln, um ihre Glaubwürdigkeit als Forum von Experten in Atomfragen zu rechtfertigen.

---

19 J. Rotblat an E. Rabinowitch, 29.10.1954, RTBT, K. 114.

20 H.R. Allen, Minutes of the 87th Council Meeting, held in the Physics Library, Imperial College, London, S.W.7. on Saturday February 2nd, 1957 at 10.45 a.m., 3.2.1957, RTBT, K. 124, S. 2-3.

21 Robert Divine, *Blowing on the Wind: The Nuclear Test Ban Debate 1954-1960*. New York 1978, S. 186-87; Allan Winkler, *Life under a Cloud: American Anxiety about the Atom*. Urbana 1999, S. 84-108.

22 Bertrand Russell und Albert Einstein, *The Russell-Einstein Manifesto*. London, 9.7.1955, http://www.pugwash.org/about/manifesto.htm.

Rotblat warf daher auf einer Sitzung des ASA Council im Februar 1957 die Frage nach einem ASA Statement zu H-Bombentests auf. Seine Gruppe hatte sich zu diesem Zeitpunkt bereits intensiv mit den durch das Isotop Strontium-90 verursachten Gesundheitsschäden befasst, das als Nebenprodukt thermonuklearer Tests vermehrt in die Atmosphäre gelangte.[23] Strontium-90 kann unter anderem mit der Nahrung in den Körper gelangen und lagert sich dann in den Knochen ein, wo es karzinogen wirken kann.

Sir George Thomson lehnte ein Statement schlichtweg unter Bezugnahme auf einen kürzlich vom Medical Research Council (MRC) der britischen Regierung vorgelegten Bericht, der die Strahlenschäden durch atomare Tests als unerheblich einstufte, ab.[24] Dennoch beschäftigten sich die Ratsmitglieder auf ihrer nächsten Sitzung erneut mit Rotblats Vorschlag.[25] Sir John Cockcroft lehnte diesen ebenso wie Thomson unter Berufung auf die vom MRC veröffentlichten Ergebnisse ab und betonte, dass die ASA sich auf wissenschaftliche Fakten und deren öffentliche Verbreitung beschränken und keine politischen Stellungnahmen abgeben solle.[26]

Da sich aber eine deutliche Mehrheit prinzipiell für eine ASA Erklärung zu den gesundheitlichen Gefahren radioaktiver Strahlung aussprach, verfasste Rotblats Gruppe, die nun Committee on Radiation Hazards hieß, einen ersten Entwurf der Verlautbarung und ließ ihn dem Rat zur Durchsicht zukommen.[27] Aufgrund unterschiedlicher Auffassungen über den genauen Wortlaut musste eine außerordentliche Versammlung des Council zur Klärung einberufen werden.[28]

Der Bericht kritisierte die MRC Untersuchung, die zu dem Schluss gekommen war, dass die durch Atomtests zusätzlich verursachte Strahlenbelastung für die zur Fortpflanzung benötigten menschlichen Organe und die daraus resultierenden Schäden im Erbgut zukünftiger Generationen in der Größenordnung von 1 % zusätzlich zur natürlichen Strahlung einzuordnen seien. Im Gegensatz dazu hob

---

23 H.R. Allen, Minutes of the 87th Council Meeting, held in the Physics Library, Imperial College, London, S.W.7. on Saturday February 2nd, 1957 at 10.45 a.m., 3.2.1957, RTBT, K. 124, S. 3.

24 G. Thomson an H.R. Allen, 15.2.1957, RTBT, K. 124.

25 H.R. Allan an ASA Vizepräsidenten und Council Mitglieder, 4.3.1957, TNA, AB 27/6.

26 J.D. Cockcroft an H.R. Allan, 11.3.1957, The National Archives, Kew, Großbritannien (im Folgenden TNA), AB 27/6.

27 H.R. Allan an Vizepräsidenten und Council-Mitglieder, 1.4.1957, TNA, AB 27/6.

28 H.R. Allan an ASA Council Mitglieder, 5.4.1957; H.R. Allan, 'Minutes of the 89th Council meeting, held in the Physics Library, Imperial College, London, S.W. 7. on Saturday 13th April, 1957 at 10.45 a.m.', 10.5.1957, RTBT, K. 138.

Rotblats Report die für die Menschheit von Strontium-90 ausgehende Gefahr hervor und schätzte, dass im Jahre 1970 die zusätzliche Belastung durch alle bis Anfang 1957 durchgeführten Atomtests bei ungefähr 40 % über der natürlichen Strahlendosis liegen werde. Der Bericht stellte auch ein Verhältnis von den aus der Einlagerung von Strontium-90 im menschlichen Knochen resultierenden Anzahl von Krebserkrankungen und H-Bomben-Tests her. Rotblat und seine Mitautoren gaben an, dass thermonukleare Explosionen in der Größenordnung des Bravo Tests, sofern sie in der Atmosphäre stattfänden, ein Risiko von 1000 zusätzlichen Knochenkrebserkrankungen pro Megatonne TNT-Äquivalent weltweit bürgten. Um ihren Argumenten Nachdruck zu verleihen, verwiesen sie auf die Tatsache, dass zu jenem Zeitpunkt bereits atomare und thermonukleare Explosionen mit einer Gesamtsprengkraft von 50 Megatonnen gezündet worden waren.[29]

Die Erklärung rief scharfe Kritik aus den Reihen des ASA Council hervor. Rudolf Peierls sah insbesondere das proportionale Verhältnis zwischen der Strahlendosis und den Krebserkrankungen sehr kritisch.[30] Sir John Cockcroft verwehrte sich ebenfalls gegen derart spekulative Aussagen und schlug vor, dass der Bericht nicht im Namen des Council, sondern seiner Autoren publiziert werden sollte.[31] Herbert Skinner sprach sogar von Panikmache.[32] Letztendlich verständigte sich der Rat darauf, die Erklärung im Namen von Rotblats Komitee zu veröffentlichen.[33]

Die ASA ließ den Bericht zahlreichen britischen und ausländischen Regierungsstellen und Institutionen sowie der Presse zukommen.[34] Wegen seiner leitenden Rolle in Harwell distanzierte Cockcroft sich und andere ASA-Ratsmitglieder, die ebenfalls für die britische Regierung tätig waren, gegenüber der britischen Atombehörde von der Erklärung.[35] Die britische Regierung, deren erster Wasserstoffbombentest unmittelbar bevorstand, ersuchte das MRC um Rat in der Angele-

---

29 'Statement on Strontium Hazards', n.d., S. 1-3, mit Begleitschreiben, R.M. Fishenden an B.F.J. Schonland, 4.4.1957, TNA, AB 27/6.
30 R. Peierls an H.R. Allan, 8.4.1957, RTBT, K. 124.
31 J.D. Cockcroft an H.R. Allan, 5.4.1957, TNA, AB 27/6.
32 H.W.B. Skinner an H.R. Allan, 10.4.1957, RTBT, K. 124.
33 A.H.S. Matterson an B.F.J. Schonland, 16.4.1957, TNA, AB 27/6.
34 H.R. Allan an Press Office, Foreign Office, 15.4.1957, TNA, FO 371/129239; H.R. Allan an Press Office, Ministry of Health, 15.4.1957; H.R. Allan an Office of the Lord President, 15.4.1957; H.R. Allan an Private Secretary to the Prime Minister, 15.4.1957, RTBT, K. 117.
35 J.D. Cockcroft an E. Plowden, 16 .4.1957, TNA, AB 27/6.

genheit, und dessen Vorsitzender, Sir Harold Himsworth, verurteilte das ASA Statement aufs Schärfste und forderte Cockcrofts Austritt aus der ASA.[36]

Abgesehen von diesen Auseinandersetzungen war der Bericht ein großer nationaler wie auch internationaler Erfolg. Die *Times* etwa widmete ihm einen Artikel.[37] Belgische, einige britische, japanische sowie bundesdeutsche Regierungsstellen als auch Organisationen wie die Vereinten Nationen und die FAS, Institutionen wie das Max-Planck-Institut für Biophysik und die United Free Church oder das Rockeller Institute for Medical Research zeigten ebenfalls großes Interesse an dem Dokument.[38]

19.3 Schlussbetrachtung: Die H-Bombe und das Ende der ASA

Die Erklärung des Committee on Radiation Hazards war das letzte Aufbäumen der ASA vor ihrer Auflösung im Jahre 1959. War die Wasserstoffstoffbombe sicherlich nicht alleine für den Niedergang der ASA verantwortlich, so beschleunigte sie diese Entwicklungen und setzte die Glaubwürdigkeit der Organisation gerade in Kombination mit dem Festhalten an der Ideologie der „objektiven" Wissenschaft herab. Seit 1957/58 waren auch in immer stärkerem Maße Massenproteste gegen Atomwaffen in Großbritannien und anderen Teilen Westeuropas aufgekommen, die dezidiert politische Ziele verfolgten.[39] Die ASA und ihre Ideologie der „unpolitischen" Wissenschaft erschien damit gescheitert. Auf seiner 103. Sitzung beschloss der ASA Council daher, die Organisation auf der kommenden Mitgliederversammlung am 11. Juli 1959 aufzulösen.[40] In der Folge engagierten sich dann viele ehemalige ASA-Mitglieder in den Pugwash Konferenzen, die vor allem Joseph Rotblat auf den Weg brachte.[41]

---

36 G.G. Brown an J.K.T. Frost, 17.4.1957, TNA, FO 371/129239; Notiz, 25.4.1957, TNA, AB 26/7.

37 "Strontium Risks From Bombs: Atomic Scientists' Findings", *The Times* vom 17. 4.1957, S. 7.

38 Aurand an J. Rotblat, 2.5.1957; Campbell an J. Rotblat, 10.5.1957; Cuissart de Grelle, an J. Rotblat, 25.4.1957; Elkind an J. Rotblat, 20.4.1957; Errera an J. Rotblat, 10.5.1957; Jay an J. Rotblat, 13.5.1957; Murata an J. Rotblat, 25.4.1957; Strange an J. Rotblat, 7.5.1957; Zimmermann an ASA, 27.5.1957, RTBT, K. 127.

39 Richard Taylor, *Against the Bomb: The British Peace Movement 1958-1965*. Oxford 1988, S. 5-71.

40 H.R. Allan, Minutes of the 103rd Council Meeting, held in the Physics Laboratory, Imperial College, London S.W. 7 on Saturday 14th March 1959 at 11.15 a.m., 27.4.1959, RTBT, K. 138, p. 2; H. R. Allan, The Atomic Scientists' Association Limited: Resolution, 9.6.1959, TNA, 27/6.

41 Rudolf Peierls, "Britain in the Atomic Age", in: Richard Lewis und Jane Wilson, *Alamogordo Plus Twenty-Five Years*. New York 1971, S. 95-96.

20 Physikunterricht und Kalter Krieg

Falk Rieß und Armin Kremer

Die Indienstnahme des Physikunterrichts für militaristische und politische Zwecke ist in Deutschland nichts Neues: Die Wurzeln liegen im Kaiserreich und im Faschismus („Wehrphysik"), und die Praxis im Kalten Krieg stellt hier nichts Außergewöhnliches, sondern lediglich eine auffällige Kontinuität dar.[1]

Auch in einem scheinbar so unpolitischen Bereich wie dem naturwissenschaftlichen Unterricht in der allgemeinbildenden Schule werden die historischen und gesellschaftlichen Randbedinungen sichtbar. Dies soll an den Auswirkungen der Systemkonkurrenz zwischen den Blöcken im Kalten Krieg – bezogen auf den Physikunterricht in den beiden deutschen Staaten, BRD und DDR – gezeigt werden. Hierzu werden die Lehrpläne und Curricula, Schulbücher, didaktische und fachdidaktische Veröffentlichungen sowie die Einflussnahme außerschulischer Institutionen herangezogen. Es geht hier nicht um eine Fortsetzung des Kalten Krieges im Sinne von Schuldzuweisungen oder Bewertungen, sondern um die Beschreibung und Analyse einer Epoche in einem gesellschaftlichen Teilbereich, der gemeinhin als unpolitisch angesehen wird.

Der Physikunterricht diente – insbesondere durch die Verleugnung oder das Ignorieren jeglicher weltanschaulicher Implikationen – der Aufrechterhaltung der herrschenden Ordnung auf beiden Seiten des „Eisernen Vorhangs". Ideologiekritische Untersuchungen relevanter Dokumente zeigen, dass dies nicht nur für die inhaltlichen Vorgaben für die Instruktion, sondern auch für die didaktischen und methodischen Regeln des Unterrichtens galt. Hinter fachdidaktischen Kontroversen verbargen sich handfeste politische Auseinandersetzungen[2]; für die Bundesrepublik lässt sich diese These leicht belegen, während durch die schlechte Zugänglichkeit der Diskussionen um schulpolitische Fragen in der DDR hier noch eine erhebliche Forschungslücke besteht.

---

1 Armin Kremer und Falk Rieß, „Mobilmachung im Unterricht. Die Instrumentalisierung der Physikpädagogik für Nation und Krieg im Kaiserreich", *Die Deutsche Schule* 3 (2006): S. 270-284.

2 Arnim Bernhard, Arnim Kremer und Falk Rieß (Hrsg.), *Kritische Erziehungswissenschaft und Bildungsreform*, Hohengehren 2003, Bd. 2, S. 233-275.

20.1 Der Ausgangspunkt: Der Sputnik-Schock

Den Beginn des Wettrennens der Systeme auf dem Gebiet der naturwissenschaftlichen Ausbildung markierte der Start des ersten künstlichen Erdsatelliten Sputnik 1 durch die Sowjetunion am 4. Oktober 1957. Seine Masse von 83,6 kg ließ Rückschlüsse auf die verwendete Trägerrakete zu und war insofern höchst überraschend, als der damit dokumentierte technologische Stand der Sowjetunion bis dahin weder bekannt war noch erwartet werden konnte; das Territorium der USA lag damit in der Reichweite entsprechender militärischer Raketen der kommunistischen Konkurrenten. Die Folge war Entsetzen in den USA und in der gesamten westlichen Welt. Der amerikanische Präsident General Dwight D. Eisenhower reagierte auf das Ereignis in zwei Reden an die Nation (am 7. November 1957 – vier Wochen nach dem Sputnik-Start – und am 13.11.) zur Bedeutung von Wissenschaft:

> According to my scientific friends, one of our greatest, and most glaring, deficiencies is the failure of us in this country to give high enough priority to scientific education and to the place of science in our national life. [...] Education requires time, incentive and skilled teachers. [...] They [Eisenhowers Berater] believe that a second critical need is that of giving higher priority, both public and private, to basic research. The Soviet Union now has – in the combined category of scientists and engineers – a greater number than the United States. And it is producing graduates in these fields at a much faster rate.[3]

Unmittelbare Konsequenzen und Maßnahmen dieses Ereignisses waren (neben der Gründung der NASA im Juli 1958) im Bildungssektor der USA:

Das *Federal-Aid-to-Education*-Programm (1,6 Milliarden Dollar über vier Jahre), im einzelnen

- Förderung der National Science Foundation mit 134 Millionen Dollar (Erhöhung um den Faktor vier)
- 20.000 Studien-Stipendien
- Förderung der Lehrerausbildung
- Bau neuer Schulen

---

3 Dwight D. Eisenhower, "Radio and Television Address to the American People on Science in National Security", November 7, 1957. http://www.presidency.ucsb.edu/ws/?pid=10946 #axzz1YI9yYdZd, eingesehen im Februar 2011

- Förderung der Vorschulerziehung
- Curriculumreform

Unter den späteren Präsidenten John F. Kennedy und Lyndon B. Johnson in den 60er Jahren wurde darüber hinaus das Bildungsfernsehen und die *New Math* eingeführt.

20.2 Physikunterricht in der BRD

Der Sputnik-Schock löste im föderalistischen Bildungssystem der BRD ähnliche Maßnahmen aus wie in den USA, allerdings erst etwa zehn Jahre später: die „Ausschöpfung der ‚Bildungsreserven'" (Kampagne „Student aufs Land"), das Bundesausbildungsförderungsgesetz (BAföG, 1971), Curriculumreformen sowie ein großzügiges Stipendienprogramm der Volkswagen-Stiftung für Lehramtsstudierende der Fächer Mathematik und Physik. Diese Entwicklung hatte jedoch eine Vorgeschichte in den 50er Jahren, die eng mit der Wiedererstarkung Westdeutschlands als Wirtschaftsmacht zusammen hing.

Während die bundesrepublikanischen Kernforscher das kriegsbedingte tiefe wissenschaftliche Niveau ihres Forschungszweiges beklagten und auf den finanziellen Ausbau der Grundlagenforschung im Bereich der „friedlichen" Nutzung der Kernenergie drängten, beklagten die Physikdidaktiker den Mangel an Lehr- und Lernmaterialien sowie Lehrkräften und forderten unter Hinweis auf den wirtschaftlichen Wiederaufbau der Bundesrepublik eine Erhöhung des Stundenanteils in Physik.

Über Autos und Fernseher, Kühlschränke und Waschmaschinen in Massenproduktion waren Physik und Technik wieder positiv ins öffentliche Bewusstsein eingedrungen. Der Ruf des Zerstörerischen haftete ihnen nicht mehr an, obwohl er in den Protesten gegen lokale Kriege und der Auseinandersetzung um die Atombewaffnung der Bundeswehr anklang. Die verheißungsvolle Vision, mit Hilfe der „friedlichen" Kernenergieforschung Not und Armut ein für alle Mal von der Welt zu bannen und zugleich „aller Kriege ein Ende herbeizuführen" verbreitete sich.[4] Weder der wieder einsetzende Rüstungswettlauf zwischen Ost und West noch das Versagen der Abrüstungspolitik konnten den Glauben daran zerstören. Dabei hatte der damals bedeutendste Experte großtechnischer Anwen-

---

4 Henry de Wolf Smyth, *Atomenergie und ihre Verwertung im Kriege*. Basel 1947, S. 289.

dung der Kernenergie, J. R. Oppenheimer, schon kurz nach dem Krieg darauf hingewiesen, dass der Reaktorbetrieb der Herstellung von Atomwaffen „technisch" benachbart und dass jeder Kernreaktor zugleich eine „Quelle für Kernsprengstoff sei".[5] Selbst für einen der enthusiastischsten Protagonisten der „friedlichen" Kernenergiegewinnung, den Leiter des Deutschen Atomwaffenvorhabens im 2. Weltkrieg, Walter Gerlach, war die „friedliche" Anwendung der Atomenergie ein „Nebenprodukt", ja ein „materielles Mittel" der atomaren Kriegsrüstung selbst.[6] Dennoch traten Kernforscher wie die „Göttinger 18" am 12.4.1957 zwar für den Verzicht der Bundesrepublik auf Atomwaffen ein, begrüßten aber ausdrücklich einen Auf- und Ausbau der „friedlichen" Kernenergienutzung. Freilich trieb sie dazu nicht allein die Überzeugung, durch den „Segen" der Kernindustrie den „Fluch" der Kernwaffen bannen zu können, sondern auch die professionelle Sorge, durch den weltweiten Verzicht auf die (HighTech-) Kernforschung auch ihre eigenen Arbeitsgebiete zu gefährden.

Als nach dem Inkrafttreten des Deutschlandvertrages am 5. Mai 1955 die Bundesrepublik weitgehende staatliche Souveränität erhielt und damit auch das Recht, auf dem Gebiet der Kernenergienutzung zu friedlichen Zwecken tätig zu werden, galt die zivile Kerntechnik international bereits als eine wirtschaftliche Schlüsseltechnologie.[7] Um den Anschluss an die internationale Konkurrenz nicht zu verlieren, waren sich fast alle politischen und gesellschaftlichen Kräfte – Bundesregierung, die Parteien und Gewerkschaften, die Energieindustrie und Atomwissenschaft – darin einig, dass der Rückstand bei der „friedlichen" Nutzung der Kernenergie nur durch gemeinsame Anstrengungen aufzuholen sei.

Nachdem im Oktober 1955 das „Bundesministerium für Atomfragen" eingerichtet worden war, das die politischen und gesetzlichen Grundlagen für die Kernenergienutzung in der Bundesrepublik erarbeiten sollte, wurde ihm Anfang 1956 die „Deutsche Atomkommission" zur Seite gestellt, ein Gremium, das die industriellen Interessen mit den führenden Köpfen der Atomphysik vereinte. Die „Deutsche Atomkommission", die u.a. die ersten Atomprogramme der Bundesregierung auszuarbeiten begann, beschäftigte sich im Arbeitskreis „Nachwuchs"

---

5 J. Robert Oppenheimer, "Atomic Weapons", in: *Symposium on Atomic Energy and its Implications. papers read at the joint meeting of the American Philosophical Society and the National Academy of Sciences, November 16 and 17, 1945*, Proceedings of the American Philosophical Society. Philadelphia 1946, S. 8.

6 W. Gerlach, „Der Mensch im Atomzeitalter", *Die neue Gesellschaft*. Sonderheft (1956): S. 14f.

7 Armin Kremer, *Naturwissenschaftlicher Unterricht und Standesinteresse. Zur Professionalisierungsgeschichte der Naturwissenschaftslehrer an höheren Schulen*. Marburg 1985, S. 156ff.

schon im ersten Jahr ihres Bestehens mit „Empfehlungen zur Verbesserung des naturwissenschaftlichen Unterrichts an den Gymnasien". Für diese Initiative waren abermals Nachwuchs-, aber auch gewisse Propagandainteressen maßgebend gewesen, galt es doch, nicht nur beim zukünftigen akademischen Nachwuchs Berufsinteresse an der neuen Energieforschung zu wecken, sondern auch das gemeinsam von staatlicher wie industrieller und wissenschaftlicher Seite propagierte „Atomzeitalter" öffentlichkeitswirksam einzuläuten.[8]

Deutlich wurde das in den auf Antrag des „Bundesministeriums für Atomfragen" vom Bundestag bewilligten 18 Millionen für die Einrichtung von physikalischen und chemischen Arbeitsgemeinschaften an Gymnasien zur Einführung in die Probleme der Kernphysik, Kernchemie und Kerntechnik. Ziel dieser Initiative, die jeder höheren Schule rund 12.000 DM einbringen sollte, sollte es sein, die Schüler am Gymnasium mit dem Wesen und der Bedeutung der Kernforschung und Kerntechnik vertraut zu machen und Interesse für die Atomwissenschaft, Atomtechnik und Atomwirtschaft beim Nachwuchs zu wecken.

Diese Propagandaaktion der Atomkommission stieß bei den Physikdidaktikern, insbesondere beim traditionsreichen naturwissenschaftsdidaktischen Berufsverband, dem „Deutschen Verein zur Förderung des mathematischen und naturwissenschaftlichen Unterrichts" (kurz: Förderverein) auf große Resonanz. Denn ähnlich wie sich den Atomwissenschaftlern mit der staatlichen Subventionierung der Atomforschung ein zukunftsträchtiges Forschungsfeld auftat, das ihnen die Verwirklichung ihrer finanziell aufwendigen Kernforschungsziele ermöglichte, wurde den gymnasialen Physiklehrer/innen mit dem schulischen Förderungsprogramm ihre Forderung nach einer Modernisierung der experimentellen Ausstattung des Physikunterrichts erfüllt. Zugleich bot das Programm einmal mehr die Möglichkeit, den Physikunterricht nach außen hin bildungspolitisch legitimieren zu können, wurde ihm doch nun von offizieller Seite die Funktion zugesprochen, den Schüler/innen die mit der Atomenergie verbundenen Lebensprobleme im technischen, wirtschaftlichen, politischen, sozialen und religiösen Bereich aus industrieller Sicht nahezubringen. Auf den Tagungen des Fördervereins traten nicht nur entsprechende prominente Redner aus Wirtschaft und Wissenschaft auf – einschließlich des Atomministers Balke –, sondern in der Vereinszeitschrift

8 Hier und im Folgenden: Friedrich-Karl Penno, „Naturwissenschaftlicher Unterricht im Interessenfeld der Kernindustrie", *Soznat* 6 (1980): S. 3-14.

„Der mathematische und naturwissenschaftliche Unterricht" fanden atomwissenschaftliche Beiträge verstärkt Eingang in die physikdidaktische Diskussion.

Dass dabei der militärische Aspekt zumindest keine zentrale Rolle spielte, mag als Fortschritt gewertet werden können. Dennoch erweist sich auch das erneute Bündnis mit der Wirtschaft und insbesondere der Kernindustrie als nicht unproblematisch. Abgesehen von der latenten Option auf eigene Kernwaffen ist die Schlüsselfrage der „friedlichen" Beherrschbarkeit der Kernenergie keineswegs gelöst.

Antikommunismus

Politische Äußerungen prominenter Physikdidaktiker weisen in die gleiche Richtung. Die damals vorherrschende Ideologie der Wertfreiheit der Naturwissenschaften und des naturwissenschaftlichen Unterrichts hinderte sie nicht daran, ihrer Sorge und ihrer Angst vor einer materialistischen Weltanschauung Ausdruck zu verleihen. Die beiden folgenden Zitate illustrieren dies deutlich:

> ...*Notstände personaler und sachlicher Art der Volksschulphysik wirken daher staatsgefährdend,* zumal die ungewöhnlich starke Pflege des Physikunterrichtes von der Volksschule bis zur Universität östlich des eisernen Vorhanges vor allem in der Sowjetunion, nicht nur für die Bundesrepublik, sondern auch für die ganze Westhemisphäre schwerwiegende Konsequenzen bringen kann, so daß ein USA-Physiker auf einer Konferenz mahnend ausrief: *"Es bleibt uns nichts anderes übrig als entweder Mathematik und Physik zu lernen oder – Russisch!*[9]

> Der Schüler, der nur Physik getrieben hat, ohne jemals zum Nachdenken über ihr Wesen angeleitet worden zu sein, lernt u.U. die Physik als einen Geltungsbereich kennen, dessen Sinn und Inhalt sich ohne weiteres der Ideologie des dialektischen Materialismus einfügen, ohne daß er den Argumenten dieser Weltanschauung etwas entgegenzusetzen hat. Vielleicht wird er sogar – bewußt oder unbewußt – diesen Argumenten zustimmen.[10]

Dieser antikommunistischen Grundströmung in der sich zu der Zeit etablierenden Naturwissenschaftsdidaktik korrespondierten in den 70er und 80er Jahren eine Reihe von fachlichen und politischen Kontroversen (die in der Regel gemeinsam auftraten): der Streit um die Mentorin der fachübergreifenden Didaktik

9 Hans Mothes, *Methodik und Didaktik der Naturlehre,* 7. Aufl. Köln, 1968, S. 167. (Hervorhebungen im Original).

10 Edgar Hunger, *Bildungsaufgaben des physikalischen Unterrichts,* Braunschweig 1966, S. 78.

Gerda Freise (der bis zur Forderung nach ihrer Entlassung aus dem Hochschuldienst ging), die Auseinandersetzung um das IPN-Curriculum 9/10 zur Kernenergie, der Streit der unterschiedlichen Fraktionen in der Gesellschaft für Didaktik der Chemie und Physik, die Konflikte um fortschrittliche naturwissenschaftsdidaktische Dissertationen, Auseinandersetzungen mit der Schulverwaltung um fortschrittliche Unterrichtseinheiten und andere weder dokumentierte noch öffentlich bekannte Kontroversen.[11]

Lehrplan-Ideologien

Lehrpläne sind das ideologische Aushängeschild der Schulpolitik. Auch wenn in den Naturwissenschaftslehrplänen der BRD während des Kalten Krieges keine unmittelbar antikommunistischen oder gegen den „Ostblock" gerichteten Äußerungen zu finden sind, so ist ihre ideologische Prägung doch unverkennbar auf die Werte des westlichen Wirtschafts- und Gesellschaftssystems zurückzuführen.[12] Man kann zwei – durchaus widersprüchliche – Grundmuster erkennen:

1. Das mythisch-religiöse, irrationale Natur- und Wissenschaftsverständnis

> „Die Einsicht in die gesetzmäßige Ordnung der Natur wird auch Ehrfurcht vor der Schöpfung wecken."
>
> Baden-Württemberg 1967

> „In der Einheit von Bildung und Ausbildung wächst das physikalische Verständnis und reift die Einsicht in die Weite und Begrenztheit der physikalischen Erkenntnis. So zeigt sich dem fragenden jungen Menschen ein Weg zu philosophischer und religiöser Besinnung."
>
> Bayern 1964

> „Mit Nachdruck ist einer naiv-materialistischen Geisteshaltung entgegenzutreten, die die Wissenschaft zum Götzen macht und die Ehrfurcht vor Natur und Mensch vergißt."
>
> Schleswig-Holstein, o.J.

---

11 Falk Rieß, „Gerda Freise - Projekt eines politischen Unterrichts von der Natur," *chimica didactica* 20, Nr. 3 (1994): S. 175-191; H. Mikelskis, „Naturwissenschaftliche Bildung und partizipative Demokratie: Gesellschaftsbezug perdu?" Vortrag auf der Jahrestagung der Gesellschaft für Didaktik der Chemie und Physik, Potsdam 2010; Armin Kremer, *Naturwissenschaft und Rüstung, soznat Materialien für den Unterricht* 16. Marburg 1984.

12 Siehe auch Falk Rieß, „Zur Kritik des mathematisch-naturwissenschaftlichen Unterrichts. Kategorien und Ansätze einer ideologiekritischen Analyse", *Die Deutsche Schule* 11 (1972): S. 702-717.

Abbildung 1: Alternative Unterrichtseinheit aus der Friedensbewegung der BRD (1984). (Quelle: A. Kremer, *Naturwissenschaft und Rüstung. Materialien zu einer Unterrichtsreihe*. Marburg 1984.)

2. Das technokratisch-wertfreie Natur- und Wissenschaftsverständnis

„Zu den erzieherischen Zielen gehört die Entwicklung bestimmter charakterlicher Eigenschaften des Schülers wie Beobachtungsgabe, Drang nach Erkenntnis, Objektivität."

Saarland, o.J.

„Der Physik- und Chemieunterricht soll die Schüler im genauen Beobachten und folgerichtigen Denken üben und zur Klarheit im Ausdruck, zur Sachlichkeit und Wahrheitsliebe erziehen."

Baden-Württemberg 1964

„Die Naturwissenschaften suchen eine genaue, wertfreie Kenntnis aller natürlichen Dinge."

Niedersachsen 1966

Diese Denkfiguren findet man ähnlich auch in den Lehrbüchern wieder, wobei die Zuordnung zu den Typen des dreigliedrigen Schulsystems durchaus klassen- bzw. schichtenspezifisch vorgenommen wird: Religion für die Hauptschule, Technokratie für die Realschule und propädeutische Erkenntnis fürs Gymnasium.

20.3 Physikunterricht in der DDR

Der Physikunterricht in der DDR war Teil eines einheitlichen, rationell organisierten Bildungs- und Unterrichts-Systems. Seine hauptsächlichen Bestandteile waren der Lehrplan, das Lehrbuch, die „Unterrichtshilfen" (Buchreihe) und die „Physikalischen Schulversuche" (ebenfalls eine Buchreihe, inklusive der zugehörigen Experimentiermaterialien für Schülerversuche oder Demonstrationsversuche durch die Lehrkraft). Durch diese straffe Organisation verlief der Unterricht im Prinzip im ganzen Land parallel.

Lehrplan-Ideologien

Die ideologische Grundlage eines politischen Systems, das sich sicher ist, für seine Bewohner die bestmöglichen Lebensumstände zu schaffen, gleichzeitig aber von bedrohlichen und feindlichen Mächten umgeben ist, wird von Selbstbewusstsein und Wehrhaftigkeit zugleich geprägt sein. Dies findet sich auch in den Lehrplan- und Lehrwerken für das Fach Physik der DDR wieder. Leitlinien und Hauptziele waren das Verständnis für die Bedeutung der Naturwissenschaft und Technik als Produktivkraft, die Einführung in die wissenschaftliche Produktion und die Betonung der Rolle der Militärtechnik für das gesamte gesellschaftliche Leben. Auch der naturwissenschaftliche Unterricht wurde so in den Dienst der Erziehung zum „sozialistischen Menschen" gestellt.

> „Die physikalischen Kenntnisse und Erkenntnisse, Fähigkeiten und Fertigkeiten sind systematisch zur politisch-ideologischen Erziehung der Schüler zu nutzen. [...] Sich aus der Entwicklung der Wissenschaft ergebende volkswirtschaftliche Konsequenzen in der modernen sozialistischen Produktion sind bereits auf dieser Klassenstufe deutlich zu machen."
>
> Präzisierter Lehrplan für Physik, Klasse 6. Berlin 1971

> „Am Beispiel der Mechanisierung in der Volkswirtschaft sollen die Schüler erkennen, wie wichtig gute Kenntnisse der grundlegenden Gesetze der Mechanik sind, um unter

sozialistischen Produktionsverhältnissen verantwortungsbewusst, schöpferisch und rationell arbeiten zu können."

Präzisierter Lehrplan für Physik, Klasse 7. Berlin 1969

„Auch auf die Bedeutung dieser Erkenntnisse für die weitere Entwicklung unserer Volkswirtschaft unter den Bedingungen der wissenschaftlich-technischen Revolution ist hinzuweisen. Die Schüler sollen erkennen, wie wichtig es ist, die Gesetze der Wärmelehre und der Elektrizitätslehre zu beherrschen, um in der Produktion wissenschaftlich begründet arbeiten zu können."

Präzisierter Lehrplan für Physik, Klasse 8. Berlin 1969

„Die Schüler müssen auch erkennen, daß die Naturwissenschaften in ständig steigendem Maße in der Militärwissenschaft und Militärtechnik mittelbar und unmittelbar Anwendung finden. Das bedeutet, daß die Beherrschung der modernen Waffentechnik auch fundierte naturwissenschaftliche, insbesondere physikalische Kenntnis erfordert. Die militärische Überlegenheit der Armeen der Sowjetunion, der befreundeten sozialistischen Staaten und unserer Nationalen Volksarmee ist am hohen Stand ihrer Militärtechnik zu verdeutlichen."

Lehrplan für Physik. Erweiterte Oberschule, Klassen 11 und 12. Berlin 1969

Sozialistische Wehrerziehung

Ab 1978 wurde zusätzlich der Wehrkundeunterricht für die neunten und zehnten Klassen eingeführt. Ab Mai 1981 gab es solchen „Unterricht in Fragen der sozialistischen Landesverteidigung" auch in den 11. Klassen der EOS. Unterrichtsmaterialien, Handreichungen sowie didaktische und methodische Zeitschriftenliteratur konzentrierten sich im Rahmen vormilitärischer Erziehung auf den Beitrag der Naturwissenschaften zur Vorbereitung der Staatsbürger auf Wehrdienst und Zivilverteidigung. Die oft etwas weit hergeholten Beispiele entbehren heute nicht einer gewissen Komik.

Militärfahrzeuge müssen schnell beweglich sein; Geländefahrt ist eine ungleichförmige Bewegung; auch der Absprung mit dem Fallschirm ist eine ungleichförmige Bewegung mit einer Endgeschwindigkeit von 5 m/s. (Mut und Einsatzfreude) [...] Komplizierte Waffentechnik erfordert umfangreiche Kenntnisse auf dem Gebiet der

Abbildung 2: MiG-21 im DDR-Schulbuch (Quelle: *Physik. Lehrbuch für Klasse 12*. Berlin (DDR) 1970, 1973 und 1981).

> Elektrizitätslehre; Bedeutung der Elektroenergie für die Wirtschaft und für die Verteidigung des Landes; elektrische Messung nichtelektrischer Größen, vielfältige Anwendung bei Waffen.[13]

Physiklehrbücher enthielten häufig militärnahe Anwendungsaufgaben (etwa aus der Ballistik) und Illustrationen aus der „Wehrtechnik".

Diese Skizze enthält lediglich die zum jetzigen Zeitpunkt sichtbare Oberfläche des schulischen Umgangs im Physikunterricht in beiden deutschen Staaten mit dem globalen ideologischen, wirtschaftlichen und militärischen Zwiespalt zwischen den Weltmächten in den fünfziger bis achtziger Jahren des vergangenen Jahrhunderts. Wie sich diese Strukturelemente konkret in die Schulstunden und das schulische Leben umgesetzt haben, muss weiteren Untersuchungen vorbehalten bleiben.

---

13 Karl Ilter, Albrecht Hermann und Helmut Stolz, *Handreichungen zur sozialistischen Wehrerziehung*. Berlin 1974.

Anhang

21 Kurzbiographien der Autoren

Gerhard Barkleit (drgeba@mail-buero.de)
arbeitete nach dem Studium der Physik an der TU Dresden und anschließender Promotion am Institut für Physikalische Chemie der Bergakademie Freiberg zwei Jahrzehnte als Mitarbeiter der Akademie der Wissenschaften der DDR auf den Gebieten Kernforschung und Mikroelektronik. Er gehörte 1993 zum engsten Kreis der Gründer des Dresdner Hannah-Arendt-Instituts für Totalitarismusforschung e. V.

Frank Dittmann (f.dittmann@deutsches-museum.de)
ist seit 2005 Konservator am Deutschen Museum in München. Er studierte Elektrotechnik an der TU Dresden und promovierte hier 1993 in Technikgeschichte. Danach arbeitete er von 1996 bis 1999 am Stadtmuseum Berlin und war bis 2005 Kurator am Heinz Nixdorf MuseumsForum in Paderborn.

Günter Dörfel (guenter_doerfel@web.de)
wechselte nach Studium der Elektrotechnik, Industrietätigkeit und Promotion auf dem Gebiet der Kernstrahlungsmesstechnik zur AdW der DDR, Zentralinstitut für Festkörperphysik und Werkstofforschung Dresden; dort Habilitation auf dem Gebiet der Signaltheorie und Ernennung zum Professor. Am Nachfolgeinstitut, dem Leibniz-Institut für Festkörper- und Werkstoffforschung, leitete er bis zum Eintritt in den Ruhestand i. J. 2000 den Bereich Forschungstechnik. Seit 1995 publiziert er auch zu wissenschaftshistorischen Themen (vorwiegend zur Verknüpfung von Physik und Technik im 19. u. 20. Jahrhundert) und zur thüringischen Landesgeschichte.

Fynn Ole Engler (olaf.engler@uni-rostock.de)
ist wissenschaftlicher Mitarbeiter der Moritz-Schlick-Forschungsstelle an der Universität Rostock und Gastwissenschaftler am Max-Planck-Institut für Wissenschaftsgeschichte. Er leitet ein DFG-Projekts zur Entstehung und Entwicklung der wissenschaftlichen Philosophie und ist Mit-Herausgeber der Moritz-Schlick Gesamtausgabe im Rahmen eines Langzeitvorhabens der Akademie der Wissenschaften in Hamburg. Aktuell arbeitet er zu einer historischen Theorie des Wissens.

Silke Fengler (silke.fengler@univie.ac.at)
ist wissenschaftliche Mitarbeiterin am Institut für Zeitgeschichte der Universität Wien. Sie promovierte zur Wirtschafts- und Technikgeschichte an der RWTH Aachen (2009). Sie hat ein besonderes Forschungsinteresse an der Geschichte der Atomphysik im 20. Jahrhundert, der deutsch-deutschen Wirtschafts- und Unternehmensgeschichte sowie der Geschichtswissenschaft im Rahmen des Iconic Turn.

Christian Forstner (christian.forstner@uni-jena.de)
ist Physiker und Wissenschaftshistoriker. Er promovierte 2006 an der Universität Regensburg zum Thema „Quantenmechanik im Kalten Krieg: David Bohm und Richard Feynman". Bevor er im März 2007 nach Jena ans EHH kam, forschte er als Predoc am MPI für Wissenschaftsgeschichte, Berlin, und als Postdoc an der Universität Wien. Er ist Vizepräsident der Commission for the History of Modern Physics der IUHPS/DHS und Vorsitzender des Fachverbandes Geschichte der Physik der Deutschen Physikalischen Gesellschaft. Für die Hans-Böckler-Stiftung ist er als Vertrauensdozent aktiv.

Bernd Greiner (bernd.greiner@his-online.de)
ist seit 1994 Leiter des Arbeitsbereichs „Theorie und Geschichte der Gewalt" am Hamburger Institut für Sozialforschung und seit 2004 Professor für Neuere Geschichte / Zeitgeschichte an der Universität Hamburg. Er hat zahlreiche Bücher publiziert und ist seit 2006 Mitherausgeber einer sechsbändigen Reihe „Studien zur Gesellschaftsgeschichte des Kalten Krieges" (Hamburger Edition).

Manfred Heinemann (m.heinemann@zzbw.uni-hannover.de)
leitete seit 1981 ein später selbständiges Forschungsinstitut „Zentrum für Zeitgeschichte von Bildung und Wissenschaft" der Leibniz-Universität Hannover. Er promovierte 1971 in Geschichtswissenschaft an der Ruhr-Universität Bochum. Seit 1979 ist er Professor an der Universität Hannover. Im Vorstand der International Standing Conference for the History of Education entwickelte er die internationalen Beziehungen dieser Disziplin und war zur Zeit der Wende in der Sächsischen Hochschulkommission tätig. Neben Forschungsvorhaben kümmert er sich auch weiterhin um die deutsch-russischen Wissenschaftsbeziehungen.

Bernd Helmbold (berndhelmbold@online.de)
studierte Wissenschaftsgeschichte an der Friedrich-Schiller-Universität Jena, an welcher er derzeit zu den Themen Forschungstechnologien und Wissenschaftspolitik im Rahmen eines DFG-Projektes arbeitet.

Matthias Heymann (matthias.heymann@ivs.au.dk)
ist Professor für Technikgeschichte an der Universität Aarhus, Dänemark. Seine Forschung konzentriert sich auf die Geschichte der Umweltwissenschaften und Umwelttechnik im 20. Jahrhundert. Er publizierte u.a. zur Geschichte der Energietechnologien und der Klima- und Atmosphärenforschung. Zurzeit leitet er ein dänisch-amerikanisches Forschungsprojekt zur Wissenschafts- und Technikgeschichte des Kalten Krieges in Grönland (2010-13).

Dieter Hoffmann (dh@mpiwg-berlin.mpg.de)
studierte Physik, promovierte und habilitierte an der Humboldt-Universität zu Berlin auf dem Gebiet der Wissenschaftsgeschichte. Von 1976 bis 1991 forschte er auf dem Gebiet der Wissenschaftsgeschichte an der Akademie der Wissenschaften der DDR und war danach u.a. Stipendiat der Alexander von Humboldt-Stiftung und Mitarbeiter der Physikalisch-Technischen Bundesanstalt. Seit 1996 ist er Mitarbeiter des Max-Planck-Instituts für Wissenschaftsgeschichte und seit 2004 auch apl. Professor der Humboldt-Universität zu Berlin.

Christian Joas (Christian.Joas@lmu.de)
ist Assistent am Lehrstuhl Wissenschaftsgeschichte des Historischen Seminars der Ludwig-Maximilians-Universität München. Sein Hauptinteresse gilt der Geschichte der modernen Physik. Unter anderem forscht er zur Geschichte der Quantenphysik und ihrer Anwendungen sowie zu Prozessen des Wissenstransfers in der Entstehung von Subdisziplinen wie Festkörperphysik, Kernphysik, Quantenchemie und Biophysik.

Johannes Knolle (jknolle@pks.mpg.de)
promoviert gegenwärtig in theoretischer Physik am Max Planck Institut für Physik komplexer Systeme in Dresden. Vor Beginn seiner Promotion zu exotischen Quantenzuständen der Materie bei tiefen Temperaturen war er als Visiting Scholar am Max Planck Institut für Wissenschaftsgeschichte in Berlin und forschte zur Geschichte der Supraleitung. Sein Hauptinteresse gilt der Entwicklung der modernen Festkörperphysik und der Materialwissenschaften.

Armin Kremer (arminkremer@gmx.de)
lehrte an den Universitäten Hildesheim, Kassel, Marburg und Münster. Zurzeit ist er Dozent an der AWO Bildungsstätte Marburg. Seine Arbeits- und Forschungsschwerpunkte sind die Sozialgeschichte des naturwissenschaftlichen Unterrichts, Naturwissenschaftsdidaktik, sowie Kritische Erziehungswissenschaft.

Christoph Laucht (C.Laucht@leeds.ac.uk)
ist Historiker und Dozent für britische Zeitgeschichte an der University of Leeds, Großbritannien. Seine Arbeitsschwerpunkte sind Kultur- und Sozialgeschichte des Atomzeitalters in Großbritannien und den Vereinigten Staaten, die transnationale Geschichte des Kalten Krieges in Großbritannien, der Bundesrepublik Deutschland und den Vereinigten Staaten; Film und Geschichte.

Sigrid Lindner (sigrid.lindner@googlemail.com)
ist Promovendin an der Humboldt-Universität Berlin und zur Zeit Gast am Münchener Zentrum für Wissenschafts- und Technikgeschichte. Ihr Dissertationsthema lautet „Der Physiker Walther Meißner, 1882 – 1974“.

Daniele Macuglia (macuglia@uchicago.edu)
promoviert derzeit am Fishbein Center for History of Science and Medicine der University of Chicago in Geschichtswissenschaften. Nachdem er seine Laurea Magistrale in Physik an der University of Pavia (Italien) abgeschlossen und währenddessen am Institute for Advanced Study in Pavia (Italien) gearbeitet hat, konzentriert sich sein derzeitiges Promotionsstudium auf die Wechselwirkungen zwischen Physik und Biologie während des Kalten Krieges.

Thomas Naumann (thomas.naumann@desy.de)
ist Teilchenphysiker am Deutschen Elektronen-Synchrotron DESY in Zeuthen- und arbeitet beim ATLAS-Experiment am Large Hadron Collider LHC des Europäischen Zentrums für Kernforschung CERN in Genf. Seit 2005 lehrt er als Honorarprofessor an der Universität Leipzig.

Götz Neuneck (neuneck@ifsh.de)
ist stellv. wiss. Direktor des Institut für Friedensforschung und Sicherheitspolitik an der Universität Hamburg (IFSH) und Sprecher des Arbeitskreises "Physik und Abrüstung" der Deutsche Physikalische Gesellschaft (DPG). Er ist Mitglied des Executive Committee und des Council der „Pugwash Conferences on Science

and World Affairs“. Seine aktuellen Arbeitsschwerpunkte sind Rüstungskontrolle und Abrüstung, Nuklearwaffen und Nonproliferation, Raketenabwehr und Weltraumrüstung.

Falk Rieß (falk.riess@uni-oldenburg.de)
ist seit 1987 Hochschullehrer für Physik und ihre Didaktik an der Carl von Ossietzky-Universität Oldenburg. Er studierte Physik, Philosophie und Pädagogik. Seine Forschungsschwerpunkte sind die Geschichte der Physik (Entwicklung der Erkenntnismethoden, des Experiments und des Experimentierens), sowie die Didaktik der Physik (Lehr-Lern-Forschung in den Naturwissenschaften, Verwendung von Geschichte im Physikunterricht).

Stefano Salvia (stefano.salvia@tiscali.it)
ist zurzeit wissenschaftlicher Mitarbeiter der Wissenschaftsgeschichte an der Universität Pisa, Italien. Seine Forschungsfelder reichen von der Geschichte der frühmodernen und modernen Mechanik (mit speziellem Fokus auf Galilei) zur wissenschaftlichen Historiographie des 19. und 20. Jahrhunderts, insbesondere in Bezug auf Studien zu Galilei. Er interessiert sich außerdem für historische Epistemologie und die experimentelle Wissenschaftsgeschichte in ihrer Beziehung zur Museologie.

Renate Tobies (renate.tobies@uni-jena.de)
ist Mathematik- und Naturwissenschaftshistorikerin und zurzeit Gastprofessorin an der Friedrich-Schiller-Universität Jena. Sie ist korr. Mitglied der Académie internationale d'histoire des sciences (Paris) und auswärtiges Mitglied der Agder Academy of Sciences and Letters in Kristiansand (Norwegen). Ein Forschungsschwerpunkt ist Mathematik und ihre Anwendungen im 19. und 20. Jahrhundert; sie publizierte u.a. zwölf Bücher.

George N. Vlahakis (gvlahakis@yahoo.com)
ist Dozent für Wissenschaftsgeschichte und -philosophie an der Hellenic Open University in Griechenland. Er ist fellow researcher am Institute for Historical Research der National Hellenic Research Foundation. Er ist Sekretär der Gruppe für Physikgeschichte der European Physical Society and korrespondierendes Mitglied der International Academy of the History of Sciences.

22 Personenverzeichnis